AviUtl
エーブイアイ・ユーティル

動画編集 実践ガイドブック

オンサイト［著］

技術評論社

はじめに

近年、iPhoneやAndroidなどのスマートフォン（スマホ）に搭載されているカメラの高性能化によって誰でも手軽に動画の撮影を行えるようになりました。また、YouTubeやニコニコ動画などの動画配信サービスの利用者は増え続けており、動画の配信をしてみたいというユーザーも増えています。スマホが普及する前は、動画の撮影のためにデジタルビデオカメラを用意する必要があり、動画の撮影自体が現在ほど手軽に行えるという状況にはありませんでした。また、撮影した動画は、DVDやBlu-rayなどの光学ディスクに保存し、友人や親戚などに配布するというユーザーが多くを占めていました。しかし、現在では、撮影した動画をDVDやBlu-rayに保存するというユーザーだけでなく、YouTubeやニコニコ動画などにアップロードして配信するというユーザーも多くみられ、動画の撮影目的や撮影した動画の利用方法も大きく変わりました。

本書では、近年、ニーズが高まっている動画編集の方法を人気動画編集ソフト「AviUtl」を用いて解説しています。AviUtlは、KENくんという個人ユーザーによって開発された無料で利用できるWindows用のソフトです。Windows 7 やWindows 8.1 Update、Windows 10 などで利用できます。AviUtlの歴史は大変古く、最新バージョンが公開されたのは 1997 年 11 月で、以来、20 年以上に渡って、多くのユーザーから支持されています。YouTubeやニコニコ動画などの動画配信サービスで公開されている動画の作成にもよく利用されており、気がつかないだけで、AviUtlで編集された動画を鑑賞したことがあるユーザーは多いのではないでしょうか。

AviUtlの人気の秘密は、個人が作成した無料のソフトとは思えないほど、豊富な編集機能を搭載していることです。搭載機能は、市販の動画編集ソフトと比較しても遜色なく、一般的に利用頻度の高い動画の編集機能は、ほぼすべて網羅されています。市販のソフトで行えることのほとんどをAviUtlで行えます。

一方でAviUtlは、市販の動画編集ソフトとは異なり、至れり尽くせりで設計されているわけではないため、使ってみたいが、難しそうという理由から敬遠していたというユーザーも多いのではないでしょうか。実際に、AviUtlは、インストール作業から手動で行う必要があり、きちんと利用するためにPluginと呼ばれるソフトのインストールも必要になるなど、初心者の方には、使い始める時点から若干の敷居の高さが残っています。

本書では、誰でも問題なくAviUtlを利用できるように、インストールの方法から最初に行っておくと便利な初期設定について丁寧に解説しています。また、本書で解説している編集機能は、動画編集において利用頻度が高いものを中心に選んでいるため、初心者の方でもわかりやすいはずです。さらに、近年増加している動画の配信を行ってみたいというユーザー向けに、スマホゲームの実況動画の作成法についても解説しています。

市販の動画編集ソフトを購入しなくても、それと同等のことが行える無料の動画編集ソフトが、すぐそこにあります。本書が、AviUtlという無料でありながら高機能な動画編集ソフトを利用してみたいと思っている方々のお役に立つことができれば幸いです。

2018年2月

オンサイト

目次

第3章 拡張編集 Pluginで編集を行う ——チュートリアル編

目次

第4章 拡張編集Pluginで高度な編集を行う——応用編

第5章 テキストオブジェクトを配置する

第6章 AviUtlの上級機能を利用して編集を行う

第7章 AviUtlの保存、ファイル出力のテクニック

第8章 ゲーム実況動画を作成する

「ご注意」 ご購入・ご利用の前に必ずお読みください

本書に記載された内容は、情報のご提供のみを目的としています。したがって、本書を参考にした運用は、必ずご自身の責任と判断において行ってください。本書の情報に基づいた運用の結果、想定した通りの成果が得られなかったり、損害が発生しても弊社および著者はいかなる責任も負いません。

本書に記載されている情報は、特に断りがない限り、2018 年 2 月時点での情報に基づいています。本書は、「Fall Creators Update」（OS バージョン：1709）で検証を行っております。また、エディションについては、Windows 10 Pro で検証を行っております。「Windows 10 S」の場合は、利用できません。ご利用時には変更されている場合がありますので、ご注意ください。

第1章

AviUtlの基本を知る

AviUtlについて知る

AviUtlは、無料で利用できる動画編集ソフトとして多くのユーザーに愛用されています。ここでは、本書で解説しているAviUtlがどのような動画編集ソフトなのかについて説明します。

AviUtlとは？

AviUtlは､インターネットで無料配布されている動画編集ソフトです。KENくんという個人ユーザーによって開発されています。AviUtlは、Windows 7やWindows 8.1 Update、Windows 10などで利用できます。AviUtlは、プラグイン（Plugin）と呼ばれる専用ソフトを導入することで、機能の追加や拡張が自由に行える点が特徴です。AviUtl本体に搭載されている動画編集機能は単純な機能のみに留められており、多くはありません。AviUtlは、プラグインの導入によって、真価を発揮します。たとえば、拡張編集Pluginを導入すると、AviUtlは、市販の動画編集ソフトと比較しても遜色ない高度な動画編集機能を実現できます。

AviUtlの画面構成

AviUtlの「メインウィンドウ」と拡張編集Pluginによって追加された「動画編集用の領域」。そして「動画の操作」画面。エフェクト機能は､「動画の操作」画面から設定します。

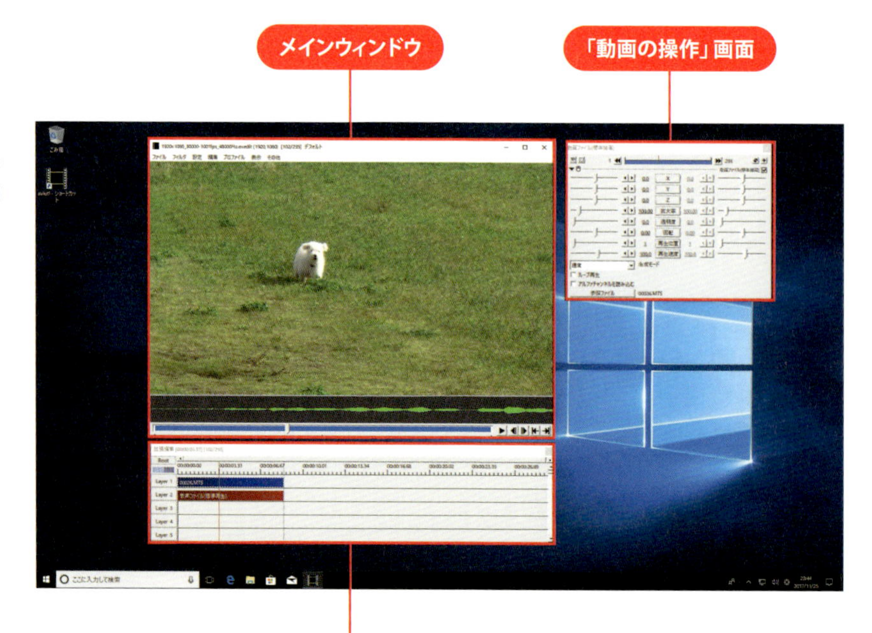

AviUtl の機能

AviUtl は、本体プログラムに搭載されている機能は多くありませんが、プラグインを導入することで多機能な動画編集ソフトとなります。AviUtl の最大の特徴が、プラグインによる柔軟な機能の拡張性です。プラグインを導入した AviUtl には、以下のような特徴があります。

▷多彩な動画の読み込みに対応

入力プラグインと呼ばれる動画の読み込み用プラグインを導入することで、現在利用されている動画形式のほとんどを読み込めます（P.18 参照）。また、数多くの音声形式にも対応しています。

▷動画投稿サイト向けの動画をかんたんに作成

出力プラグインと呼ばれる、編集済み動画を動画ファイルとして保存するためのプラグインを導入することで、動画投稿サイト向けの動画ファイルをかんたんに作成できます（P.18 参照）。

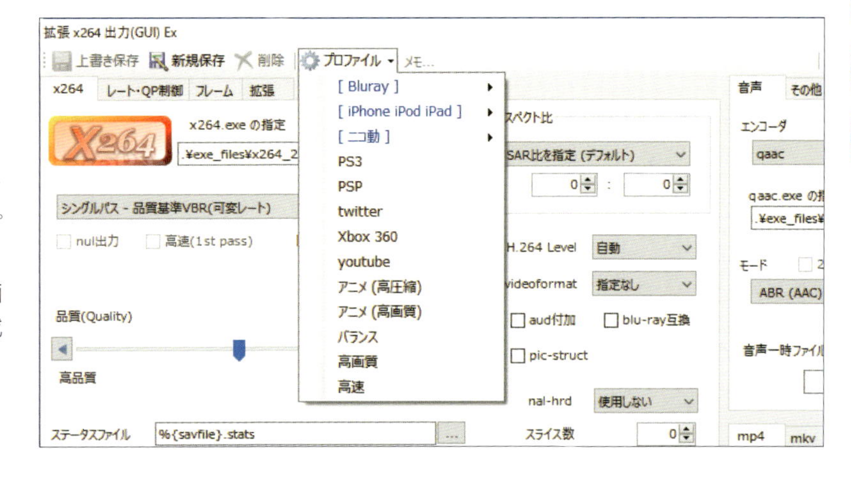

▷多彩な編集機能

拡張編集 Plugin を導入することで、市販の動画編集ソフト同様の高度な編集機能を利用できます。フィルタやエフェクト機能も充実しており、すべての機能を合計すると約 50 種類におよぶ機能を利用できます。

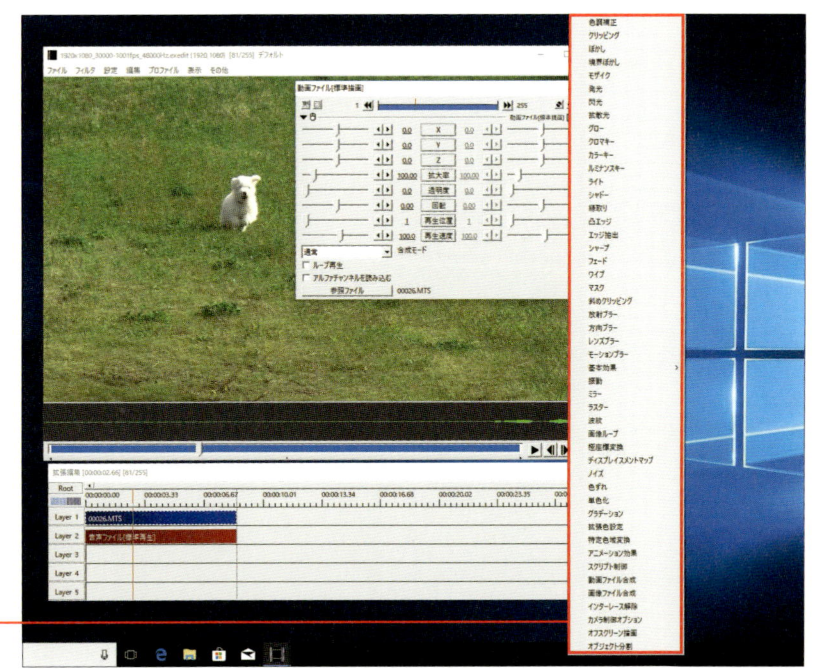

エフェクト一覧

Section 2

AviUtlを インストールする

ここでは、AviUtl のインストール方法を説明します。AviUtl は、作者の運営する Web サイトで無料配布されています。ここからプログラムをダウンロードして、インストールします。

AviUtl をインストールする

1 エクスプローラーを起動する

をクリックし1、エクスプローラーが起動したら＜PC＞をクリックして2、インストール先ドライブ（ここでは＜ローカルディスク(C:)＞）をダブルクリックします3。

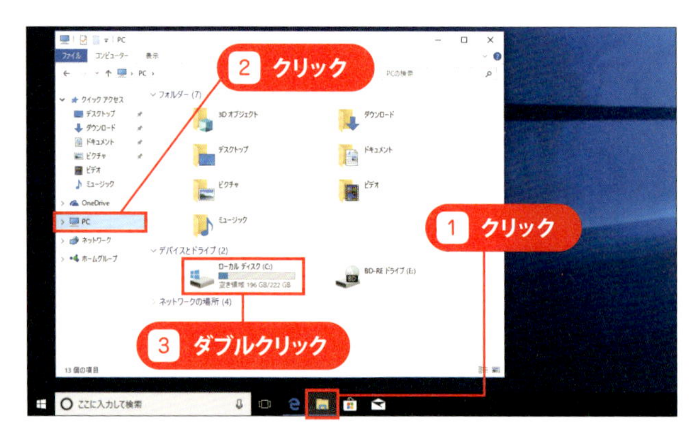

2 インストール先フォルダーを作成する

＜ホーム＞タブをクリックし1、＜新しいフォルダー＞をクリックします2。

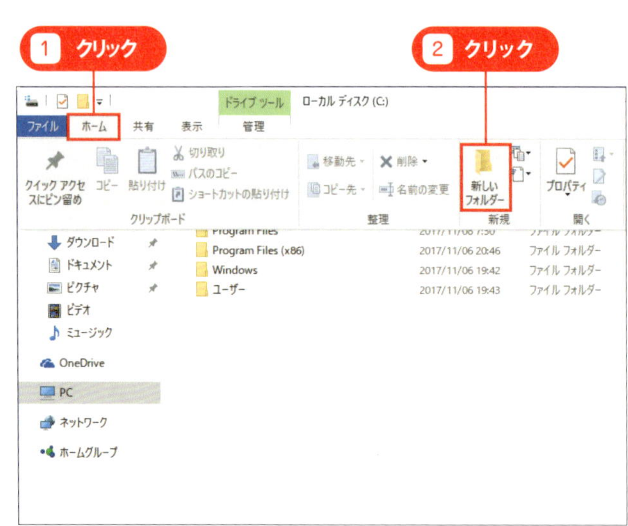

MEMO

AviUtlのインストールについて

AviUtl のインストールは、インストール先フォルダーをあらかじめ作成しておき、そのフォルダー内に作者の Web ページからダウンロードしたファイルをコピーすることで行います。

3 フォルダー名を入力する

AviUtl をインストールするフォルダー名（ここでは「AviUtl」）を入力し1、Enterキーを押します2。

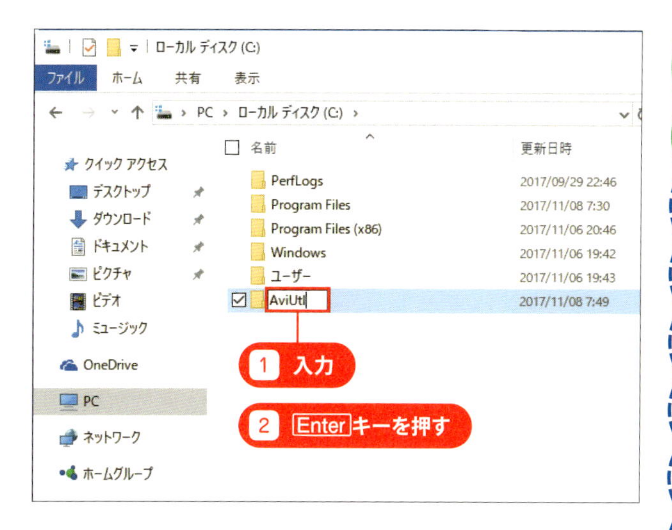

4 AviUtl のダウンロードページを表示する

Web ブラウザー（ここでは「Microsoft Edge」）を起動して、AviUtl のダウンロードページ（http://spring-fragrance.mints.ne.jp/aviutl/）を表示します。

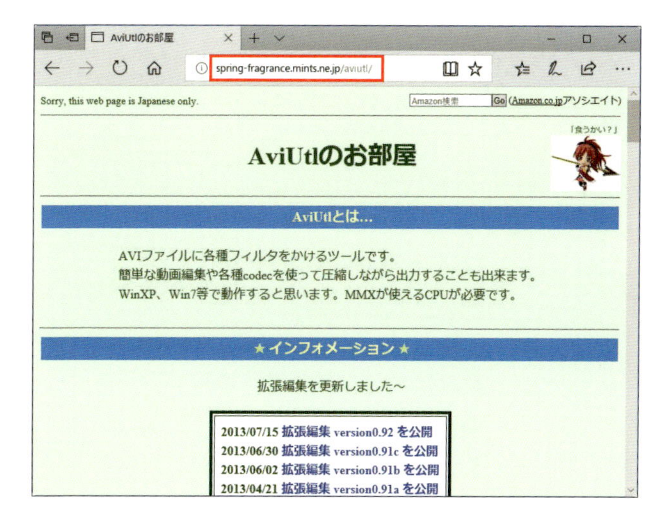

5 AviUtl をダウンロードする

＜aviutl100.zip＞をクリックし1、＜開く＞をクリックします2。

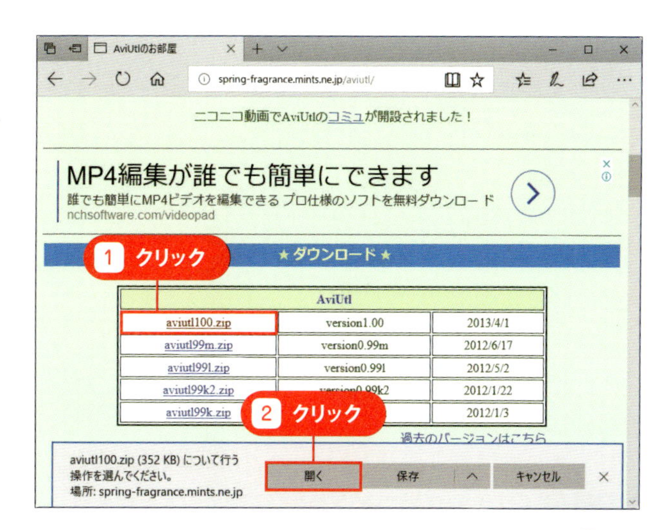

6 すべてのファイルを選択する

エクスプローラーが起動し、ダウンロードしたファイルの内容が表示されるので、＜ホーム＞タブをクリックし1、＜すべて選択＞をクリックします2。

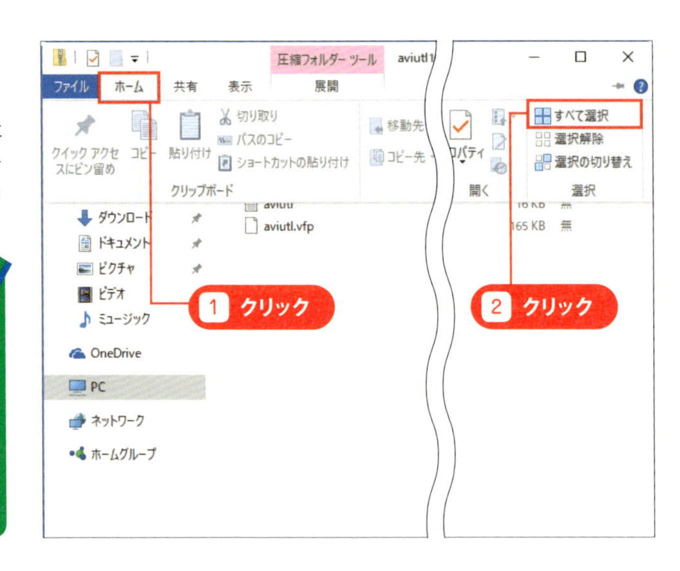

MEMO

エクスプローラーが起動しないときは？

手順6でエクスプローラー以外のアプリが起動したときは、そのアプリを利用してファイルを解凍し、手順3で作成したフォルダーにすべてコピーしてください。

7 「項目のコピー」画面を表示する

すべてのファイルが選択されたら、＜ホーム＞タブをクリックし1、＜コピー先＞をクリックして2、＜場所の選択＞をクリックします3。

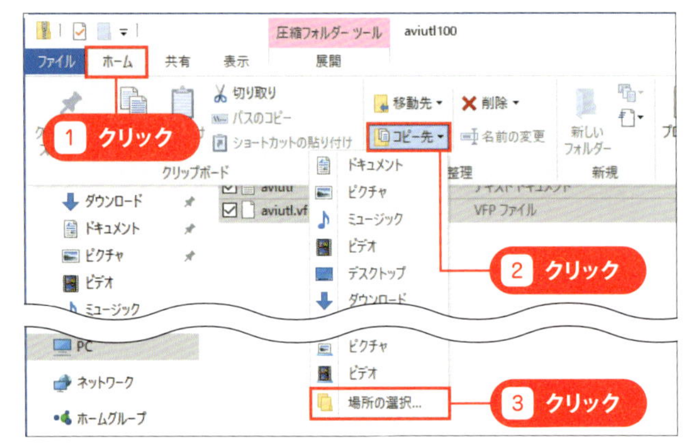

8 AviUtl をインストール先フォルダーにコピーする

「項目のコピー」画面が表示されるので、手順3で作成したフォルダー（ここでは＜AviUtl＞）をクリックし1、＜コピー＞をクリックします2。

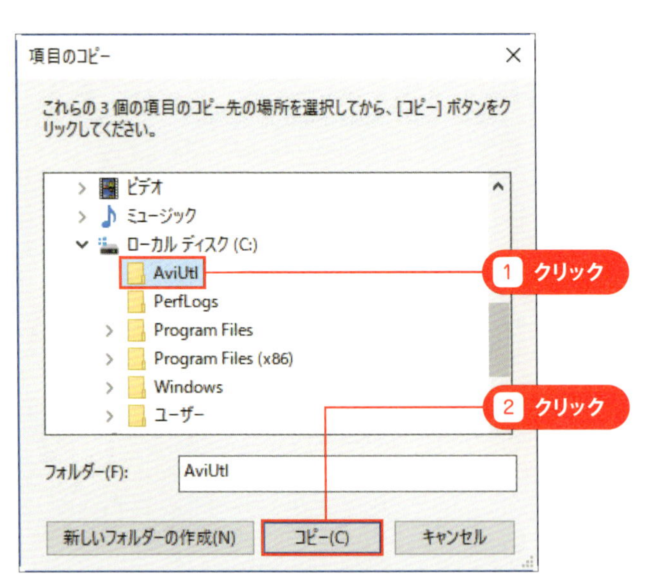

MEMO

ファイルのコピーについて

手順8の AviUtl のインストール先フォルダーへのコピーは、すべてのファイルを手順3で作成したフォルダーにドラッグ＆ドロップすることでも行えます。

9 ファイルがコピーされる

AviUtl の利用に必要なファイルが手順3で作成したフォルダーにコピーされます1。

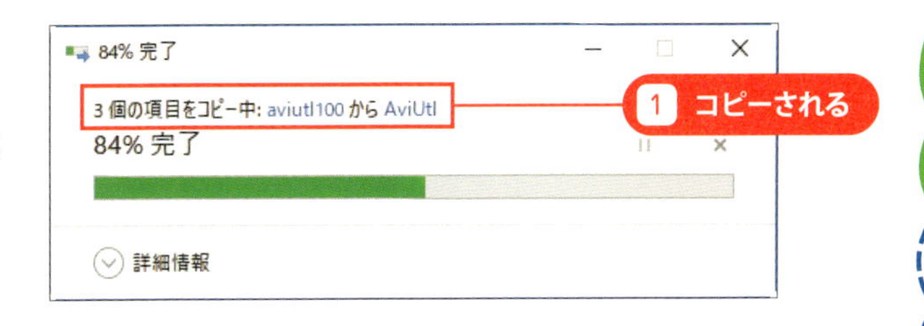

10 AviUtl の起動用ショートカットを作成する

手順3で作成したフォルダーをエクスプローラーで表示し、＜aviutl＞を右クリックして1、＜送る＞を選択し2、＜デスクトップ（ショートカットを作成）＞をクリックします3。

MEMO 右クリックする「aviutl」ファイルについて

1で右クリックする「aviutl」ファイルは、「種類」に「アプリケーション」と書かれたファイルを右クリックしてください。

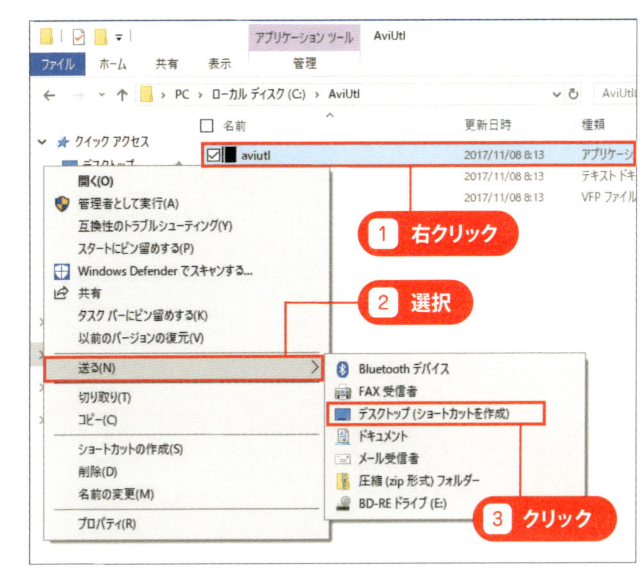

11 AviUtl の起動用ショートカットが作成される

デスクトップに AviUtl の起動用ショートカットが作成されます1。これで AviUtl のインストールは完了です。

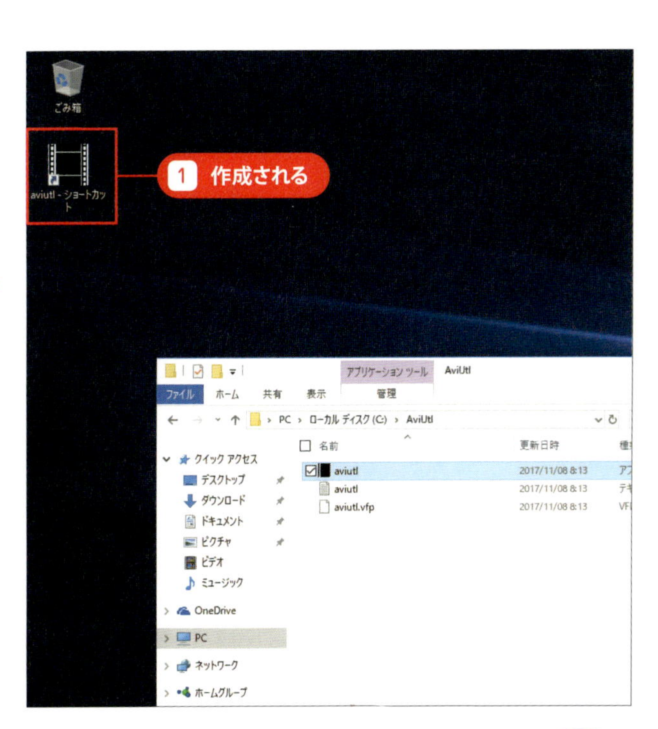

MEMO AviUtlの起動方法について

本書では、手順11でデスクトップに作成した AviUtl の起動用ショートカットを利用して AviUtl の起動を行います。手順10のメニューで＜スタートにピン留めする＞をクリックすると＜スタート＞メニューに AviUtl 起動用のタイルをピン留めできます。また、＜タスクバーにピン留めする＞をクリックすると、タスクバーに AviUtl 起動用のボタンをピン留めできます。

Section 3

プラグインをインストールする

AviUtl を快適に利用するには、プラグインのインストールが欠かせません。ここでは、本書で利用している AviUtl の 3 種類のプラグインについて解説します。

プラグインとは？

AviUtl の本体プログラム（メインウィンドウ）は、読み込みに対応している動画の形式も少なく、搭載されている動画編集機能も多くありません。しかし、AviUtl は、追加ソフトであるプラグインを導入することで、高度な編集機能を実現できるほか、本体プログラムでは対応していなかった形式の動画の読み込みや出力（保存）を行えるようになります。本書では、以下の 3 種類のプラグインのインストールを行います。

▷L-SMASH Works

L-SMASH Works は、動画の読み込み時に利用されるプラグイン（入力プラグイン）です。L-SMASH Works を導入することで AviUtl は、現在利用されているほとんどの動画ファイルやオーディオファイルの形式を編集できるようになります。

	動画ファイル形式（拡張子）	音声ファイル形式（拡張子）
AviUtl 単体で対応	.avi	.wav
L-SMASH Works による対応	.mp4 .m4v .flv .mov .asf .mkv .webm .mpg .m2ts .mts .wmv .3gp .3g2	.mp3 .ogg .wma .m4a .flac .aif .aac

▷x264guiEx

x264guiEx は、AviUtl で編集した動画をファイルとして保存するためのプラグイン（出力プラグイン）です。x264guiEx を導入することで、AviUtl で編集した動画を Blu-rayDisc の作成で利用できる形式や YouTube 用、ニコニコ動画用などの形式で保存できます。

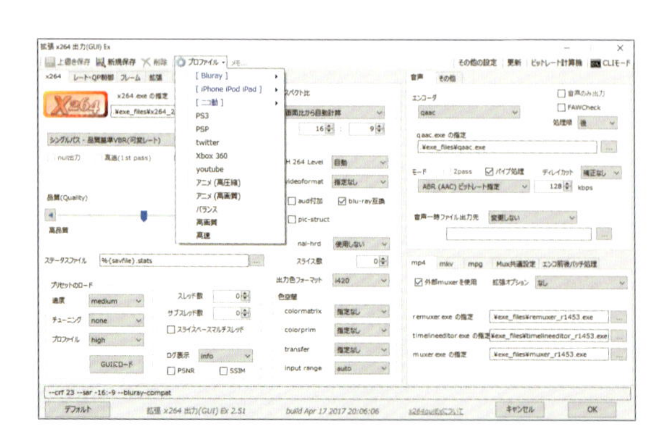

▶拡張編集Plugin

拡張編集 Plugin は、AviUtl の動画編集機能を拡張するプラグインです。拡張編集 Plugin を導入することで、AviUtl は市販の動画編集ソフト並の高度な編集を行えるようになります。

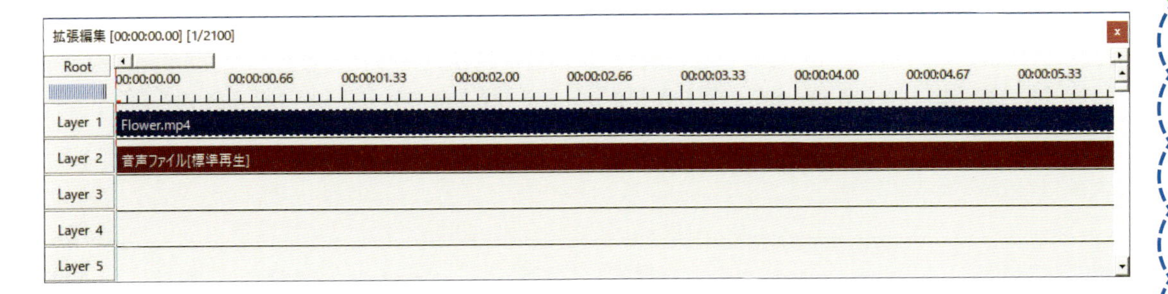

プラグインのインストール方法について

AviUtl のプラグインは、AviUtl 同様に個人ユーザーによって作成されているため、インストーラーが付属していないことが一般的です。このため、AviUtl のプラグインのインストールは、作者の Web サイトからプラグインをダウンロードして、必要なファイルを手動で「AviUtl」フォルダー（本書では、「C:¥AviUtl」フォルダー）内の「Plugins」フォルダーにコピーします。また、プラグインによっては、AviUtl 本体と同じ階層（「AviUtl」フォルダー内）にインストールしても動作します。プラグインのインストール方法の詳細は、各プラグインに付属する「Readme.txt」などの説明書を参考にしてください。なお、AviUtl では、プラグインのインストール先となる「Plugins」フォルダーは、自動で作成されません。プラグインのインストール前にユーザーが手動で作成しておく必要があります。

▶「Plugins」フォルダーは事前に作成しておく

「Plugins」フォルダーは、AviUtl のプラグインをインストールするためのフォルダーです。フォルダー名は、必ず、「Plugins」で作成する必要があります。

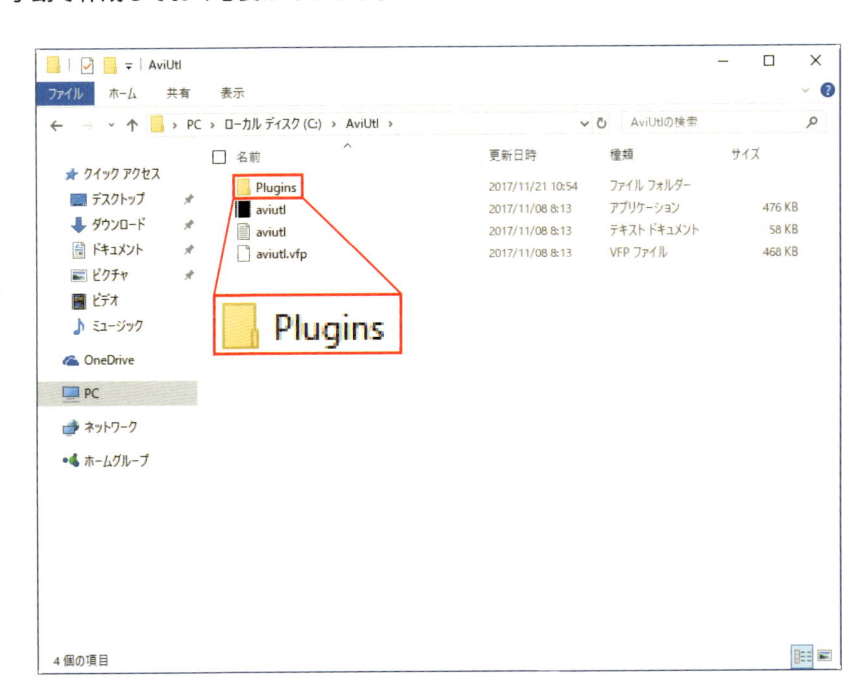

Section 4

L-SMASH Worksをインストールする

L-SMASH Works は、入力プラグインを呼ばれているプラグインです。このプラグインを導入することで、さまざまな形式の動画ファイルを AviUtl で読み込み、編集できるようになります。

L-SMASH Works をインストールする

1 ダウンロードページを開く

Web ブラウザーを起動して、L-SMASH Works のダウンロードページ（http://pop.4-bit.jp/?page_id=7929）を開きます。

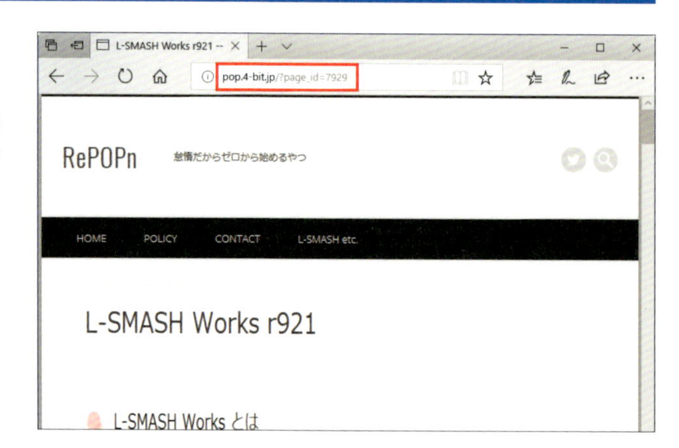

2 L-SMASH Works をダウンロードする

画面をスクロールして1、「ダウンロード」の＜L-SMASH Works r921＞をクリックし2、＜開く＞をクリックします3。

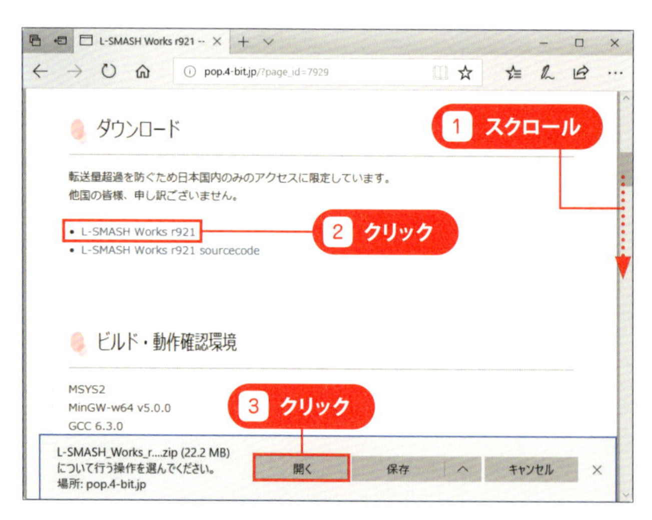

3 インストールするファイルを選択する

エクスプローラーが起動してダウンロードしたファイルの内容が表示されるので、「lwcolor.auc」「lwdumper.auf」「lwinput.aui」「lwmuxer.auf」の 4 つのファイルを選択し 1 、＜ホーム＞タブをクリックします 2 。

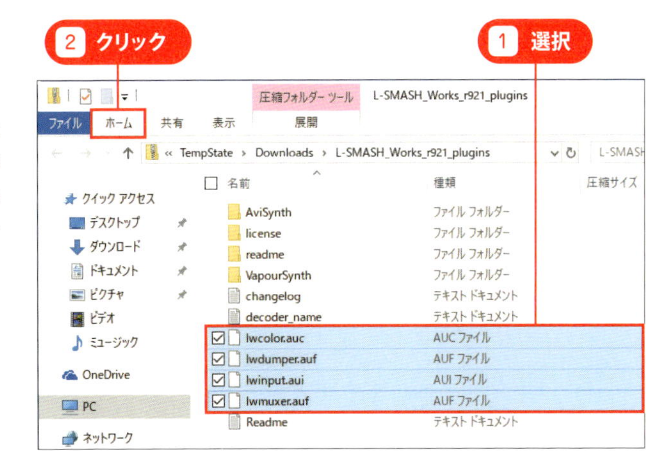

4 「項目のコピー」画面を表示する

＜コピー先＞をクリックして 1 、＜場所の選択＞をクリックします 2 。

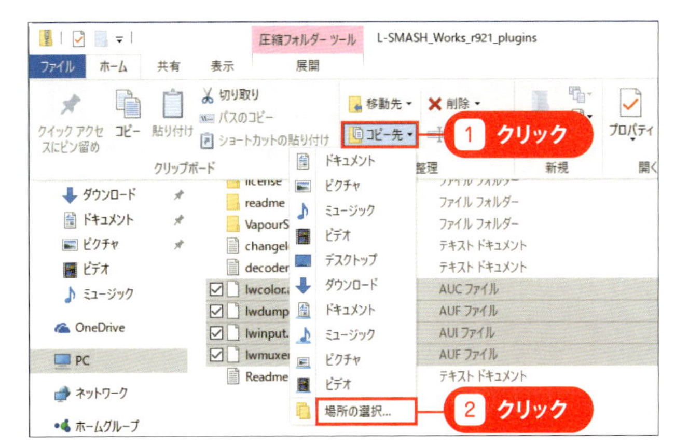

5 ファイルを「Plugins」フォルダーにコピーする

「項目のコピー」画面が表示されるので、「AviUtl」をインストールしたフォルダー内に作成した＜ Plugins ＞フォルダーをクリックし 1 、＜コピー＞をクリックすると 2 、L-SMASH Works の利用に必要なファイルがコピーされます。

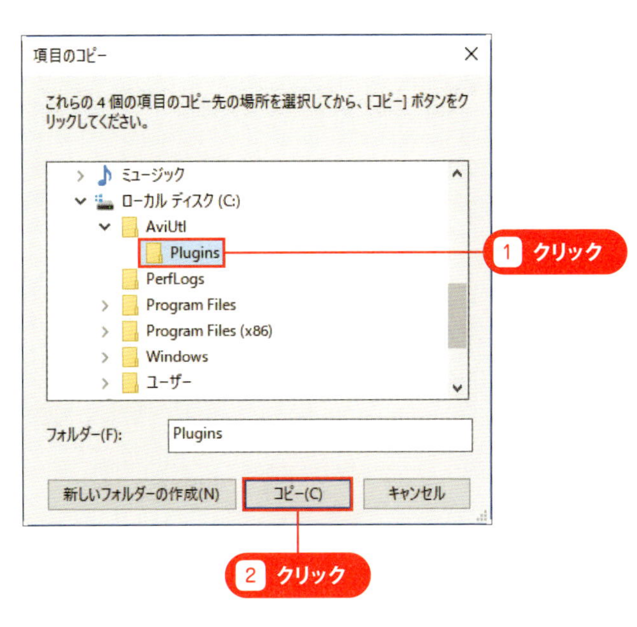

> **MEMO**
> **L-SMASH Worksのインストール先**
> ここでは、P.19 で作成した「Plugins」フォルダーに L-SMASH Works の利用に必要なファイルをコピーしていますが、L-SMASH Works のファイルは、AviUtl 本体と同じ階層にコピーしても動作します。

Section 5

x264guiExをインストールする

x264guiEx は、AviUtl で編集した動画をファイルに保存するときに利用する出力プラグインです。このプラグインを導入することで、編集済みの動画をさまざまな形式の動画ファイルに保存できます。

x264guiEx をインストールする

1 ダウンロードページを開く

Web ブラウザーを起動して、x264guiEx のダウンロードページ（http://rigaya34589.blog135.fc2.com/）を開き、画面右下の＜x264guiEx 2.xx＞をクリックします。

2 x264guiEx をダウンロードする

最新版の x264guiEx（原稿執筆時点では＜x264guEx_2.52.zip＞）をクリックし1、＜保存＞をクリックします2。

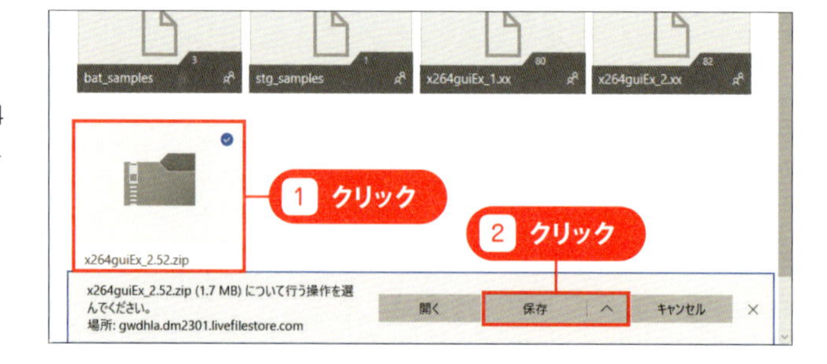

3 ファイルのダウンロード先フォルダーを開く

＜フォルダーを開く＞をクリックします。

4 エクスプローラーが起動する

エクスプローラーが起動し、ダウンロードしたファイルが選択された状態で表示されます。<展開>タブをクリックし1、<すべて展開>をクリックします2。

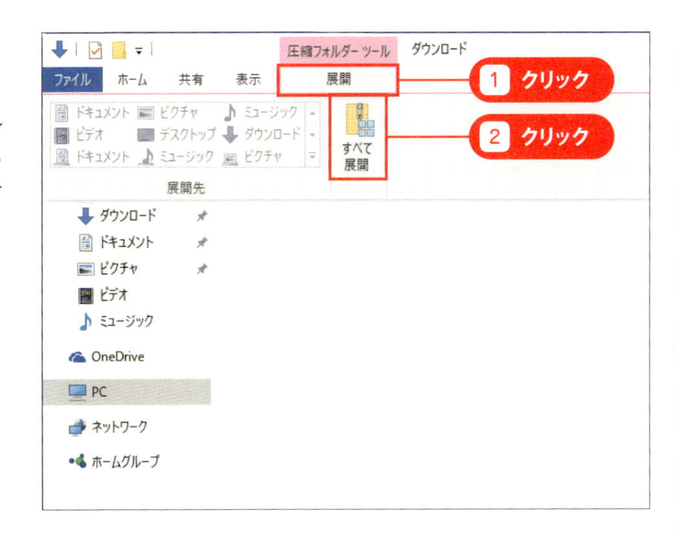

5 ダウンロードしたファイルを展開する

「圧縮フォルダーの展開」画面が表示されます。<展開>をクリックします。

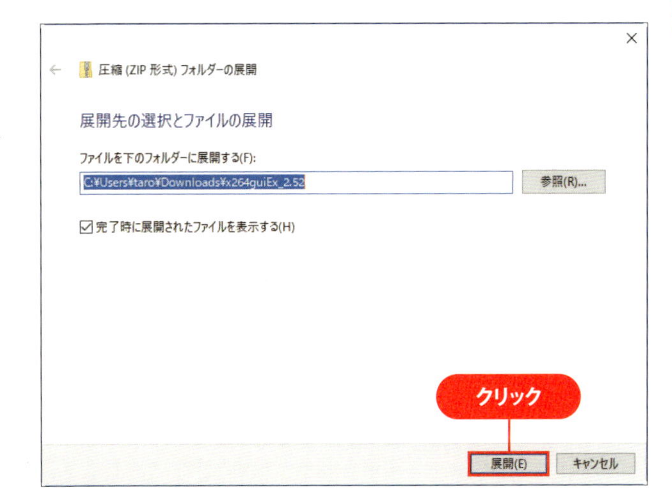

6 展開されたフォルダーを開く

ダウンロードしたファイルの展開が完了すると、エクスプローラーにファイルを展開したフォルダー（ここでは< x264guiEx_2.52 >フォルダー）が表示されます。表示されたフォルダー（< x264guiEx_2.52 >フォルダー）をダブルクリックします。

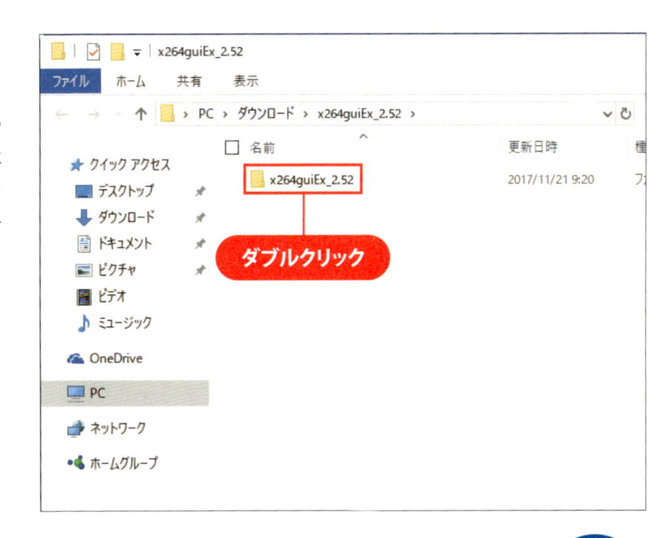

7 インストーラーを実行する

セットアップ用のインストーラーファイル＜auo_setup＞をダブルクリックします。

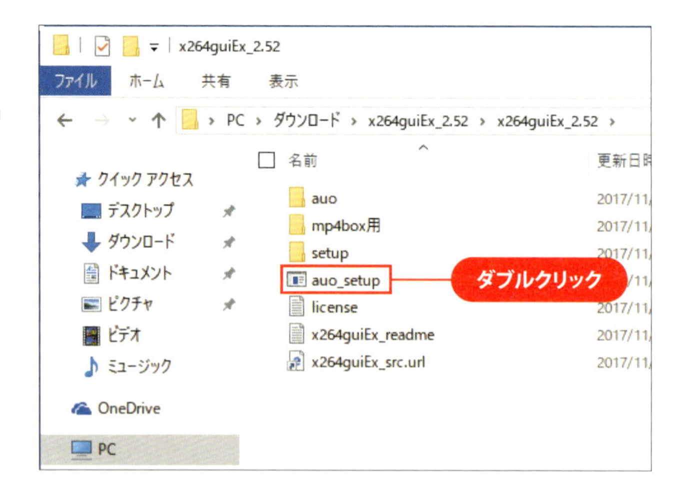

8 「ユーザーアカウント制御」画面が表示される

「ユーザーアカウント制御」画面が表示されます。＜はい＞をクリックします。

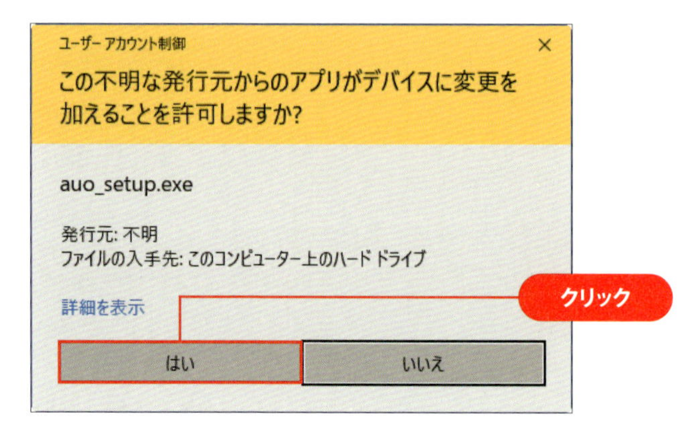

9 インストーラーが起動する

x264guiExのインストーラーが起動します。インストール先を指定するため ... をクリックします。

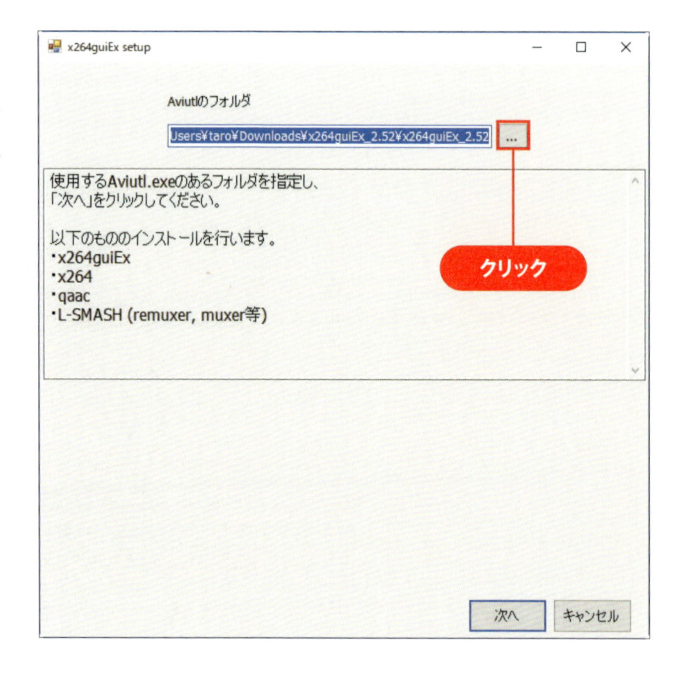

10 インストール先フォルダーを選択する

「フォルダーの参照」画面で、AviUtl をインストールしたフォルダーをクリックし1、<OK>をクリックします2。

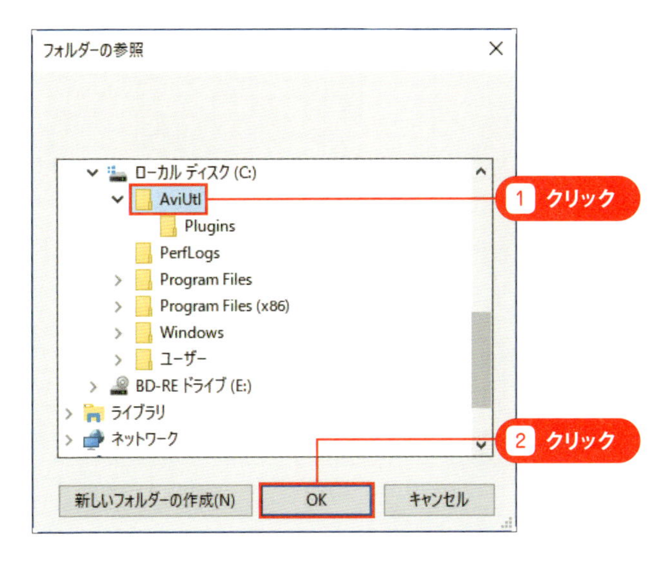

11 インストールを開始する

手順9の画面に戻ります。<次へ>をクリックすると、インストールが開始されます。

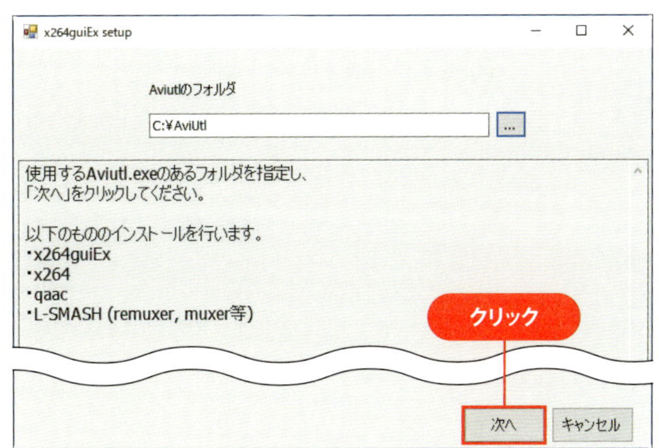

12 インストールが完了する

インストールが完了したら1、<終了>をクリックします2。

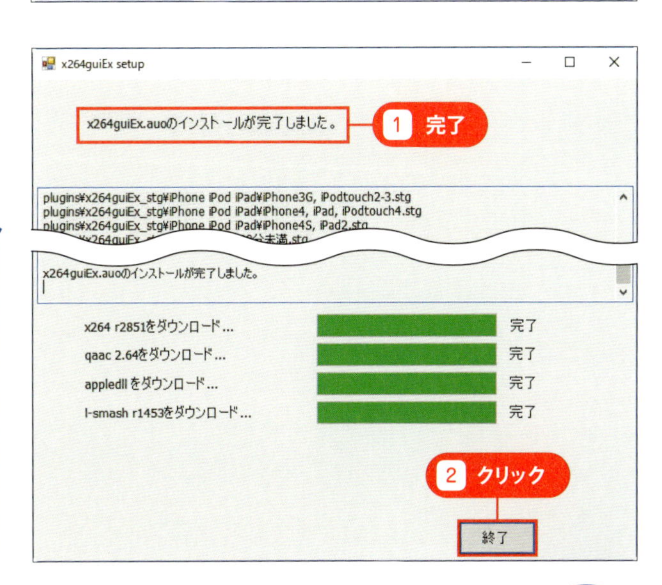

MEMO

x264guiExのインストール先

x264guiEx のインストール先は、インストーラーによって自動選択されます。「Plugins」フォルダーがある場合は「Plugins」フォルダーにインストールされ、「Plugins」フォルダーがない場合は、AviUtl 本体と同じ階層にインストールされます。

拡張編集Pluginをインストールする

拡張編集 Plugin は、AviUtl のメインウィンドウでは行えない高度な編集機能を提供するプラグインです。このプラグインは、AviUtl で動画の編集を行うときの定番となっています。

拡張編集 Plugin をインストールする

1 AviUtl のダウンロードページを表示する

Web ブラウザーを起動して、AviUtl のダウンロードページ（http://spring-fragrance.mints.ne.jp/aviutl/）を表示します。

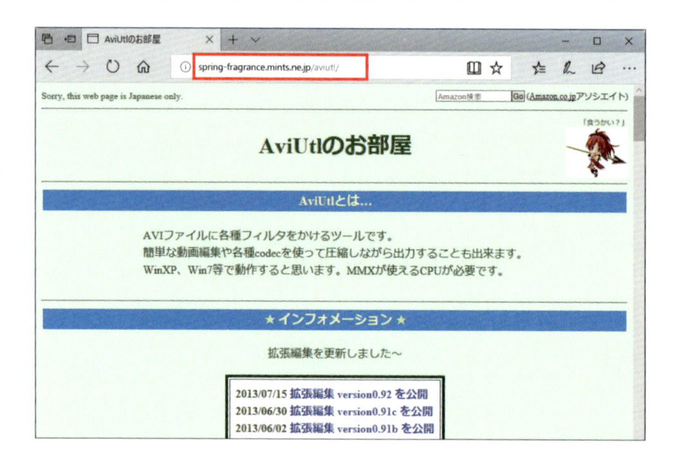

2 拡張編集 Plugin をダウンロードする

画面をスクロールして 1 、< exedit92.zip >をクリックし 2 、<開く>をクリックします 3 。

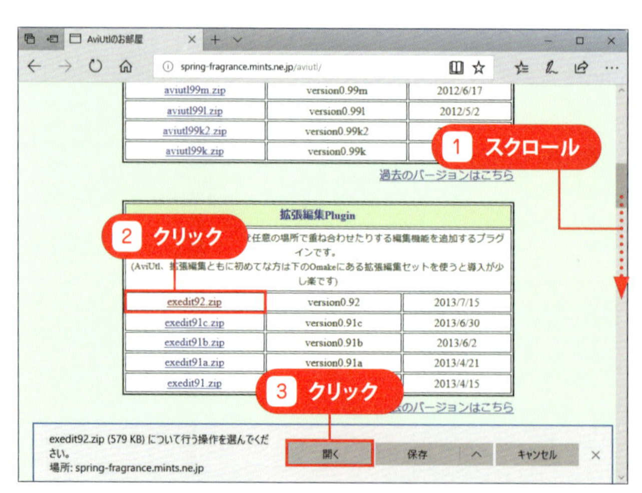

3 すべてのファイルを選択する

エクスプローラーが起動し、ダウンロードしたファイルの内容が表示されるので、<ホーム>タブをクリックし1、<すべて選択>をクリックします2。

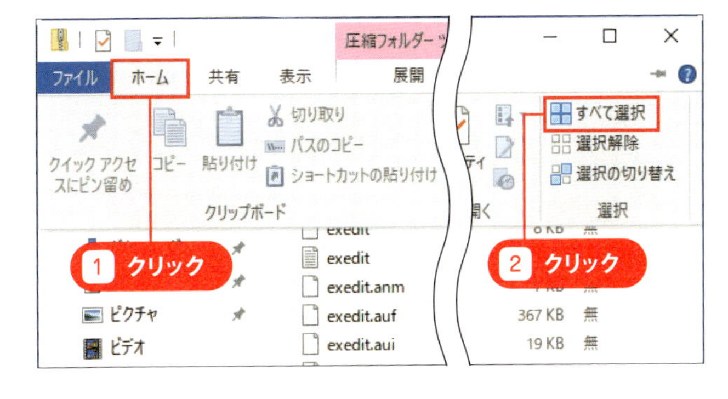

4 「項目のコピー」画面を表示する

すべてのファイルが選択されたら、<ホーム>タブをクリックし1、<コピー先>をクリックして2、<場所の選択>をクリックします3。

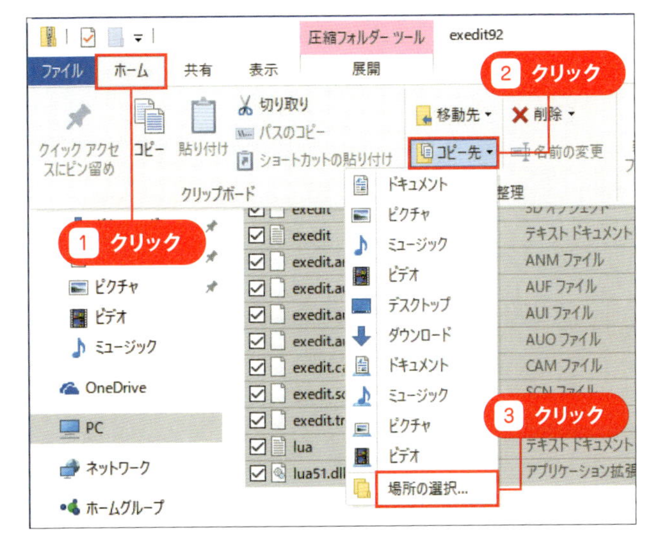

5 拡張編集 Plugin をインストール先フォルダーにコピーする

「項目のコピー」画面が表示されるので、「AviUtl」をインストールしたフォルダー内に作成した< Plugins >フォルダーをクリックし1、<コピー>をクリックすると2、拡張編集 Pluginの利用に必要なファイルがコピーされます。

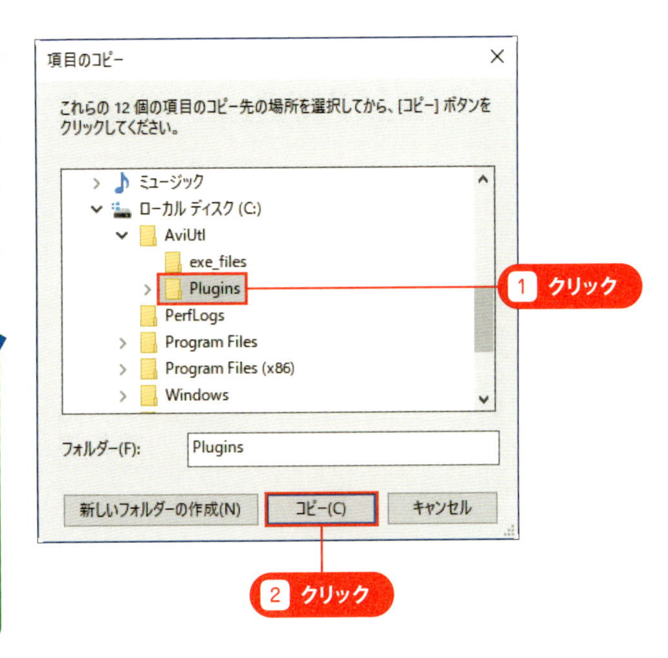

> **MEMO**
> **拡張編集Pluginのインストール先**
> ここでは、P.19 で作成した「Plugins」フォルダーに拡張編集 Plugin の利用に必要なファイルをコピーしていますが、拡張編集 Plugin のファイルは、AviUtl 本体と同じ階層にコピーしても動作します。

拡張編集 Plugin で利用可能なファイルの形式を追加する

L-SMASH Works をインストールすることで、AviUtl のメインウィンドウで読み込める動画ファイルの種類を増やせます。しかし、拡張編集 Plugin で読み込める動画ファイルの種類は、L-SMASH Works をインストールをしただけでは増加しません。拡張編集 Plugin で読み込める動画ファイルの種類を増やすには、拡張編集 Plugin の設定ファイルに読み込む動画ファイルの形式を追加する必要があります。読み込む動画ファイルの形式の追加は、以下の手順で行います。

1 AviUtl のインストール先フォルダーを表示する

エクスプローラーを起動して、AviUtl をインストールしたフォルダー(ここでは<C:¥AviUtl>)を表示しておきます。プラグインをインストールしたフォルダー（ここでは< Plugins >フォルダー）をダブルクリックします。

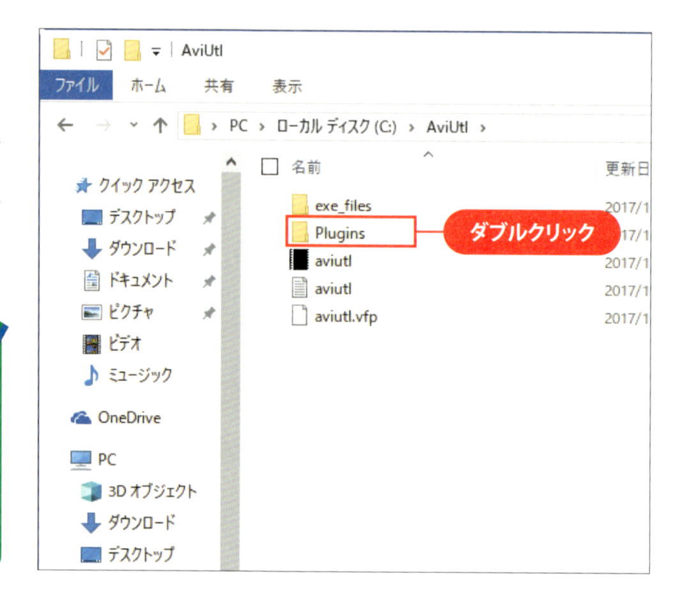

MEMO

AviUtlと同じ階層にインストールしたときは

AviUtl 本体と同じ階層に L-SMASH Works をインストールしたときは、手順2に進んでください。

2 拡張編集 Plugin の設定ファイルを開く

「Plugins」フォルダー内のファイルが表示されます。< exedit.ini >ファイルをダブルクリックします。

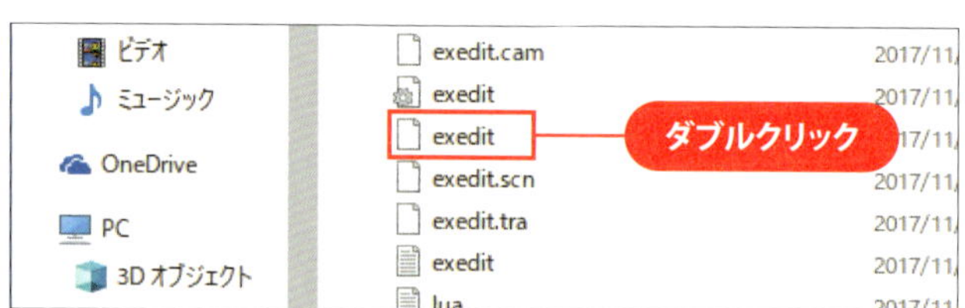

MEMO

「exedit.ini」ファイルについて

「exedit.ini」ファイルは、拡張編集 Plugin の設定ファイルです。エクスプローラーの「種類」欄に「構成設定」と表示されているのが「exedit.ini」ファイルです。エクスプローラーに拡張子が表示されてないときは、<表示>をクリックして1、<ファイル名拡張子>にチェックを入れると2、拡張子付きでファイル名が表示されます。

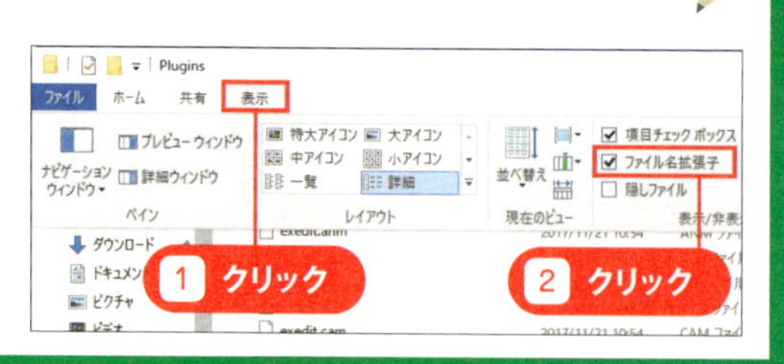

3 動画ファイルの形式を追加する

メモ帳が起動します。「.（ドット）拡張子（ここでは「.mts」）＝動画ファイル」「.（ドット）拡張子（ここでは「.mts」）＝音声ファイル」の形式で追加したい動画ファイルの形式を入力します。

```
exedit - メモ帳
ファイル(F) 編集(E) 書式(O) 表示(V) ヘルプ(H)
[extension]
; 拡張子とメディアオブジェクトの種類を関連付けます
.avi=動画ファイル
.avi=音声ファイル
.mpg=動画ファイル
.mpg=音声ファイル
.mp4=動画ファイル
.mp4=音声ファイル
.flv=動画ファイル
.flv=音声ファイル
.dv=動画ファイル
.bmp=画像ファイル
.jpg=画像ファイル
.jpeg=画像ファイル
.png=画像ファイル
.gif=画像ファイル
.wav=音声ファイル
.mp3=音声ファイル
.txt=テキスト
.mts=動画ファイル
.mts=音声ファイル

[script]
dll=lua51.dll
```

入力

4 設定ファイルを保存する

追加したい動画ファイルの形式をすべて入力したら、<ファイル>タブをクリックし 1 、<上書き保存>をクリックします 2 。 ✕ をクリックしてメモ帳を閉じます 3 。

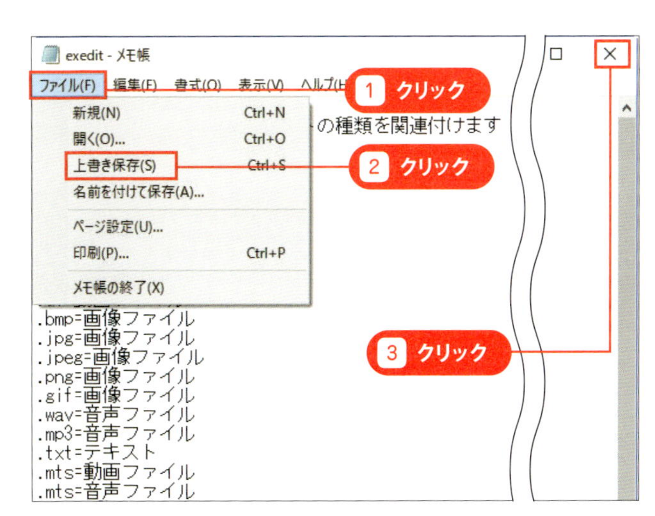

COLUMN

動画ファイルの形式の入力方法について

追加したい動画ファイルは、1つの拡張子ごとに「.（ドット）拡張子＝動画ファイル」と「.（ドット）拡張子＝音声ファイル」の2つをセットで記述します。「.（ドット）拡張子＝動画ファイル」のみを入力すると、その動画ファイルの「映像部分」のみしか読み込まれません。音声部分も読み込みたいときは、必ず、「.（ドット）拡張子＝音声ファイル」も記述してください。たとえば、拡張子「.mts」の動画ファイルの場合、「.mts= 動画ファイル」のみを記述すると、mts ファイルの映像部分のみを読み込みます。音声部分も読み込みたいときは、「.mts= 音声ファイル」も記述します。追加しておきたい動画ファイルのお勧めは、ビデオカメラでの採用例が多い「.mts」「.m2ts」とマイクロソフトが開発した動画ファイルの形式「.wmv」、Apple の「.mov」です。

Section 7

AviUtlの環境設定を行う

ここでは、本書で行っている AviUtl の設定について解説します。ここで解説している設定を行うことで、AviUtl が本書の解説手順と同じように動作するようにできます。

AviUtl の環境設定について

インストール直後の AviUtl は、HD 動画や 4K 動画などの編集を行えません。このため、本書では、HD 動画の編集を行えるように AviUtl の設定を変更しています。また、AviUtl で快適に編集を行うために、動画のプレビューをメインウィンドウで行うようにも設定を変更しています。AviUtl の動作に関する設定は、「システムの設定」画面で行います。設定の変更を行ったら、AviUtl を再起動して設定を反映してください。「システムの設定」画面は、以下の手順で表示します。

1 管理者として AviUtl を起動する

デスクトップに作成した AviUtl の起動用ショートカットを右クリックし1、<管理者として実行>をクリックします2。

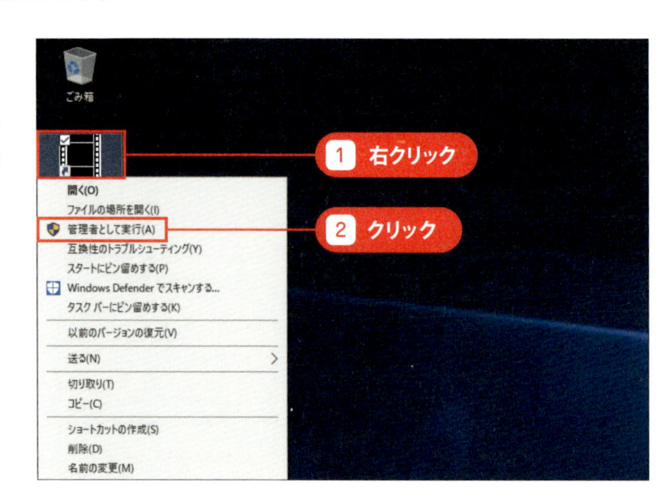

MEMO

管理者として設定を行う

AviUtl の一部の設定は、AviUtl を管理者権限で起動しないと、うまく設定を行えない場合があります。上の手順で AviUtl の起動を<管理者として実行>で行っているのは、確実に設定が行えるようにするためです。

2 「ユーザーアカウント制御」が表示される

「ユーザーアカウント制御」画面が表示されるので、<はい>をクリックします。

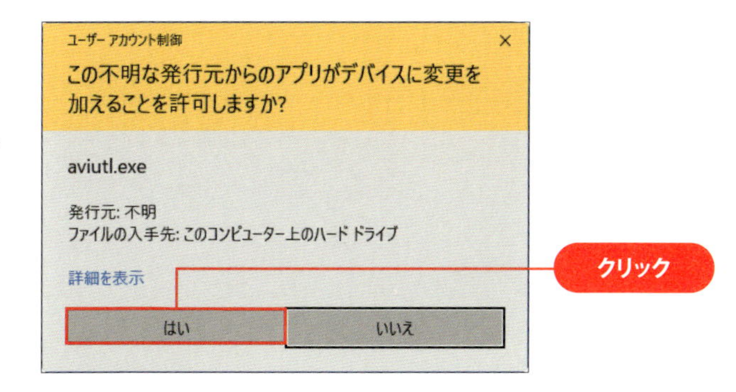

3 「システム設定」画面を表示する

AviUtl が起動してメインウィンドウが表示されます。<ファイル>をクリックし1、<環境設定>をクリックして2、<システムの設定>をクリックします3。

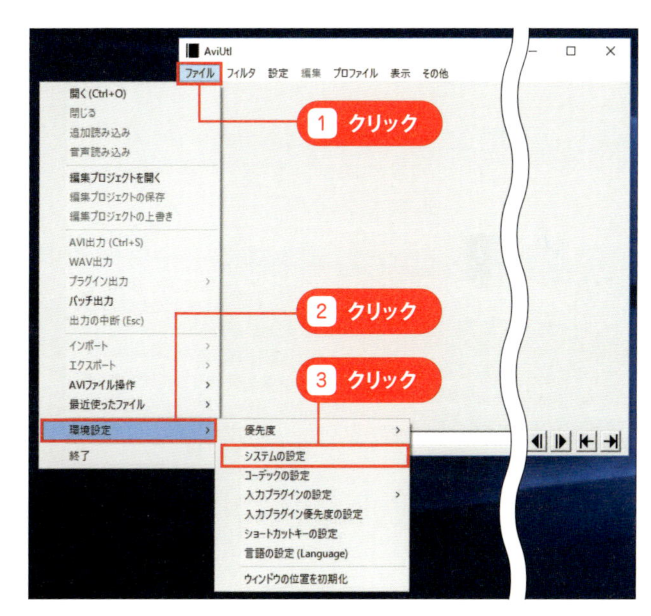

4 「システム設定」画面が表示される

「システムの設定」画面が表示されます。次ページ以降では、本書で行っている設定内容の詳細を解説します。

システムの設定
最大画像サイズ 幅 1280 高さ 720
最大フレーム数 320000
キャッシュフレーム数 8
リサイズ設定の解像度リスト 1280x720,640x480,352x240,320x240
☑ プラグインとコーデックの情報をキャッシュする
☑ プロファイルに圧縮の設定を保持する
☑ フレーム番号の表示を1からにする
☑ フレーム移動時にSHIFTキーを押している時は範囲選択移動にする
☐ 再生ウィンドウの動画再生をメインウィンドウに表示する
☐ YUY2フィルタモード (プラグインフィルタが使えなくなります)
☐ LargeAddressAwareを有効にする
※上記の設定はAviUtlの再起動後に有効になります
任意フレーム数移動 A 5 B 30 C 899 D 8991
読み込み時のfps変換リスト *,30000/1001,24000/1001,60000/1001,60,50,30,25,24,
デフォルトの出力ファイル名 %p 参照
出力終了時のサウンド 参照
画像処理のスレッド数(0=自動設定) 0 ☐ 個別のCPUを割り当てる
出力時のファイル書き込み単位 4096 KByte
☑ SSEを使用 ☑ SSE2を使用
☑ aviutl.vfpをVFPlugin登録
☑ [開く]でプロジェクトファイルを指定した時はプロジェクトとして開く
☐ YUY2変換時にY:16-235,UV:16-240の範囲に飽和
☐ 編集のレジューム機能を有効
☐ ファイル選択ダイアログで上書き確認をしない
☐ ファイルのドラッグ&ドロップ時にファイル選択ダイアログを表示する
☑ ファイルのドラッグ&ドロップ時にウィンドウをアクティブにする
☐ 編集ファイルが閉じられる時に確認ダイアログを表示する
☐ 追加読み込みしたファイルのfpsを変換しない
☐ ロード時にプロファイルを一時プロファイルに複製して使用する
☐ ロード時に29.97fpsに近いものは自動的に29.97fpsに変換する
☐ ロード時に映像と音声の長さが0.1秒以上ずれているものは自動的にfps調整する
☐ 編集プロジェクトロード時に現在のプロファイルの設定を反映させる
☐ 関連ウィンドウ同士を移動時にスナップする
☑ トラックバーでクリックした位置に直接移動する
OK キャンセル

MEMO 設定内容を反映するには?

「システムの設定」画面で行った設定を反映するには、AviUtl を再起動する必要があります。「システムの設定」画面の< OK >をクリックして、メインウィンドウの×をクリックして AviUtl を一度終了してから、再び起動してください。

最大画像サイズを変更する

最大画像サイズは、AviUtl で編集できる動画の最大解像度の設定です。AviUtl の初期設定では、このサイズが「幅：1280」「縦：720」に設定されており、この解像度を超える動画の登録や編集を行えません。本書では、この設定を一般的な HD 動画の解像度「幅：1920」「縦：1080」に設定して解説を行っています。なお、4K 動画を編集したいときは、最大画像サイズを「幅：3840」「縦：2160」または「幅：4096」「縦：2304」に設定します。ただし、高い解像度を設定すると、AviUtl の動作が遅くなる場合があります。4K 動画の解像度は、必要なときのみに設定するのがお勧めです。

1 最大画像サイズを設定する

最大画像サイズに「幅（ここでは［1920］）」と「高さ（ここでは［1080］）」を入力します。

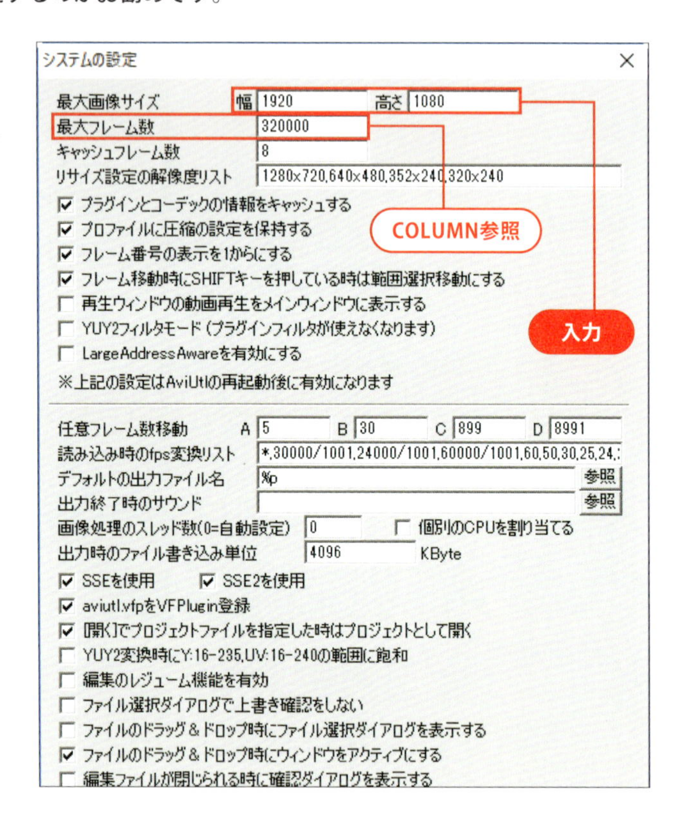

COLUMN

AviUtl で作成できる動画の最大時間を設定する

AviUtl で作成できる動画の最大時間は、「最大フレーム数」で設定できます。初期設定では、「320000 フレーム」が設定されています。通常、動画は、1 秒を 30 コマの静止画また 60 コマの静止画で表現しており、1 コマの静止画のことをフレームと呼びます。初期設定の「320000 フレーム」では、1 秒が 30 フレーム（コマ）の動画の場合で約 10666 秒（約 177 分）の動画を作成できます。1 秒が 60 フレーム（コマ）の動画の場合は、半分の約 5333 秒（90 分弱）の動画を作成できます。この時間を超える動画を作成したいときは、作成したい時間分のフレーム数を最大フレーム数に設定してください。

リサイズ設定の解像度リストを変更する

本書では､｢リサイズ設定の解像度リスト｣にHD動画の解像度｢1920x1080｣を追加しています。この設定は、AviUtl に読み込んだ動画の解像度を変更するときのメニューリストの設定です。「リサイズ設定の解像度リスト」の登録は、登録したい解像度を「,（半角カンマ）」で区切って入力します。

1 リサイズ設定の解像度リストを設定する

「リサイズ設定の解像度リスト」の先頭に「1920x1080,」を入力します。

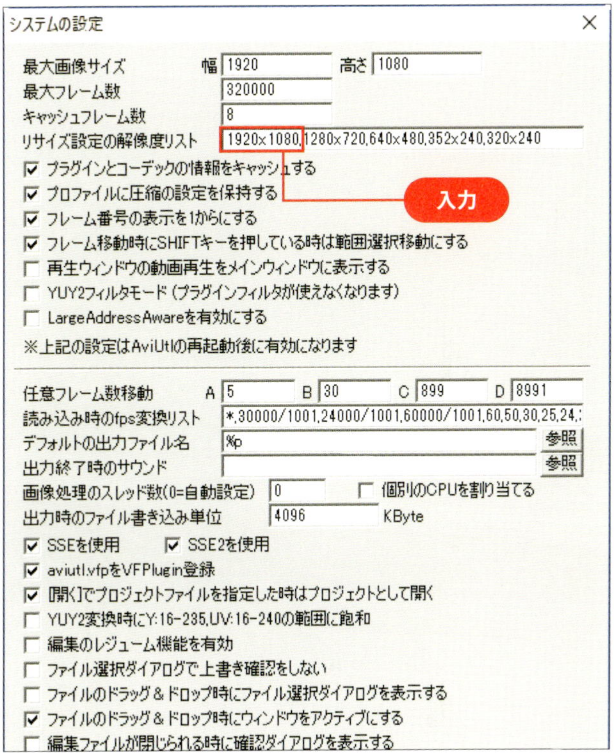

システムの設定
最大画像サイズ　幅 1920　高さ 1080
最大フレーム数 320000
キャッシュフレーム数 8
リサイズ設定の解像度リスト 1920x1080,1280x720,640x480,352x240,320x240
☑ プラグインとコーデックの情報をキャッシュする
☑ プロファイルに圧縮の設定を保持する
☑ フレーム番号の表示を1からにする
☑ フレーム移動時にSHIFTキーを押している時は範囲選択移動にする
☐ 再生ウィンドウの動画再生をメインウィンドウに表示する
☐ YUY2フィルタモード（プラグインフィルタが使えなくなります）
☐ LargeAddressAwareを有効にする
※上記の設定はAviUtlの再起動後に有効になります
任意フレーム数移動　A 5　B 30　C 899　D 8991
読み込み時のfps変換リスト *,30000/1001,24000/1001,60000/1001,60,50,30,25,24,
デフォルトの出力ファイル名 %p　参照
出力終了時のサウンド　参照
画像処理のスレッド数(0=自動設定) 0　☐ 個別のCPUを割り当てる
出力時のファイル書き込み単位 4096 KByte
☑ SSEを使用　☑ SSE2を使用
☑ aviutl.vfpをVFPlugin登録
☑ [開く]でプロジェクトファイルを指定した時はプロジェクトとして開く
☐ YUY2変換時にY:16-235,UV:16-240の範囲に飽和
☐ 編集のレジューム機能を有効
☐ ファイル選択ダイアログで上書き確認をしない
☐ ファイルのドラッグ＆ドロップ時にファイル選択ダイアログを表示する
☑ ファイルのドラッグ＆ドロップ時にウィンドウをアクティブにする
☐ 編集ファイルが閉じられる時に確認ダイアログを表示する

入力

COLUMN

2GB を超えるメモリを利用する

AviUtl は、通常、2GB のメモリで作業を行っていますが、設定を変更することで最大 4GB のメモリを利用して編集作業を行えます。4GB のメモリを利用するには、＜LargeAddressAware を有効にする＞の☐をクリックして☑に設定します。

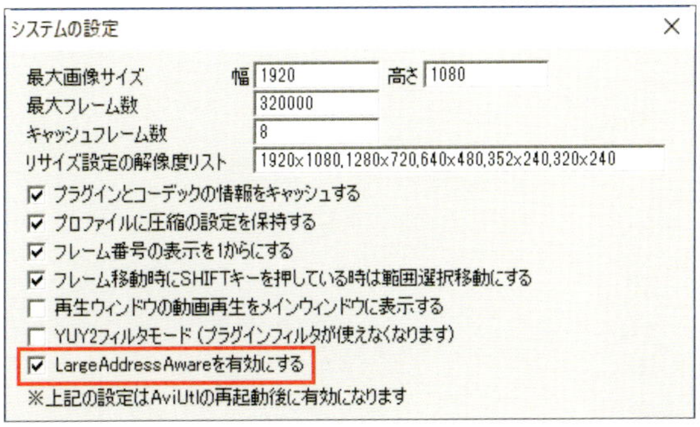

システムの設定
最大画像サイズ　幅 1920　高さ 1080
最大フレーム数 320000
キャッシュフレーム数 8
リサイズ設定の解像度リスト 1920x1080,1280x720,640x480,352x240,320x240
☑ プラグインとコーデックの情報をキャッシュする
☑ プロファイルに圧縮の設定を保持する
☑ フレーム番号の表示を1からにする
☑ フレーム移動時にSHIFTキーを押している時は範囲選択移動にする
☐ 再生ウィンドウの動画再生をメインウィンドウに表示する
☐ YUY2フィルタモード（プラグインフィルタが使えなくなります）
☑ LargeAddressAwareを有効にする
※上記の設定はAviUtlの再起動後に有効になります

動画のプレビューをメインウィンドウで行う

AviUtl では、通常、動画のプレビューを「再生ウィンドウ」という専用のウィンドウで行います。本書では、動画のプレビューを再生ウィンドウではなく、メインウィンドウで行うように設定を変更しています。

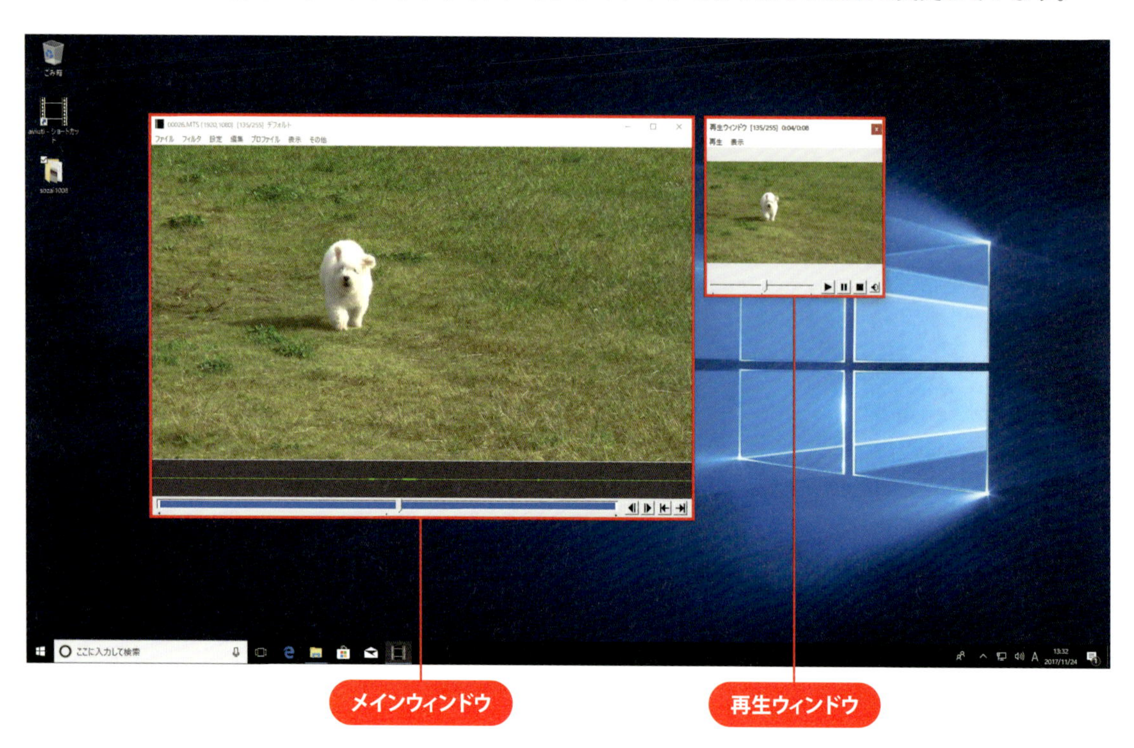

1 メインウィンドウで動画のプレビューを行う

<再生ウィンドウの動画再生をメインウィンドウに表示する>の□をクリックして☑にします。

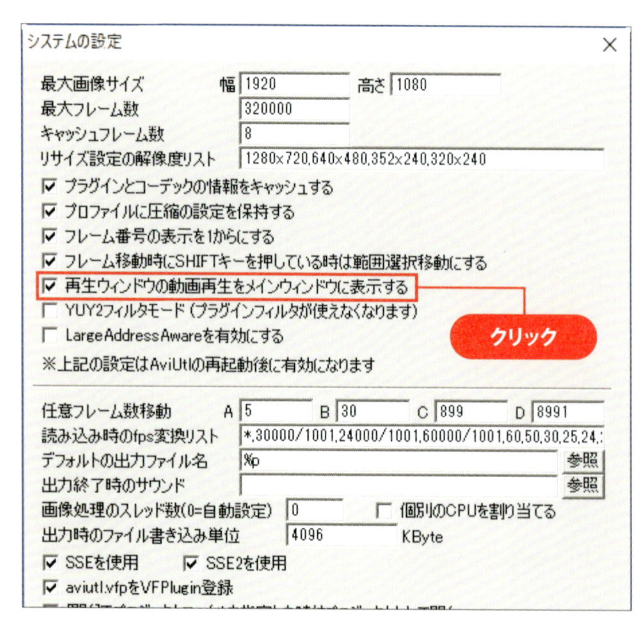

フィルタの適用順を変更する

AviUtl に搭載されている各種フィルタ（ノイズ除去、シャープ、ぼかし、クリッピング&リサイズなど）は、「フィルタの順序」画面のリストの上から順番に適用されます。このため、フィルタの適用順によっては、目的のフィルタが適用されないというケースが発生する場合があります。フィルタを適用したはずなのに、適用できていなかったというケースは、フィルタの適用順に問題があるケースが多くを占めます。フィルタの適用順は、用途によっても異なるため正解はありません。上から順に適用されるというルールを理解した上で、必要に応じて変更してください。本書では、フィルタの適用順を以下のように設定して、解説を行っています。

1 「フィルタの順序」画面を表示する

AviUtl のメインウィンドウの<設定>をクリックし1、<フィルタ順序の設定>をクリックして2、<ビデオフィルタ順序の設定>をクリックします3。

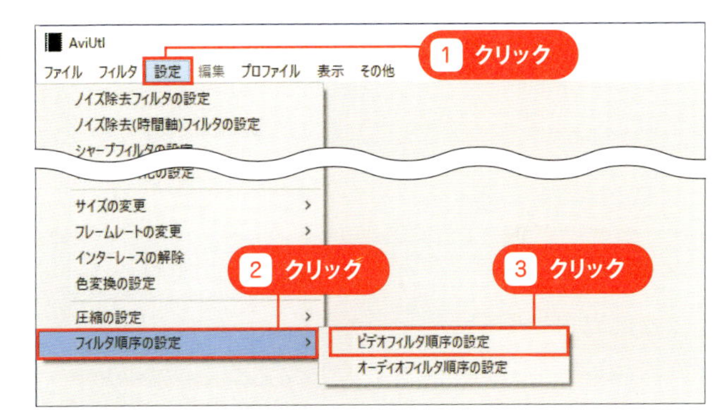

2 フィルタの適用順を変更する

「フィルタの順序」画面が表示されます。<拡張編集>をクリックし1、<上に移動>を7回クリックします2。

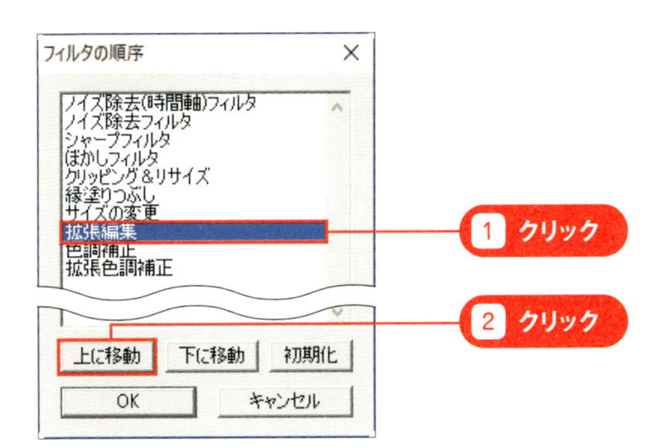

3 フィルタの適用順を保存する

<拡張編集>が一番上に移動します1。順序に間違いがなければ< OK >をクリックします2。

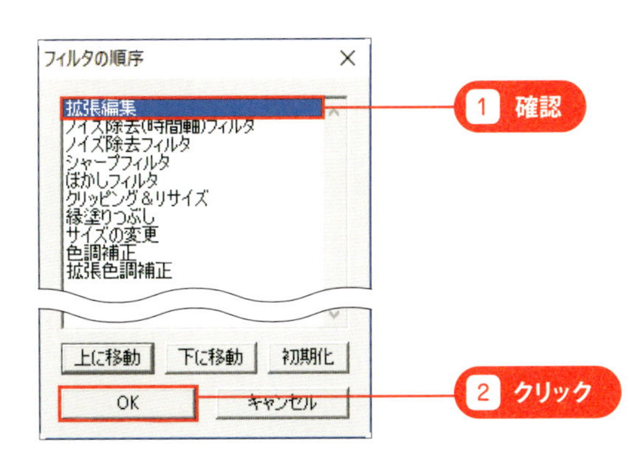

メインウィンドウにキーフレームや時間を表示する

AviUtl の初期値では、登録した動画または選択中の動画の総フレーム数と現在のフレーム位置のみがメインウィンドウに表示されます。本書では、前述のフレーム情報に加えて、時間や現在位置のフレームがキーフレームかどうかを表示するように設定しています。キーフレームとは、動画の起点となるフレームです。現在の動画ファイルは、キーフレームを起点として動きのズレを記録した圧縮ファイルが一般的です。キーフレーム単位の編集を行うことで、音ズレなどが起きにくい動画を作成できます。

▷初期状態を確認する

AviUtl の初期状態。動画の総フレーム数と現在のフレーム位置のみが表示されます。

▷本書の設定画面を確認する

本書の設定。動画の総フレーム数と現在のフレーム位置に加え、現在位置の時間を表示しています。キーフレームには「*」が付けられます。

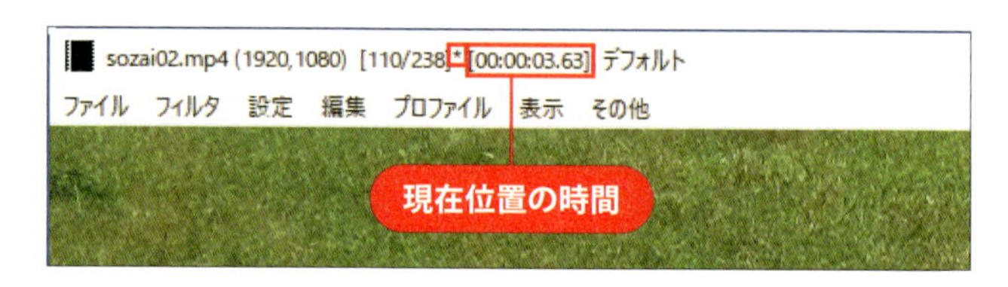

1 メインウィンドウに時間を表示する

メインウィンドウの<表示>をクリックし1、<時間の表示>をクリックします2。

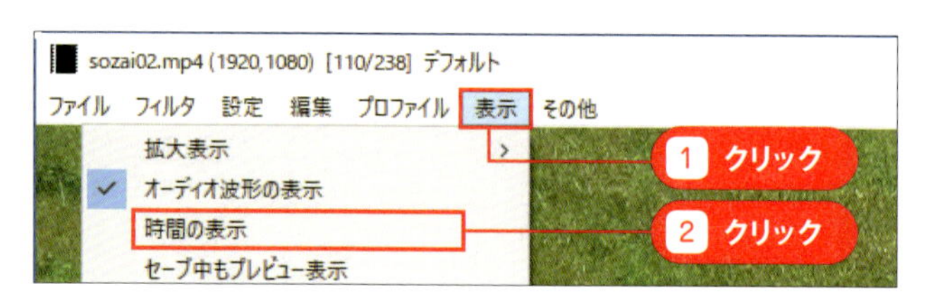

2 メインウィンドウにキーフレームを表示する

動画を読み込んでいる場合、現在位置の時間が表示されます1。メインウィンドウの<表示>をクリックし2、<ソースファイルのキーフレームを表示>をクリックします3。現在位置がキーフレームだった場合、「*」が表示されます。

MEMO

動画を読み込んでいなくても設定できる

ここでは、設定後の変化がわかりやすいように動画を読み込んだ状態で設定を変更していますが、設定の変更は、動画を読み込んでいなくても行えます。

第2章

AviUtlを使ってみよう

AviUtlの動画の編集方法を知る

ここでは、AviUtl を利用した動画の編集方法について解説します。AviUtl では、メインウィンドウを利用した動画の編集方法と拡張編集 Plugin を利用した動画の編集方法があります。

メインウィンドウと拡張編集 Plugin の違い

AviUtl は、拡張編集 Plugin を導入している場合、メインウィンドウを利用した編集と拡張編集 Plugin を利用した編集の 2 種類の編集方法があります。前者のメインウィンドウでは、登録した動画に各種フィルタを適用したり、選択フレームの削除や切り出しなどの単純な編集が行えます。たとえば、撮影済みの動画の中から動画作成に利用する素材をあらかじめ切り出すといった用途に向いています。一方、後者の拡張編集 Plugin は、自由度の高い豊富な編集機能が特徴です。たとえば、メインウィンドウで切り出した素材（動画）をさまざまな特殊効果を施して 1 本の動画として仕上げるときに向いています。この章では、メインウィンドウを利用した編集方法を解説しています。

▷メインウィンドウの特徴

選択フレームの削除や切り出しなどの単純な編集に向くメインウィンドウ。

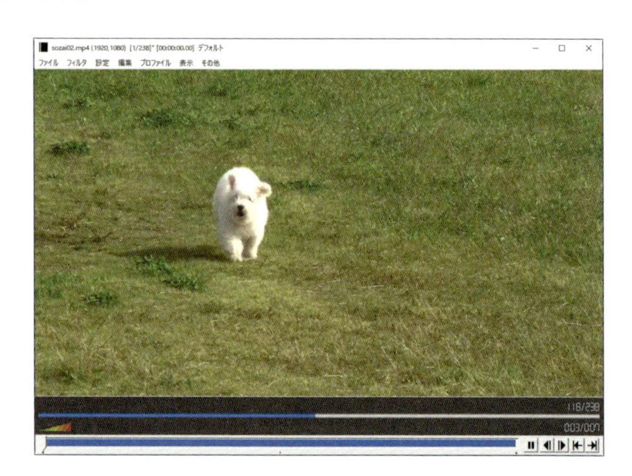

▷拡張編集Pluginの特徴

複数の素材（動画）を 1 本の動画に仕上げることにむく拡張編集 Plugin。

メインウィンドウを利用した動画編集の流れ

AviUtl を起動すると、メインウィンドウが表示されます。メインウィンドウを利用した編集では、ここに編集したい動画を読み込んで各種編集作業を行います。また、メインウィンドウを利用した編集では、読み込んだ動画全体にフィルタ効果を適用したり、選択範囲の保存や削除などの単純な編集作業が行えます。用意した動画作成用の素材を利用して、1 本の動画に仕上げたいときは、拡張編集 Plugin を利用してください。

メインウィンドウで利用できる主な機能

▶ 選択範囲のフレームの削除
▶ 選択範囲のフレームの切り出し
▶ 選択範囲のフレームに画像を張り付け
▶ ノイズ除去フィルタ
▶ シャープフィルタ
▶ ぼかしフィルタ
▶ クリッピング＆リサイズ
▶ 緑塗りつぶし
▶ 色調補正
▶ 音量の調整

メインウィンドウの編集作業の流れ

1. AviUtl を起動する
2. メインウィンドウに動画を読み込む
3. 編集作業を行う
4. 編集済み動画をファイルに保存する

メインウィンドウに動画を読み込む

メインウィンドウで動画の編集を行うには、編集したい動画をメインウィンドウに読み込みます。ここでは、メインウィンドウへの動画の読み込みとメインウィンドウのウィンドウサイズの変更方法を解説します。

動画をメインウィンドウに読み込む

1 「ファイルを開く」画面を表示する

デスクトップの「AviUtl」のショートカットをダブルクリックして、AviUtl を起動しておきます。＜ファイル＞をクリックし1、＜開く＞をクリックします2。

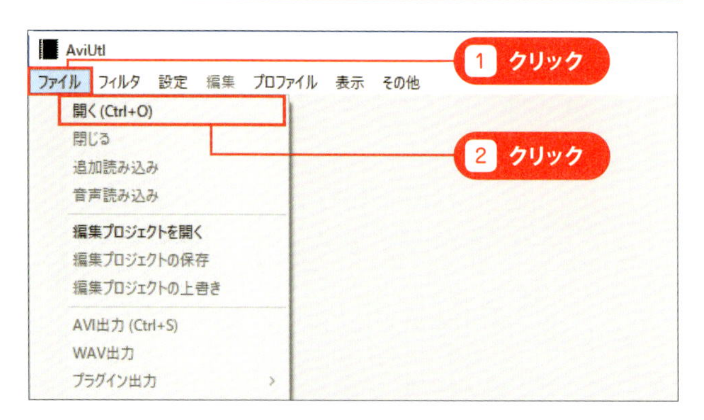

2 読み込みたい動画を選択する

「ファイルを開く」画面が表示されます。読み込みたい動画が保存されたフォルダーを選択し1、動画をクリックして2、＜開く＞をクリックします3。

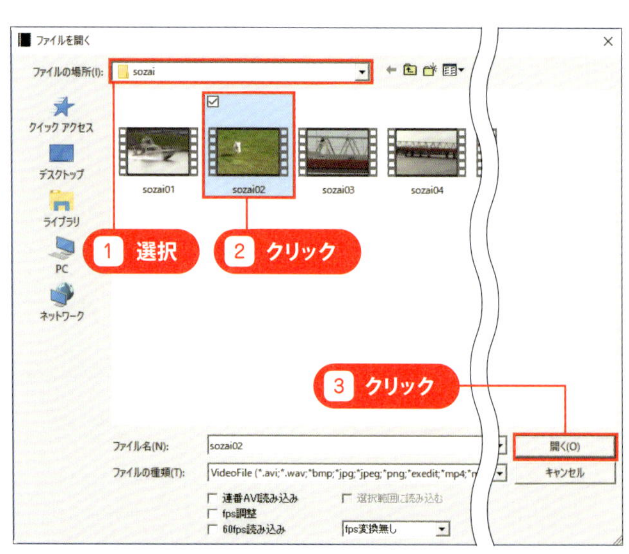

MEMO

エクスプローラーで登録する

メインウィンドウへの動画の読み込みは、エクスプローラーからメインウィンドウに読み込みたい動画をドラッグ＆ドロップすることでも行えます。

3 ウィンドウサイズを変更する

メインウィンドウに動画が読み込まれます。<表示>をクリックし1、<拡大表示>をクリックして2、変更したいウィンドウサイズ（ここでは<50%>）をクリックします3。

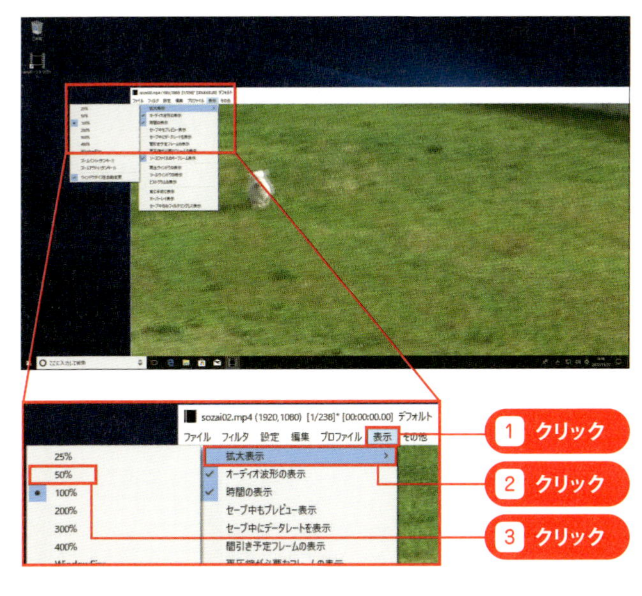

4 ウィンドウサイズが変更される

メインウィンドウのウィンドウサイズが変更されます。

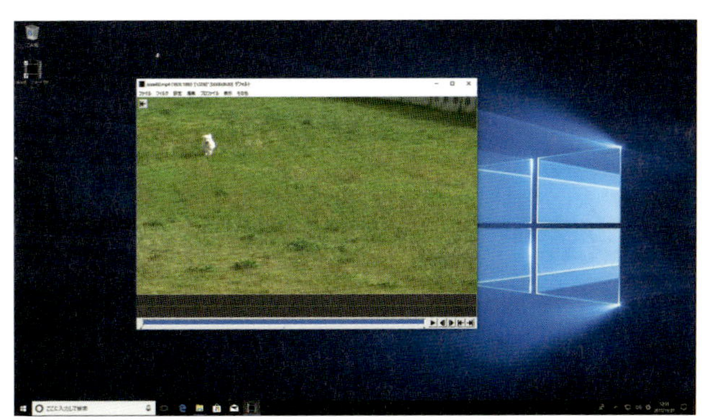

COLUMN

複数の動画を読み込む

AviUtl では、複数の動画をまとめて読み込むことはできません。メインウィンドウに複数の動画を読み込みたいときは、「追加読み込み」を行います。「追加読み込み」で読み込んだ動画は、直前に読み込んだ動画の後ろに読み込まれます。<ファイル>をクリックし1、<追加読み込み>をクリックすると2、「追加読み込み」画面が表示されます。読み込みたい動画を選択して、<開く>をクリックすると、動画が追加読み込みされます。

Section 3

読み込んだ動画を再生する

ここでは、メインウィンドウに読み込んだ動画の再生手順を解説します。動画の再生は、削除または切り出したいフレーム範囲を選択するときやフィルタ適用後の効果の確認などに利用します。

動画の再生を行う

1 動画の再生を開始する

P.40 の手順でメインウィンドウに動画を読み込んでおきます。画面右下の操作パネルで▶をクリックすると、読み込んだ動画の再生が開始されます。

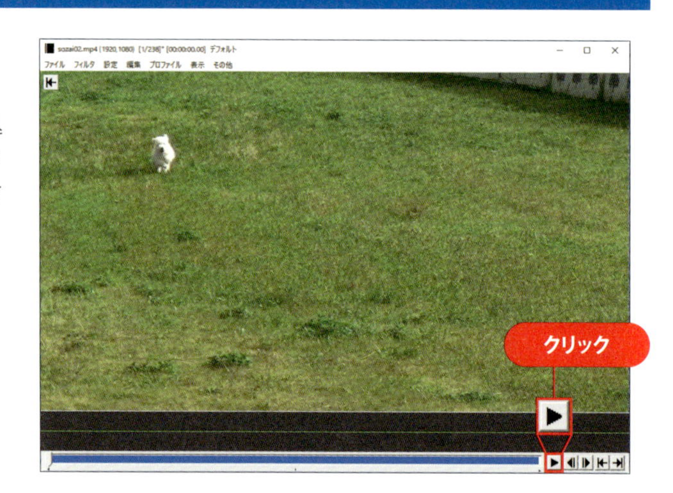

2 動画の再生を停止する

⏸をクリックすると、動画の再生が一時停止します。

3 コマ送り／コマ戻しを行う

コマ送り（次のフレームに移動）したいときは▶をクリックし 1 、コマ戻し（前のフレームに移動）したいときは◀をクリックします 2 。

COLUMN

基本機能メニューやショートカットキーで操作する

再生操作は、基本機能メニューやショートカットキーでも操作を行えます。基本機能メニューは、<編集>をクリックして 1 、<基本機能>にカーソルを合わせる（フォーカス）ことで表示できます 2 。このメニューから次または前フレームに移動（コマ送り／コマ戻し）、先頭フレームや最後のフレームに移動、次のキーフレームまたは前のキーフレームに移動などの操作を行えます。また、マウスのホイールを回転させることで次または前フレームに移動（コマ送り／コマ戻し）の操作を行えます。次または前フレームに移動（コマ送り／コマ戻し）や先頭または最後のフレームに移動する操作は、ショートカットキーで行うこともできます。

次のフレームに移動	→キー	先頭のフレームに移動	Homeキー
前のフレームに移動	←キー	最後のフレームに移動	Endキー

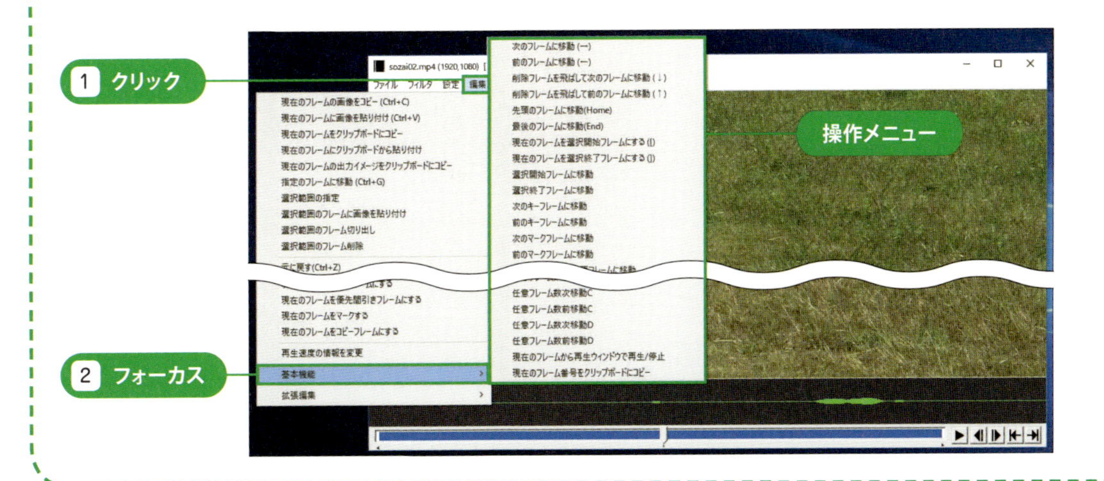

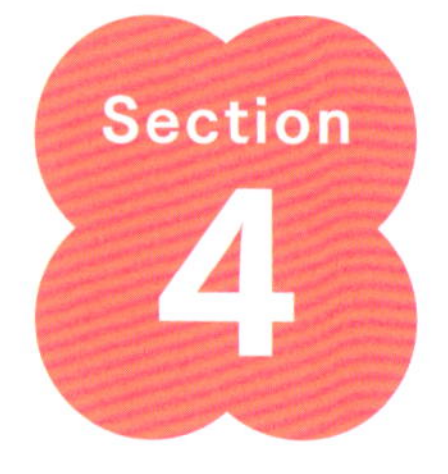

フレームを選択する

選択した範囲のフレームの切り出しや削除は、はじめに操作を行いたいフレームの範囲を決定し、次にその選択範囲に適用する操作を選択します。選択範囲は、動画を再生しながら行うとかんたんに設定できます。

フレームの選択範囲を設定する

1 選択開始フレームの設定を行う

動画をメインウィンドウに読み込み（P.40参照）、選択したいフレームの開始位置付近まで動画を再生して一時停止しておきます（P.42参照）。◀または▶をクリックしてキーフレームを探し1、⇤（<現在のフレームを選択開始フレームにする>）をクリックします2。

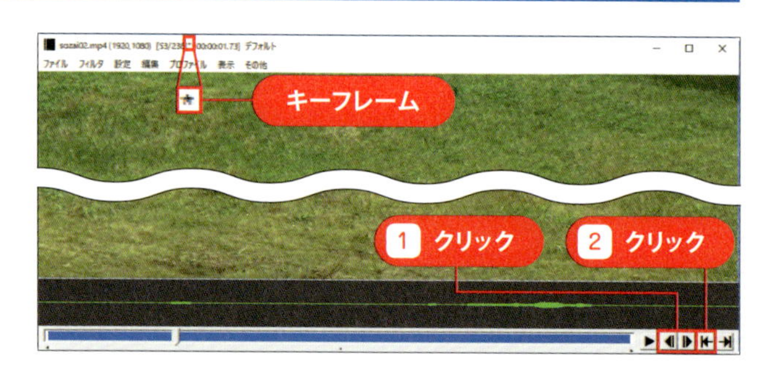

2 選択終了フレームを設定する

選択したフレームより前のフレームが選択範囲から除外されます1。続いて、選択したいフレームの終了位置付近まで動画を再生し一時停止しておきます。◀または▶をクリックしてキーフレームの1つ前のフレーム表示し2、⇥（<現在のフレームを選択終了フレームにする>）をクリックします3。

MEMO

選択開始フレームと終了フレームについて

選択開始フレームはキーフレーム、選択終了フレームは、キーフレームの1つ前のフレームに設定しておくと、切り出した動画の音ズレや動画の保存が上手く行えないなどのトラブルが減ります。キーフレームには、タイトルバーのフレーム数の右横に「*」が付くので、それを目安に◀または▶をクリックして探してください。選択したいところにキーフレームがない場合は、◀▶をクリックして近くにあるキーフレームを選択します。

3 フレームの選択範囲が設定される

選択したフレームより後のフレームが選択範囲から除外され1、フレームの選択範囲が設定されます2。

MEMO

フレームの選択範囲を解除するには？

選択したフレーム範囲を解除したいときは、Ctrlキーを押しながら、Aキーを押すか、<編集>→<すべてのフレームを選択>をクリックします。

選択フレームの切り出しまたは削除を行う

1 選択範囲の操作を行う

<編集>をクリックし1、<選択範囲のフレーム切り出し>または<選択範囲のフレーム削除>をクリックします2。

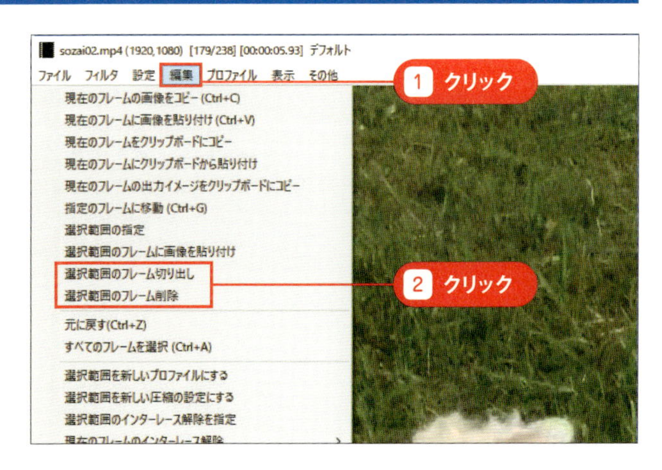

2 選択範囲が切り出されるまたは削除される

選択範囲が切り出されます（または削除）。

MEMO

編集結果を元に戻すには？

編集結果を元に戻したいときは、Ctrlキーを押しながら、Zキーを押すか、<編集>→<元に戻す>をクリックします。

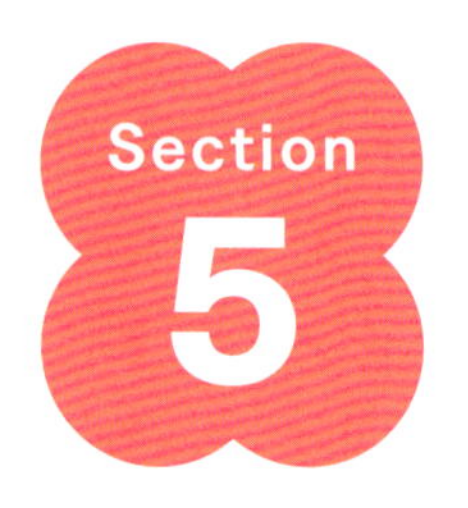

動画にフィルタを適用する

メインウィンドウは、読み込んだ動画にフィルタを施せます。ここでは、適用できるフィルタの種類やフィルタの適用方法、フィルタの設定方法などを解説します。

フィルタの種類について

メインウィンドウでは、「ノイズ除去フィルタ」「ノイズ除去（時間軸）フィルタ」「シャープフィルタ」「ぼかしフィルタ」「クリッピング＆リサイズ」「縁塗りつぶし」「色調補正」「拡張色調補正」の8種類のフィルタが用意されています。これらのフィルタは、とくに指定がない場合、メインウィンドウに読み込まれている動画全体に適用され、範囲を指定することで特定の範囲のみにフィルタを適用したり、複数のフィルタを同時に適用したりできます。それぞれのフィルタには、以下のような特徴があります。

フィルタ名	機能
ノイズ除去フィルタ	ブロックノイズやモスキートノイズの除去に効果があります。周囲の似た色を利用してぼかし、ノイズを緩和します。
ノイズ除去（時間軸）フィルタ	フレーム間に激しい動きがあるときに入りやすいチラツキなどのノイズの除去に効果があります。動画によっては、残像が出る場合があります。
シャープフィルタ	動画の境界やエッジを強調してくっきりとした動画にします。ノイズがある場合、ノイズも強調され、動画がざらつく場合があります。
ぼかしフィルタ	動画の境界やエッジをぼかします。動画にノイズがある場合、ぼかすことによってノイズを減らす効果があります。
クリッピング＆リサイズ	動画を指定サイズまたは任意のサイズでリサイズします。動画の黒縁を削除したいときになどに利用します。
縁塗りつぶし	動画の縁を塗りつぶします。動画に黒帯を付けたい場合などに利用します。
色調補正	動画の明るさやコントラスト、ガンマ、輝度、色の濃さ、色合いなどを調整できます。
拡張色調補正	動画の色調を調整します。色調補正の機能を細分化して、より詳細な調整を行えるようにした機能です。

動画にフィルタを適用する

ここでは、メインウィンドウに読み込んだ動画に「色調補正」フィルタを適用する手順を例に、フィルタの適用方法を解説します。メインウィンドウでは、適用したいフィルタの設定画面を開き、プレビューで効果を確認しながらフィルタの適用を行います。

1 適用したいフィルタを選択する

P.40 の手順でメインウィンドウに動画を読み込んでおきます。<設定>をクリックし1、適用したいフィルタ（ここでは<色調補正の設定>）をクリックします2。

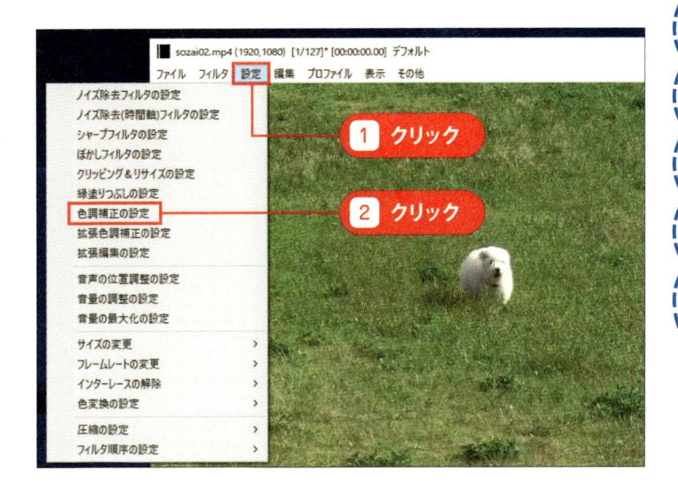

2 フィルタをオンにする

「色調補正」の設定画面が表示されます。チェックボックス□をクリックし☑にして選択したフィルタをオンにします。

3 フィルタの設定を行う

各項目のスライドバーで⊦（つまみ）をドラッグして移動するか、◀または▶をクリックします。

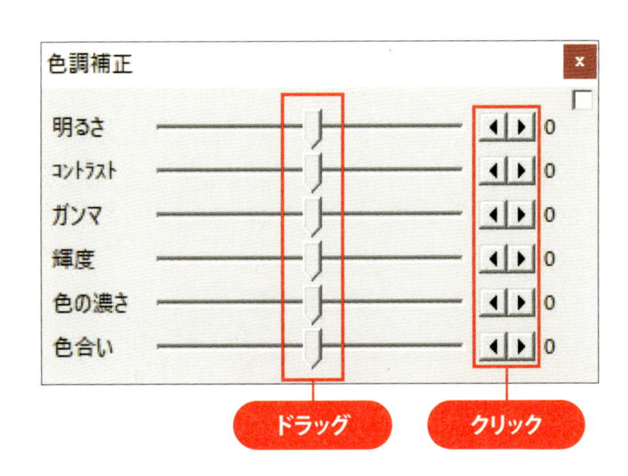

4 フィルタの調整を行う

プレビュー画面に効果が反映されます1。プレビューを見ながら効果の調整を行います2。

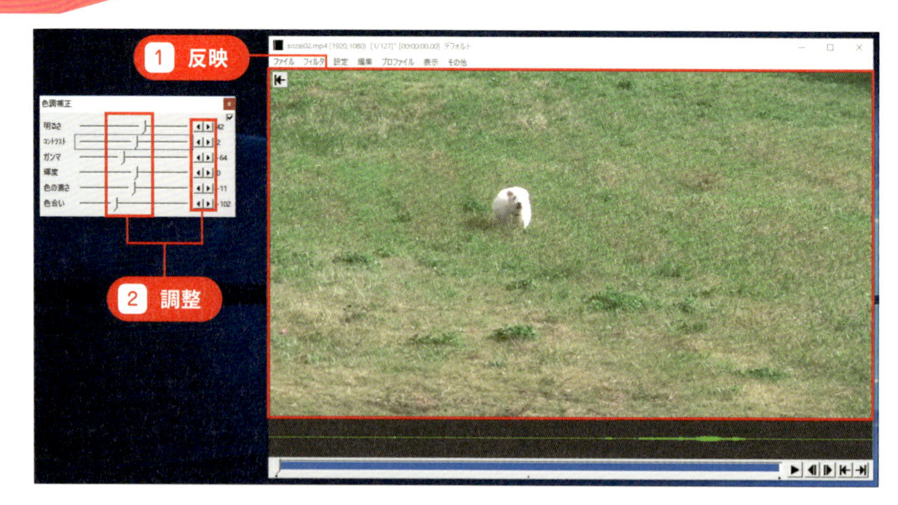

5 フィルタの設定を完了する

フィルタの調整が完了したら、×をクリックします。

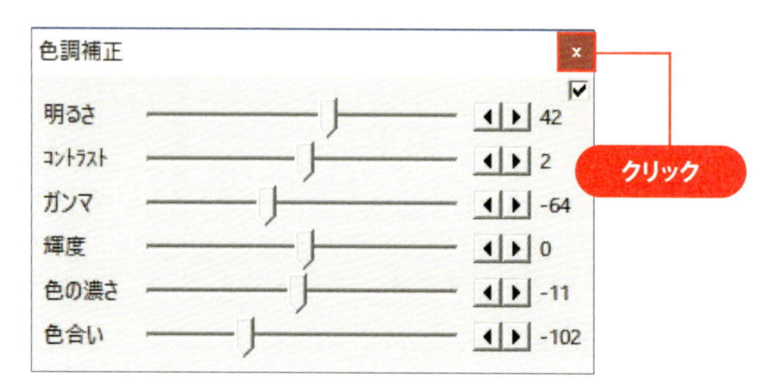

COLUMN

フィルタの調整方法

設定画面の右上のチェックボックスが☑のとき、そのフィルタはオンになり、□のときはオフになります。フィルタの効果を調整するときは、オン／オフを切り替えて効果を確認しながら調整を行いましょう。

フィルタがオフの場合

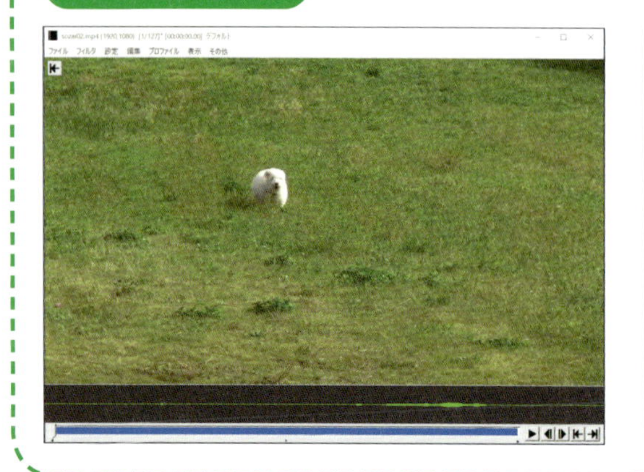

フィルタがオン場合

フィルタのオン／オフを切り替える

フィルタのオン／オフは、＜フィルタ＞メニューから切り替えることもできます。ここでは、オンになっているフィルタをオフにする手順を例に、＜フィルタ＞メニューからオン／オフを切り替える手順を解説しています。

1 フィルタのオン／オフを切り替える

＜フィルタ＞をクリックし1、オン／オフを切り替えたいフィルタ（ここでは、＜色調補正＞をクリックします2。

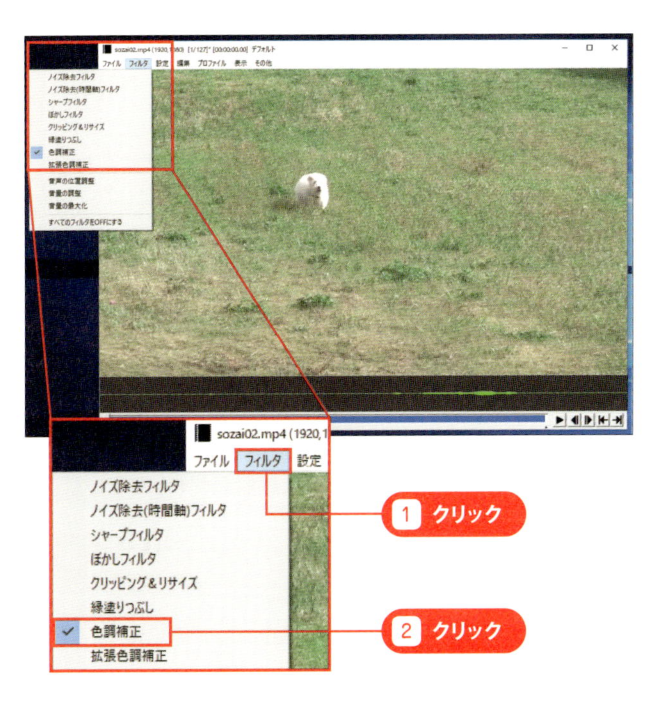

MEMO フィルタ機能のオン／オフについて

オンになっているフィルタには、✓が付けられています。オンのフィルタをクリックするとそのフィルタはオフに設定され、✓が付いていないオフのフィルタをクリックすると、オンに設定されます。また、＜すべてのフィルタを OFF にする＞をクリックすると、オンになっているフィルタがすべてオフに設定されます。

2 フィルタのオン／オフが切り替わる

選択したフィルタのオン／オフが切り替わります。

MEMO フィルタ効果の調節について

＜フィルタ＞メニューからオン／オフを切り替えた場合、オンにしたフィルタの効果は、そのフィルタの前回設定値（初めて利用する場合は初期値）が適用されます。フィルタの効果を調整したいときは、P.48 の手順で適用したいフィルタの設定画面を表示して、調整を行います。また、特定の範囲のみにフィルタを適用したいときは、プロファイルを利用します。プロファイルの使い方は、P.54 を参照してください。

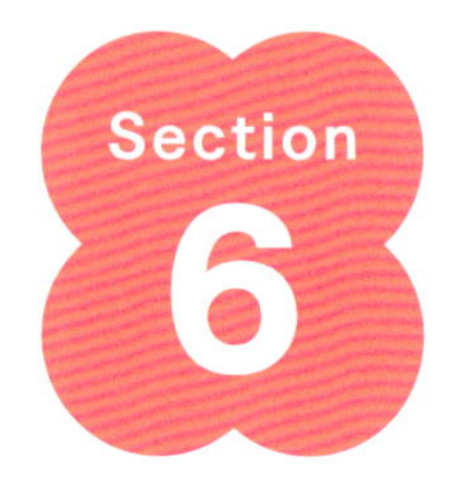

編集した動画をファイルに出力する

動画の編集が終わったら、編集済みの動画をファイルに出力してみましょう。ここでは、出力プラグインを使って、編集済み動画をMP4形式の動画ファイルに保存する手順を解説します。

動画をファイルに出力する

1 ファイルの保存画面を表示する

＜ファイル＞をクリックし1、＜プラグイン出力＞にカーソルを合わせ（フォーカスして）2、＜拡張x264出力(GUI)Ex＞をクリックします3。

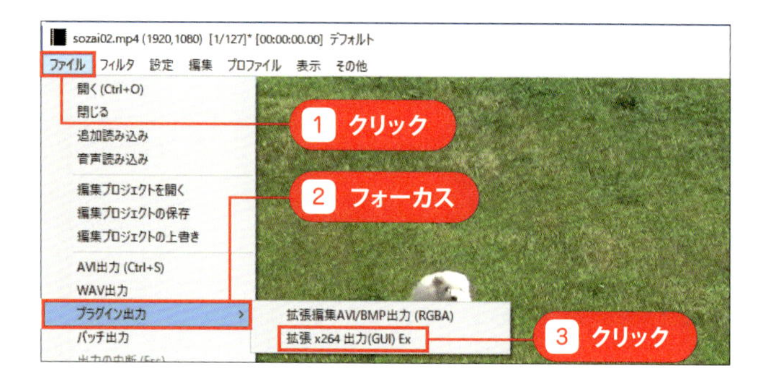

2 出力ファイルの設定画面を表示する

保存画面が表示されたら、下部にある＜ビデオ圧縮＞をクリックします。

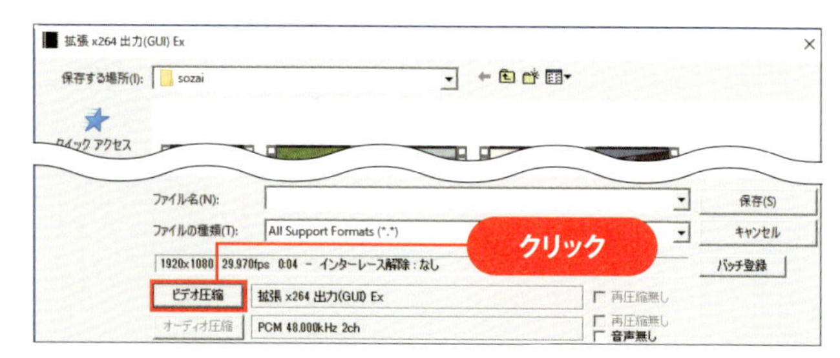

MEMO

編集済み動画のファイル出力について

編集済み動画のファイルへの出力は、P.22で導入した出力プラグイン「x264guiEx」を利用します。x264guiExは、次ページの手順3の画面でわかるようにさまざまなオプションが用意されていますが、通常は、プロファイルから出力したい形式を選択するだけで編集済みの動画を目的の形式のファイルに出力できます。設定項目の意味がわからない場合は、プロファイルの選択以外は設定を変更しないことをお勧めします。

3 ファイルの出力形式を選択する

「拡張 x264 出力 (GUI)Ex」の設定画面が表示されます。<プロファイル>をクリックし1、出力形式（ここでは<バランス>）をクリックして2、< OK >をクリックします3。

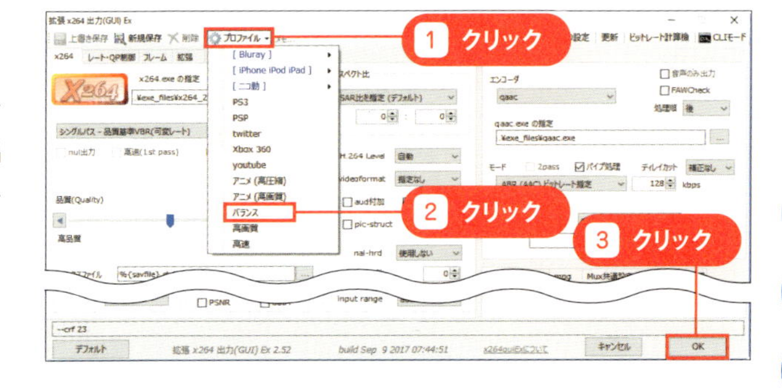

4 動画のファイル出力を開始する

動画の保存先を選択し1、ファイル名を入力して2、<保存>をクリックすると3、<プラグイン出力>の画面が表示され、動画のファイルへの出力（保存処理）が始まります。

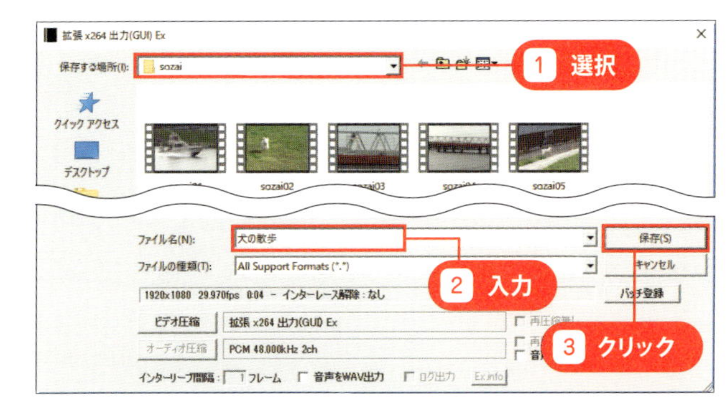

5 動画のファイル出力が完了する

動画のファイルへの出力が完了したら、×をクリックして<プラグイン出力>の画面を閉じます。

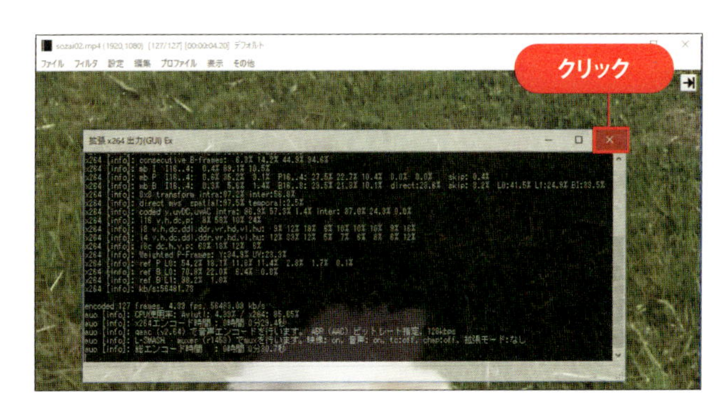

MEMO

動画のファイルへの出力について

動画のファイルへの出力中は、<プラグイン出力>の画面が表示され、画面右下に進捗状況が表示されます。再生時間が長い動画の場合、出力には数時間かかる場合があります。進捗状況を確認しながら、動画のファイルへの出力が完了するまでお待ちください。

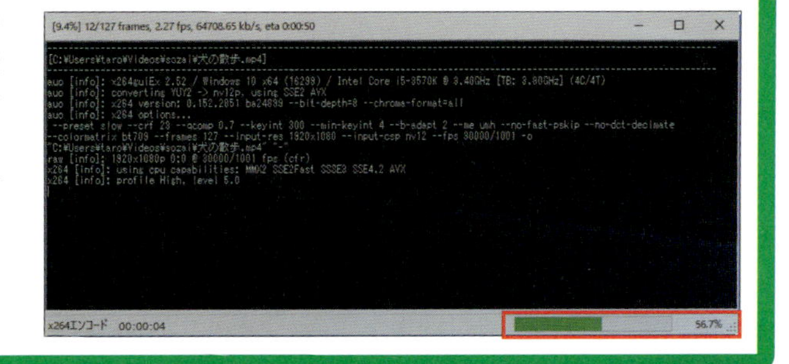

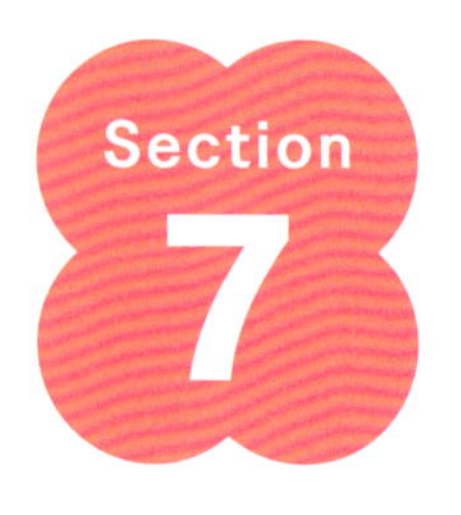

編集プロジェクトを保存する

編集プロジェクトとは、読み込んだ動画に施したすべての編集内容を保存したものです。ここでは、メインウィンドウで行った編集作業を編集プロジェクトとしてファイルに保存する方法を解説します。

編集プロジェクトをファイルに保存する

読み込んだ動画に施した編集内容を編集プロジェクトとしてファイルに保存しておくと、いつでもその地点から編集作業を再開できます。たとえば、長時間の動画の編集を行う場合など、一日で作業がすべて完了できなかったときは、編集プロジェクトを保存しておき、翌日、その時点から作業を再開できます。編集プロジェクトの保存は、以下の手順で行います。

1 「プロジェクトを保存」画面を表示する

<ファイル>をクリックし1、<編集プロジェクトを保存>をクリックします2。

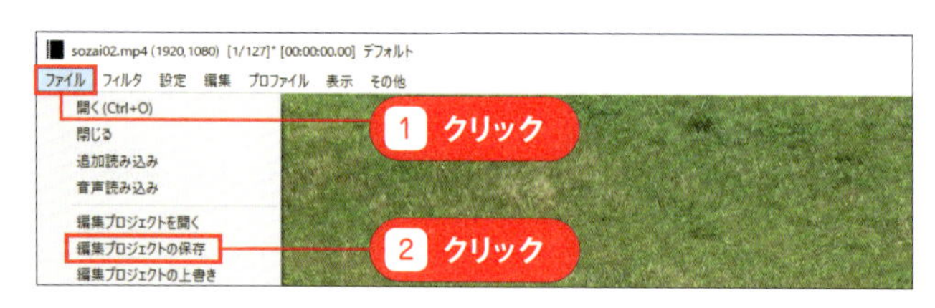

2 編集プロジェクトを保存する

「プロジェクトを保存」画面が表示されます。ファイルを保存したいフォルダーをクリックし1、ファイル名を入力します2。<保存>をクリックします3。

> **MEMO**
>
> **編集プロジェクトの上書き**
>
> 保存済みの編集プロジェクトを開いて作業を行った場合は、手順1で<編集プロジェクトの上書き>をクリックすると、編集内容を上書きできます。また、<編集プロジェクトの保存>をクリックすると、別名で編集プロジェクトを保存できます。

編集プロジェクトを開く

1 「プロジェクトを開く」画面を表示する

<ファイル>をクリックし1、<編集プロジェクトを開く>をクリックします2。

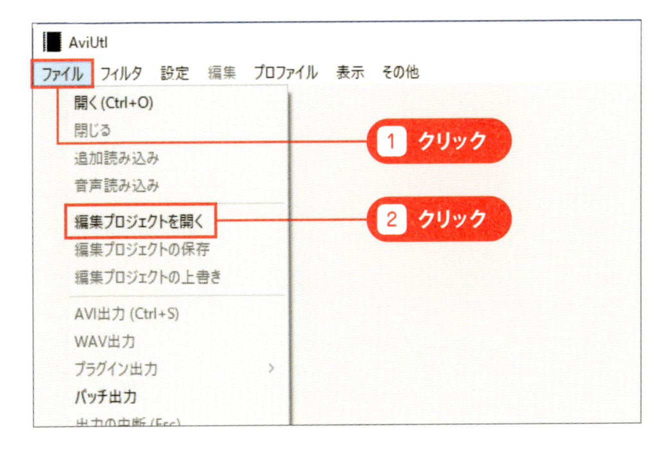

2 編集プロジェクトを開く

「プロジェクトを開く」画面が表示されます。編集プロジェクトが保存されたフォルダーをクリックし1、開きたい編集プロジェクトをクリックして選択します2。<開く>をクリックします3。

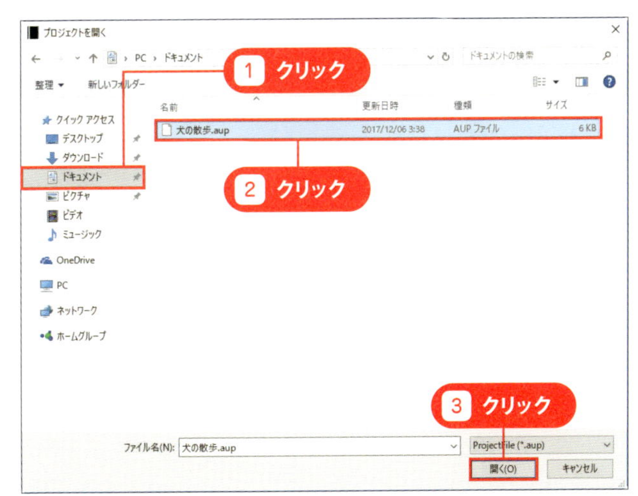

3 作業内容が読み込まれる

編集プロジェクトに保存されていた内容に従って、作業内容が読み込まれます。

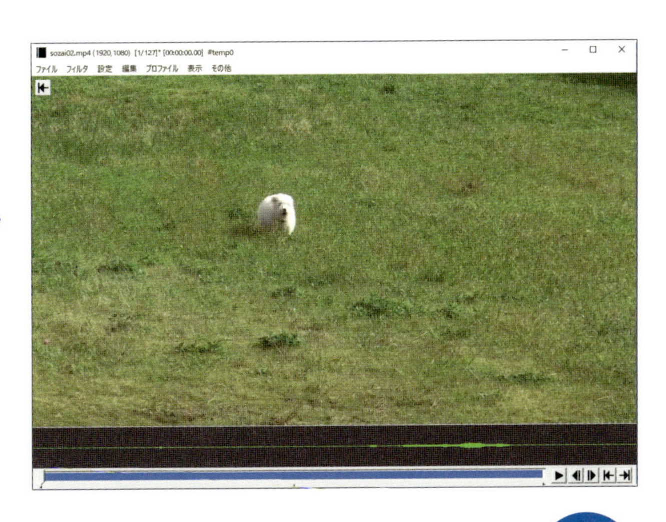

MEMO

読み込みに失敗するときは？

編集に利用した動画の保存先を変更すると、編集プロジェクトの読み込みに失敗します。編集に利用した動画や音声などの保存先は、変更しないようにしてください。

COLUMN

プロファイルを利用する

プロファイルとは、AviUtl のメインウィンドウの機能である「各種フィルタ機能」や「インターレース解除設定」「フレームレート変換設定」などの設定を保存しておく機能です。たとえば、毎回同じ設定でフィルタを適用したり、指定範囲に特定の設定のフィルタなどを適用したいときに利用できます。

1 プロファイルの保存を開始する

＜プロファイル＞をクリックし1、＜プロファイルの編集＞にカーソルを合わせ（フォーカス）2、＜新しいプロファイルを作る＞をクリックします3。

2 現在の設定をプロファイルを保存する

「新しいプロファイル名」画面が表示されます。プロファイル名を入力し1、Enterキーを押すと2、現在の設定がプロファイルに保存され、現在編集中の動画に適用されます。

3 指定範囲に特定のプロファイルを適用する

P.44 の手順を参考に特定のプロファイルを適用したいフレームを選択しておきます。＜編集＞をクリックし1、＜選択範囲を新しいプロファイルにする＞をクリックします2。

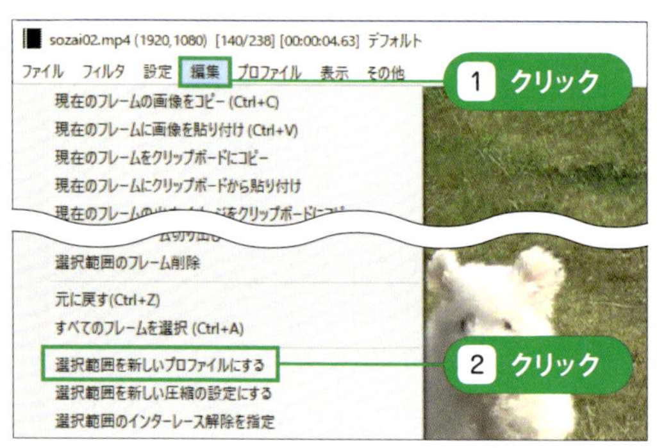

4 適用するプロファイルを選択する

選択範囲のフレームに新しいプロファイルが適用されます。＜プロファイル＞をクリックし1、適用したいプロファイル（ここでは＜公園用＞をクリックすると2、そのプロファイルが選択範囲に設定されます。

第3章

拡張編集Pluginで編集を行う
——チュートリアル編

拡張編集Pluginの機能と動画編集の流れ

ここでは、拡張編集 Plugin を利用した AviUtl の動画編集の方法について解説します。拡張編集 Plugin は、AviUtl のメインウィンドウとは独立して動作する編集機能として設計されています。

拡張編集 Pluginとは？

拡張編集 Plugin は、「時間軸」に沿って複数の動画や音声を配置していくことで 1 本の動画を仕上げる編集機能です。この編集方法は、タイムライン方式と呼ばれています。メインウィンドウを利用した編集と比較して、自由度が高く、より高度な編集を行える点が特徴です。また、拡張編集 Plugin では、縦に並ぶ動画や音声の登録を行う場所を「レイヤー」と呼び、最大 100 個のレイヤーを利用できます。また、レイヤーに配置する動画や音声、各種エフェクト機能などを「オブジェクト」と呼びます。

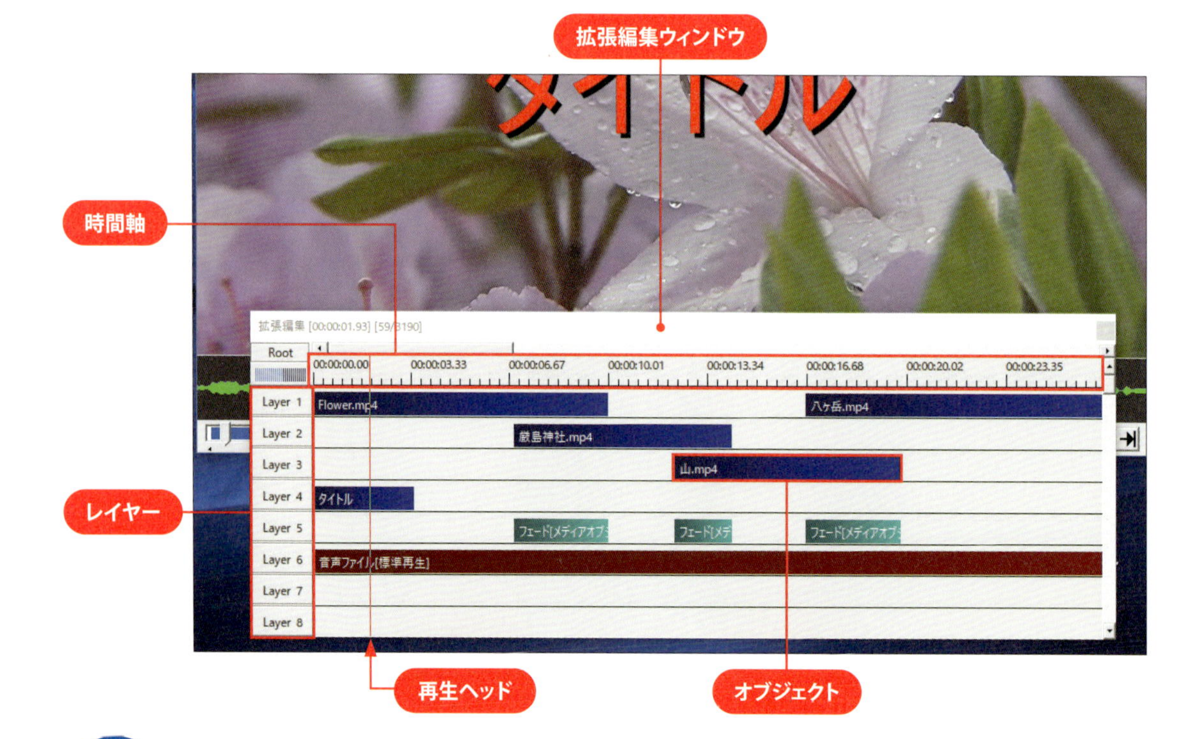

拡張編集 Plugin を利用した動画編集の流れ

拡張編集 Plugin を利用した編集では、拡張編集 Plugin の画面（拡張編集ウィンドウ）に配置された複数のレイヤーに対して動画や音声、各種エフェクトなどのさまざまなオブジェクトを登録して 1 本の動画に仕上げます。メインウィンドウで動画の編集を行うときは、メインウィンドウ自体に編集したい動画を読み込みますが、拡張編集 Plugin では、ウィンドウ上に編集したい動画などをオブジェクトとして読み込みます。それぞれのレイヤーには、動画や音声のオブジェクトだけでなく、各種エフェクト機能のオブジェクトを登録できます。たとえば、動画に文字（テキスト）を表示したいときは、動画と同じ時間軸の別のレイヤーにテキストオブジェクトを登録し、表示する文字（テキスト）や文字の大きさ、表示方法などを指定します。拡張編集 Plugin は、1 本の動画を編集するというよりも、あらかじめ用意しておいた複数の動画を 1 本の動画としてまとめ上げることに向いた編集機能を提供しています。

▶拡張編集Pluginを利用した動画編集の流れ

1. AviUtl を起動する
2. 拡張編集 Plugin のレイヤーに動画などのオブジェクトを登録する
3. 動画の長さを調整したり、エフェクトなどの設定を行う
4. 編集済みの動画をファイルに保存する

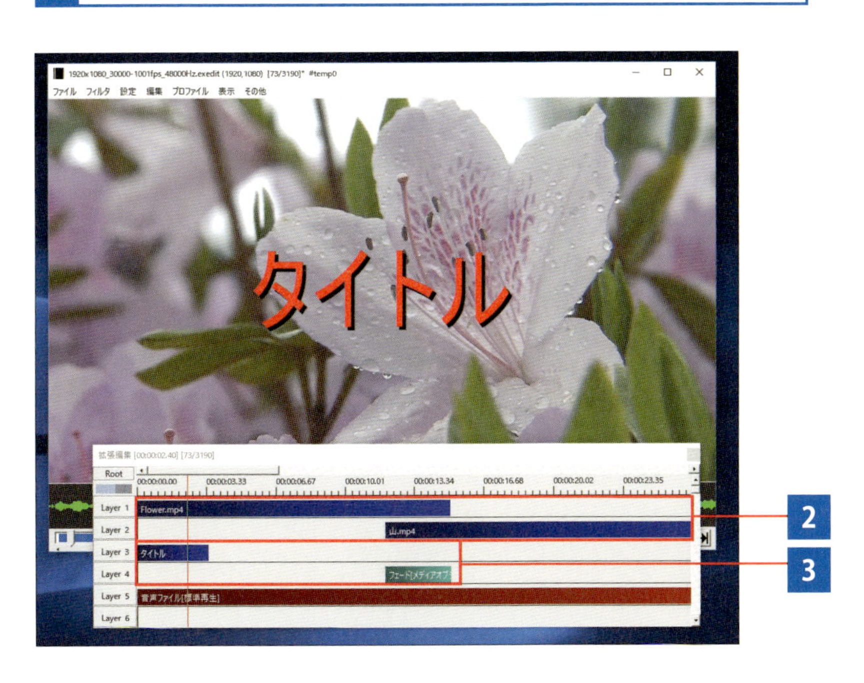

Section 2

動画を読み込む

拡張編集 Plugin を利用した動画の編集は、拡張編集 Plugin の画面（拡張編集ウィンドウ）に動画を読み込む（登録する）ことからはじめます。ここでは、動画を拡張編集ウィンドウに登録する方法を解説します。

動画を読み込む

1 拡張編集ウィンドウを表示する

デスクトップの「AviUtl」のショートカットをダブルクリックして、AviUtl を起動しておきます。拡張編集ウィンドウが表示されていないときは、＜設定＞をクリックし1、＜拡張編集の設定＞をクリックします2。

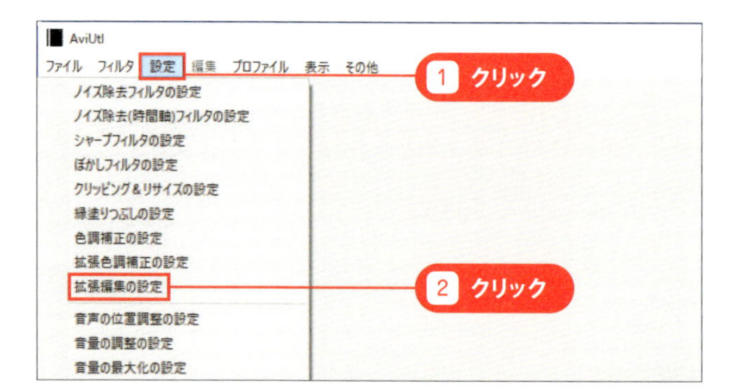

2 エクスプローラーを起動する

拡張編集ウィンドウが表示されます1。を クリックして2、エクスプローラーを起動します。

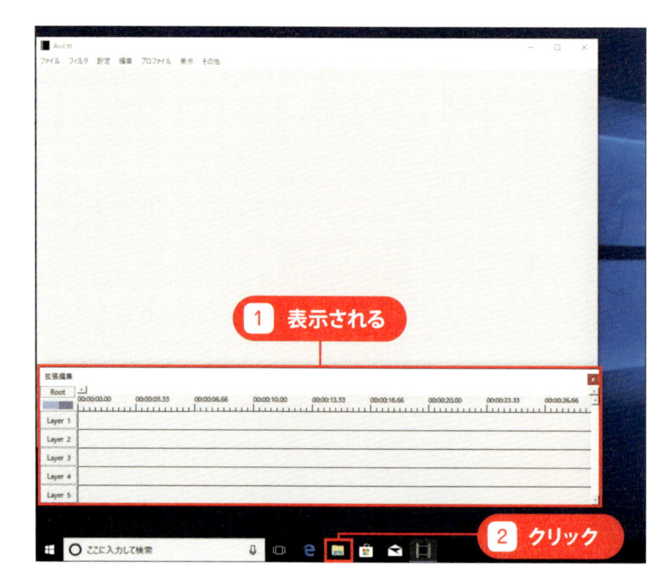

3 動画を拡張編集ウィンドウに登録する

読み込みたい動画ファイルを拡張編集ウィンドウのレイヤー（ここでは「Layer1」）にドラッグ＆ドロップします。

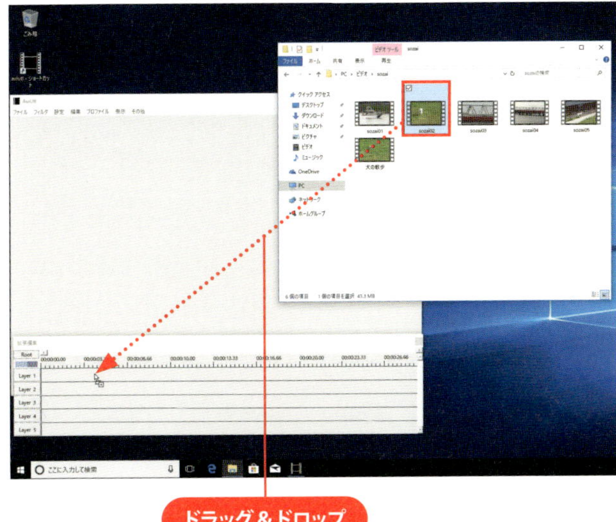

MEMO 最初に読み込むときは？

拡張編集ウィンドウに何もない状態で動画をドラッグ＆ドロップすると、必ずLayer1に登録されます。また、2番目以降の動画は、手順3でドラッグ＆ドロップしたレイヤーに登録されます。

4 新規プロジェクトの画面サイズを設定する

「新規プロジェクトの作成」画面が表示されます。<読み込みファイルに合わせる>のチェックボックス□をクリックして☑にし1、<OK>をクリックします2。

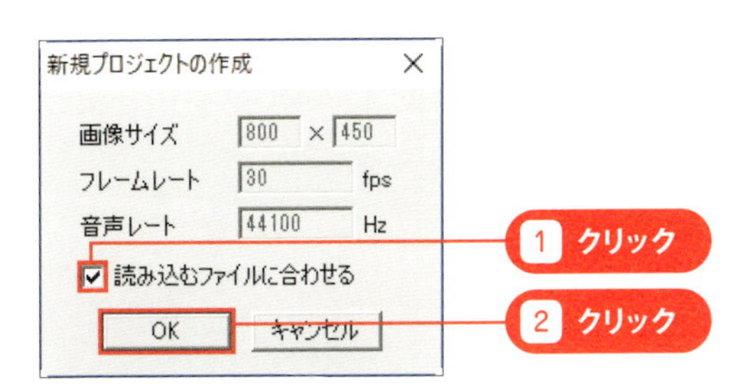

5 動画が読み込まれる

動画が読み込まれます。動画に音声が含まれているときは、動画の映像部分（青色）と音声部分（茶色）が切り離されて別々のレイヤーに登録されます1。メインウィンドウに読み込まれた動画が表示され2、別ウィンドウで動画ファイルの設定ダイアログが表示されます3。

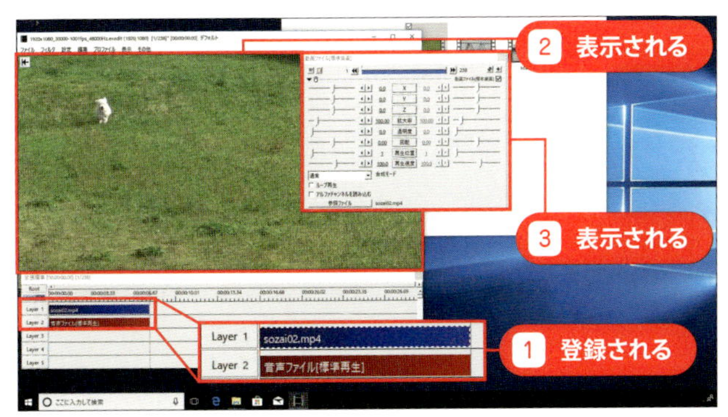

MEMO 動画の追加読み込みを行うときは？

動画の追加読み込みを行うときも上と同じ手順で行います。このとき、登録済みの動画の後ろにドラッグ＆ドロップすると、同じレイヤーにドラッグ＆ドロップした動画が登録されます。前の動画との間に空白ができたときは、後ろの動画をドラッグして前の動画に付けてください。また、別のレイヤーにドラッグ＆ドロップすると、そのレイヤーに動画を登録できます。

Section 3

動画を指定フレームで分割する

ここでは、拡張編集 Plugin のレイヤーに読み込んだ動画を指定フレームで分割する方法を解説します。拡張編集 Plugin の編集では、1本の動画を複数のシーンに区切るときに動画の分割を利用します。

動画の分割とは？

拡張編集 Plugin では、動画内の不要な部分を削除したり、特定の部分を別の場所に移動させたいときなどに動画を分割できます。なお、メインウィンドウに読み込んだ動画は分割できません。

1 動画の再生を行う

動画を拡張編集ウィンドウのレイヤーに読み込んでおきます（P.58参照）。メインウィンドウの▶をクリックして動画を再生し、分割したいフレームの位置付近まできたら⏸をクリックします（トラックバーでの移動も可能）。

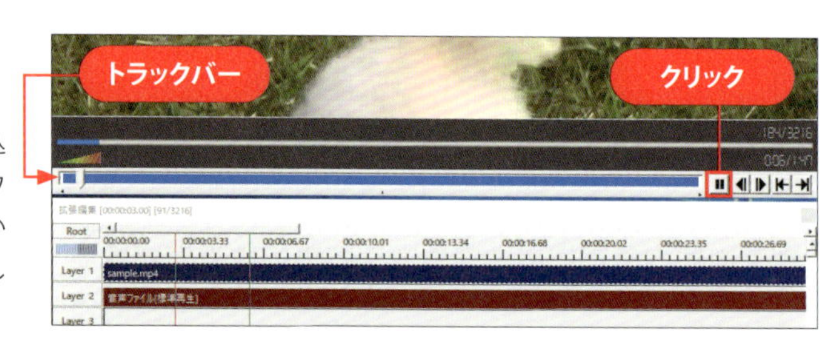

2 分割したいフレームを選択する

◀|または|▶をクリック、もしくは左右のカーソルキーで分割したいフレームを微調整して表示します。

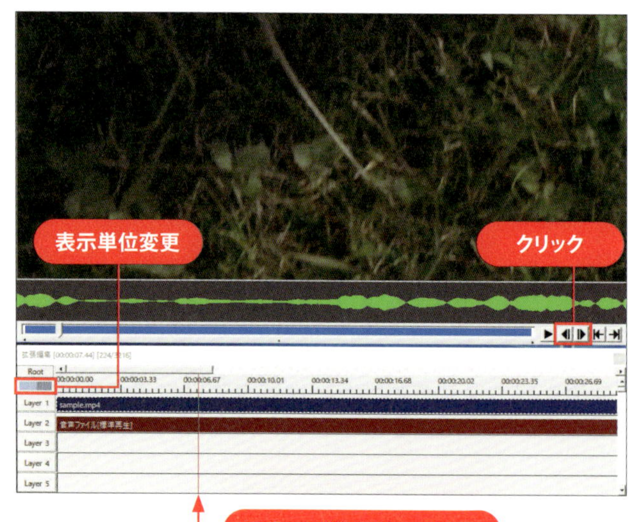

MEMO

動画の再生位置について

動画の再生を行うと、時間軸にそって再生ヘッド（赤い縦棒）が移動します。この再生ヘッドがその時点のフレーム位置を示しています（トラックバーを直接ドラッグして表示位置の変更も可能）。また、▥▥▥ をクリックすることで、時間軸の表示単位を変えることができます。

3 動画を分割する

分割したい動画を読み込んだレイヤーに表示されている再生ヘッドの上で右クリックし1、<分割>をクリックします2。

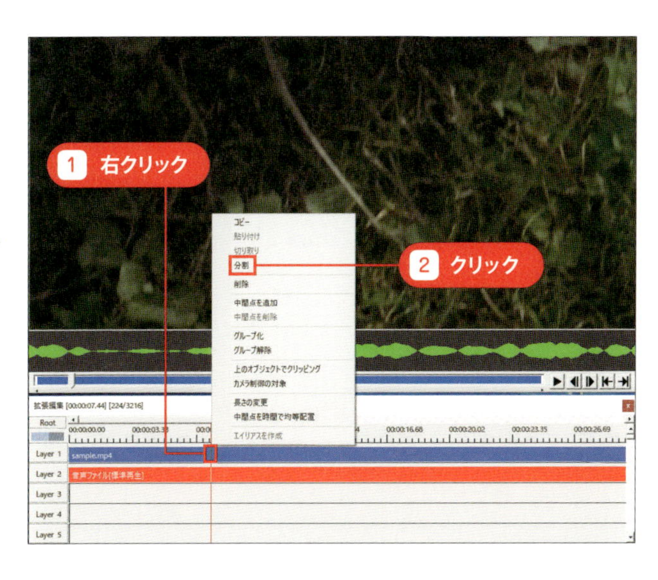

> **MEMO**
>
> **複数のレイヤーに動画が読み込まれているときは？**
>
> ここでは、Layer1に読み込んだ動画を分割しています。ほかのレイヤーに読み込んだ動画を分割したいときは、そのレイヤーの再生ヘッドの上で右クリックし、<分割>をクリックします。

4 動画が指定フレームで分割される

動画が手順2で選択したフレームで分割されます。

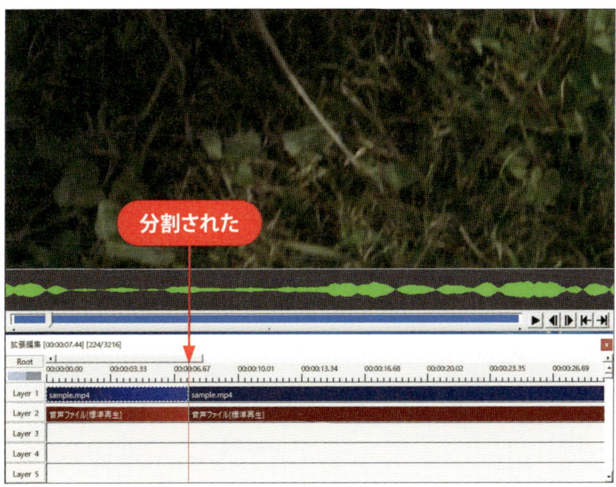

COLUMN

動画の分割をやり直すには?

間違ったフレームで動画の分割を行った場合は、オブジェクトを読み込んでいないレイヤーで右クリックし、<元に戻す>をクリックします。また、動画の分割を行っても拡張編集ウィンドウ上で動画が分割されたように見えているだけで、実際の動画ファイルが分割されているわけではありません。

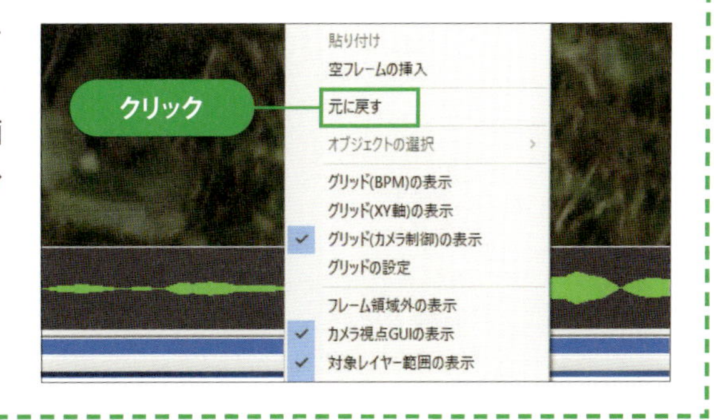

Section 4

動画の不要なフレームを削除する

ここでは、動画の不要なフレームを削除する手順を解説します。不要なフレームを削除するには、P.60 の手順で不要な部分の開始フレームと終了フレームの2箇所で動画の分割を行っておく必要があります。

動画の不要なフレームの削除について

動画の不要なフレームの削除を行うと、その部分が空白になります。空白の区間は動画がない状態となり、再生時には「黒」の動画が表示されます。このため、動画の不要なフレームの削除を行ったときは、空白の区間に別の動画を配置するか、後ろの動画を前に移動させて、空白がないようにします。

1 削除したいフレームを選択する

P.60 の手順で不要な部分の開始フレームと終了フレームの2箇所で動画を分割しておきます。

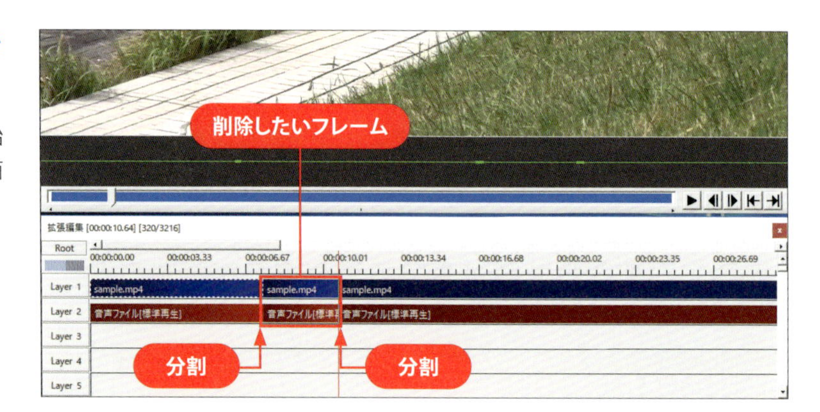

2 選択したフレームの削除を行う

分割した部分の動画を右クリックし1、<削除>をクリックします2。

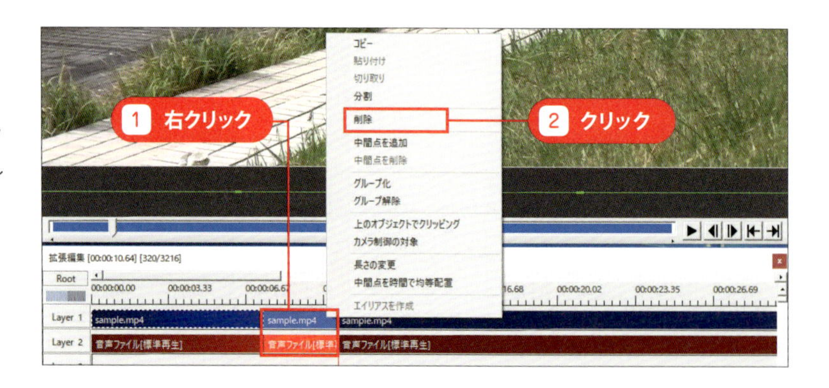

3 選択したフレームが削除される

選択したフレームが削除されます 1 。空白の後ろの動画を前の動画に付くまでドラッグします 2 。

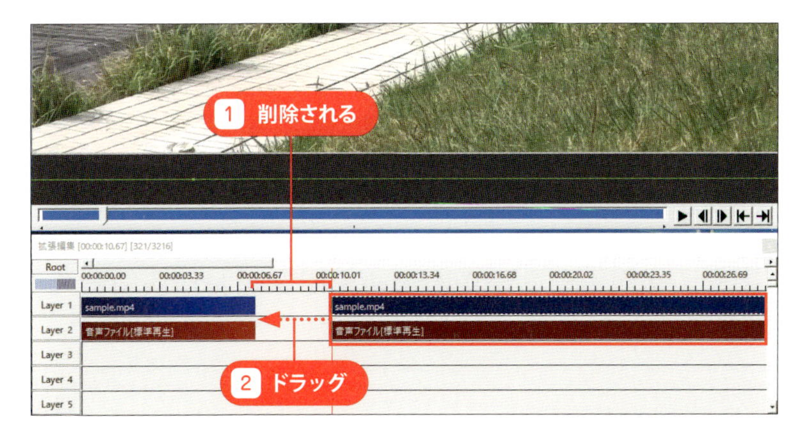

4 動画の空白の区間がなくなる

動画の空白の区間がなくなり、不要なフレームの削除が完了しました。

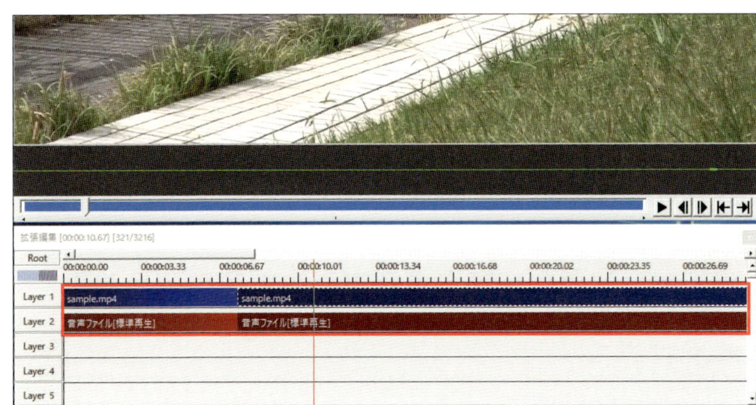

COLUMN

グループ化について

読み込んだ動画の映像部分と音声部分は、通常、1つのグループとして操作できるグループ化が行われています。グループ化された状態で、不要なフレームの削除を行うと、動画の映像部分と音声部分がセットで削除されます。動画の映像部分のみ、音声部分のみで操作したいときは、グループ化を解除してから分割や削除などの操作を行います。グループ化を解除するには、読み込んだ動画を右クリックし、表示されるメニューから<グループ解除>をクリックします。また、再度グループ化したいときは、Ctrlキーを押しながら、グループ化したい映像部分（青色）と音声部分（茶色）をクリックして選択し、右クリックして表示されるメニューから<グループ化>をクリックします。

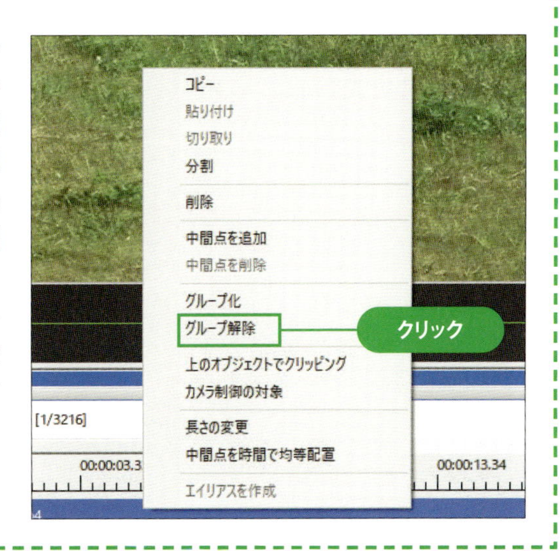

写真を読み込む

拡張編集 Plugin を利用した動画編集では、写真を読み込んで利用することもできます。ここでは、写真を拡張編集ウィンドウに読み込む（登録する）方法と写真の再生時間を変更する方法を解説します。

写真を読み込む

1 写真を拡張編集ウィンドウに登録する

デスクトップの「AviUtl」のショートカットをダブルクリックして、AviUtl を起動しておき、をクリックして、エクスプローラーを起動しておきます。読み込みたい写真ファイルをエクスプローラーから拡張編集ウィンドウのレイヤー（ここでは「Layer1」）にドラッグ＆ドロップします。

2 新規プロジェクトの画面サイズを設定する

「新規プロジェクトの作成」画面が表示されます。＜読み込みファイルに合わせる＞のチェックボックス□をクリックして☑にし1、＜OK＞をクリックします2。

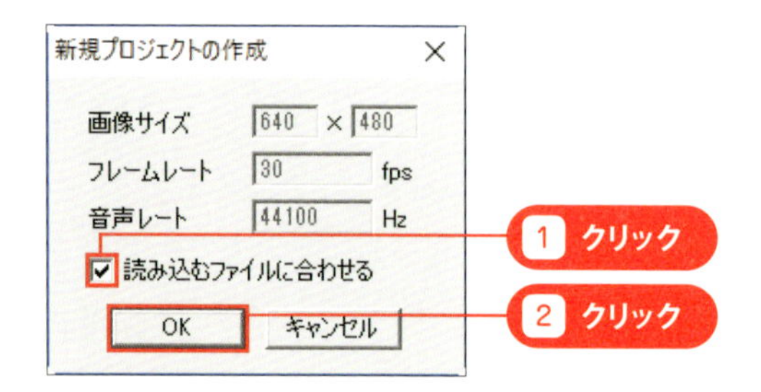

MEMO

読み込める写真の解像度について

拡張編集ウィンドウに登録する写真は、P.33 で設定した解像度以下となっている必要があります。写真が P.33 で設定した解像度を超えている場合は、事前に写真の解像度を変更しておいてください。

3 写真が読み込まれる

写真が読み込まれます1。メインウィンドウに読み込まれた写真が表示され2、別ウィンドウで画像ファイルの設定ダイアログが表示されます3。

MEMO

最初に写真を読み込むときは？

拡張編集ウィンドウに何もない状態で写真をドラッグ＆ドロップすると、必ずLayer1に登録されます。また、2番目以降の写真は、手順1でドラッグ＆ドロップしたレイヤーに登録されます。

4 「長さの変更」画面を表示する

再生時間の長さを変更したい写真を右クリックし1、＜長さの変更＞をクリックします2。

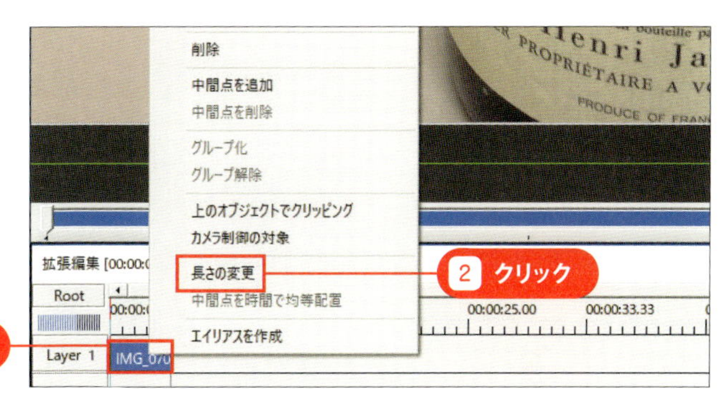

5 写真の再生時間を変更する

「秒数指定」に写真を再生したい時間（ここでは「5秒」）を入力し1、＜OK＞をクリックすると2、選択した写真の再生時間が変更されます。

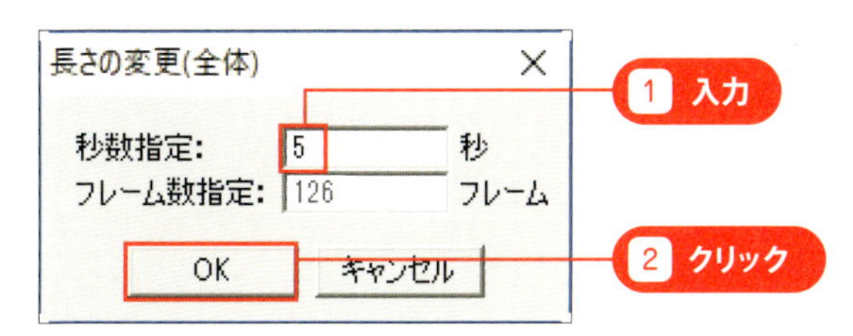

MEMO

写真の追加読み込みを行うときは？

写真の追加読み込みを行うときは上と同じ手順で行います。このとき、登録済みの動画や写真の後ろにドラッグ＆ドロップすると、同じレイヤーにドラッグ＆ドロップした写真が登録されます。前の動画や写真との間に空白ができたときは、後ろの写真をドラッグして前の動画や写真に付けてください。また、別のレイヤーにドラッグ＆ドロップすると、そのレイヤーに写真を登録できます。

動画にエフェクトを施す

ここでは、動画にエフェクトを施す方法を解説します。拡張編集 Plugin では、エフェクトを施す方法が 3 種類あります。ここでは、3 種類の方法それぞれの特徴を解説しています。

動画にエフェクトを施すには？

拡張編集 Plugin では、3 種類の方法でエフェクトを施せます。それぞれ、以下のような特徴があります。

▶オブジェクトの設定ダイアログから行う方法

拡張編集 Plugin では、対象オブジェクトの設定ダイアログからエフェクトを施せます。この方法は、エフェクトの設定をオブジェクト単位で行い、フェードやワイプなどの一部の効果を除き、オブジェクト全体に選択した効果が施されます。たとえば、前の動画が少しずつ消えていき、次の動画が少しずつ浮かび上がってくるクロスフェードを施したいときは、2 つの動画を異なるレイヤーに登録し、処理を施したい時間の長さだけ動画を重ねて配置します。そして、前の動画にフェードアウトを設定し、次の動画にフェードインを設定します。

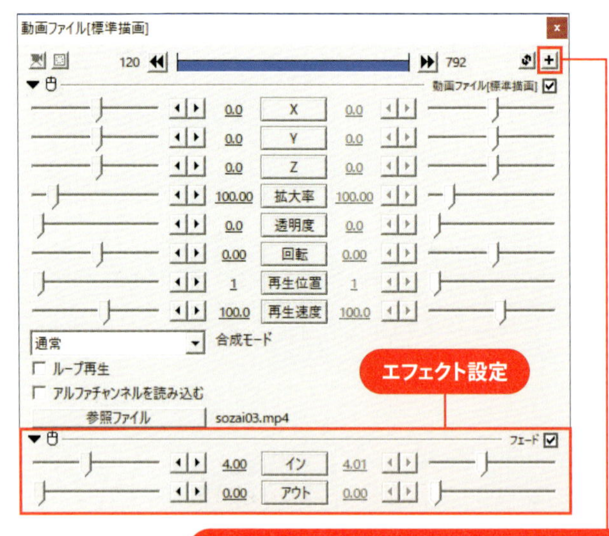

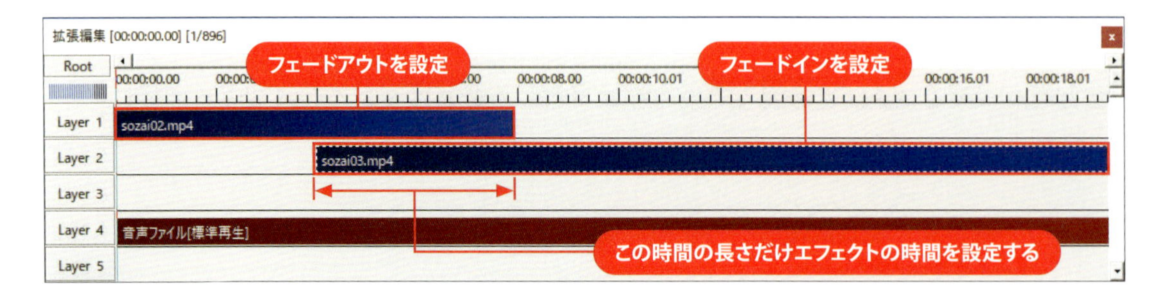

▷「メディアオブジェクトの追加」から行う方法

この方法では、1つ上のレイヤーに登録された動画に対して指定時間のエフェクトを適用できます。1つ上のレイヤーが空、または音声が登録されているときは、その上にある動画の映像部分のレイヤーに対してエフェクトが適用されます。この方法は、動画の特定の部分に「ぼかし」などのエフェクトを適用したいといったケースに便利です。メディアオブジェクトのエフェクトは、メディアオブジェクトを配置したいレイヤーで右クリックし、<メディアオブジェクトの追加>→<フィルタ効果の追加>とクリックして、<適用したいエフェクトの選択>をクリックすることで追加できます。

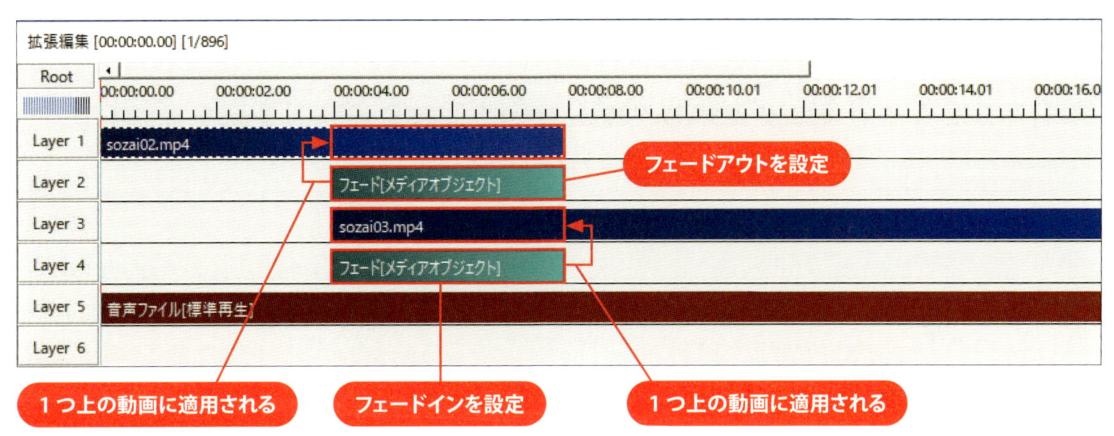

クロスフェードにしたい場合は、前の動画と次の動画を、異なるレイヤーに少し重ねて配置し、それぞれにメディアオブジェクトを配置します。前の動画の下のメディアオブジェクトにはフェードアウト、次の動画の下のメディアオブジェクトにはフェードインを設定します。

▷「フィルタオブジェクトの追加」から行う方法

この方法では、上にあるレイヤーに登録された動画すべてに対して指定時間のエフェクトを適用できます。複数の動画に対して指定時間のエフェクトを施したいときに便利です。フィルタオブジェクトのエフェクトは、フィルタオブジェクトを配置したいレイヤーで右クリックし、<フィルタオブジェクトの追加>とクリックして、適用したい処理をクリックすることで追加できます。

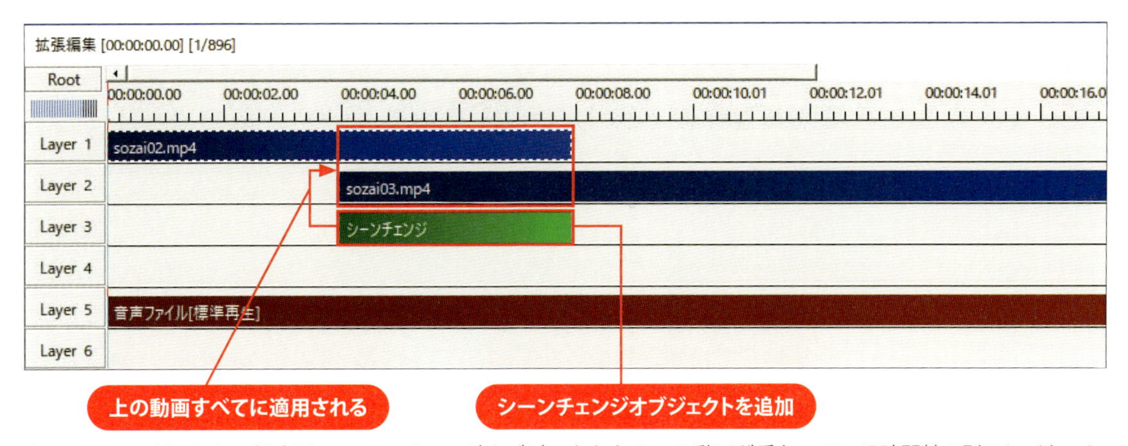

クロスフェードにしたい場合は、シーンチェンジオブジェクトを2つの動画が重なっている時間軸の別のレイヤーに配置します。

設定ダイアログでエフェクトを施す

ここでは、オブジェクトの設定ダイアログで動画の切り替え時にエフェクトを施す方法を解説します。動画を例に解説していますが、写真も同じ方法でエフェクトを施せます。

設定ダイアログでエフェクトを施すには？

拡張編集 Plugin では、タイムラインに登録したオブジェクトごとに設定ダイアログが用意されています。設定ダイアログでは、そのオブジェクトに関する詳細な設定を行ったり、エフェクトを施したりできます。エフェクトは、フェードやワイプなどの一部の効果を除き、動画全体に適用されます。ここでは、動画と動画の切り替え時に前の動画が徐々に消えて、次の動画が徐々に浮き上がってくるクロスフェードを施す手順を例に、設定ダイアログでエフェクトを施す方法を説明しています。クロスフェードを施すときは、2 つの動画を別々のレイヤーに登録しておく必要があります。また、クロスフェードを施したい時間分、前の動画の終わり部分と次の動画の開始の部分が重なるように配置しておいてください。

1 オブジェクトの設定ダイアログを表示する

デスクトップの「AviUtl」のショートカットをダブルクリックして、AviUtl を起動し、動画の読み込みを行っておきます。まずはフェードアウトを施したい 1 番目の動画をクリックし1、設定ダイアログの「参照ファイル」が対象の動画と一致しているかを確認します2。

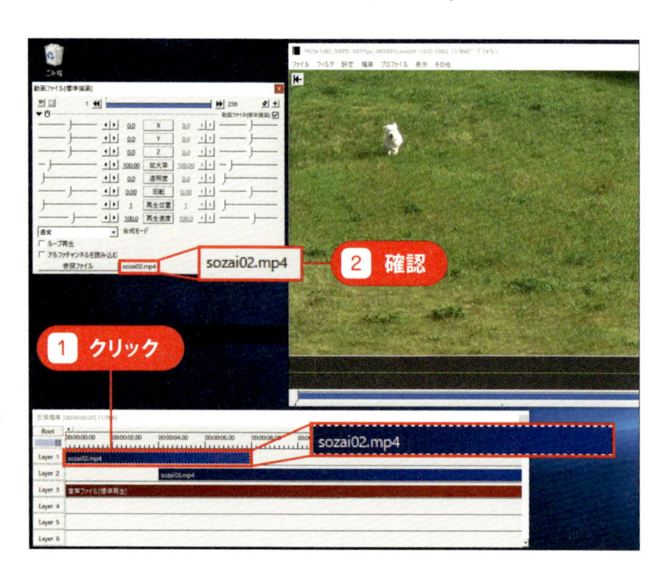

MEMO

設定ダイアログが表示されていないときは？

動画をクリックしても設定ダイアログが表示されないときは、ダブルクリックしてみてください。

2 エフェクトを選択する

+をクリックし1、施したいエフェクト（ここでは<フェード>）をクリックします2。

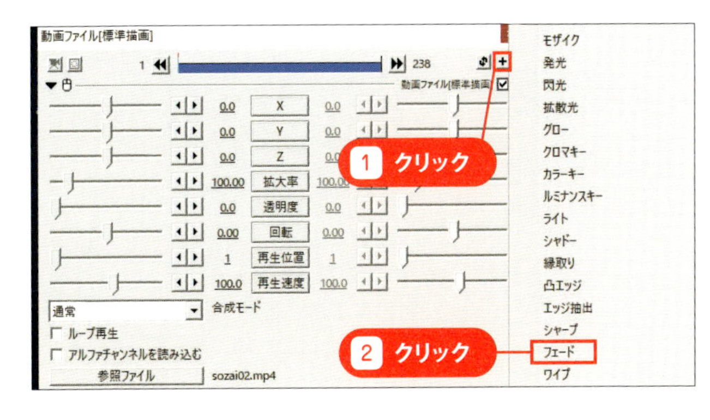

3 エフェクトが設定ダイアログに追加される

エフェクトが設定ダイアログに追加されます1。「イン」のスライドバーで」（つまみ）を左にドラッグするか◂をクリックして2、フェードインを施す時間を「0秒」に設定します3。

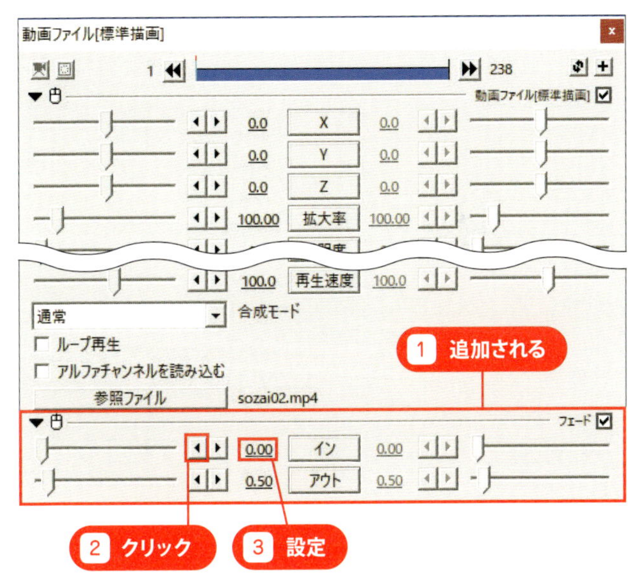

MEMO

フェードイン／アウトが施される場所

フェードインは動画の先頭を起点に指定時間施されます。フェードアウトは、動画の最後を起点に指定時間施されます。

4 フェードアウトの設定を行う

「アウト」のスライドバーで」（つまみ）を右にドラッグするか▸をクリックして1、フェードアウトを施す時間を「4秒」に設定します2。

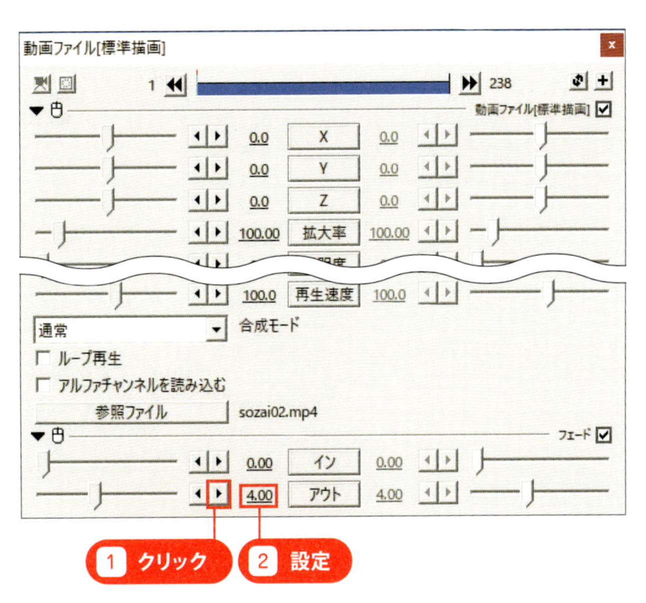

MEMO

設定できる内容について

設定ダイアログに追加されたエフェクトの設定内容は、選択したエフェクトによって異なります。ワイプなどの一部の効果は、効果を施す時間を設定できますが、ほかの効果は動画全体に適用されます。

5 エフェクトを施したい動画を選択する

次にフェードインを施したい2番目の動画をクリックし1、設定ダイアログの「参照ファイル」が対象の動画と一致しているかを確認します2。

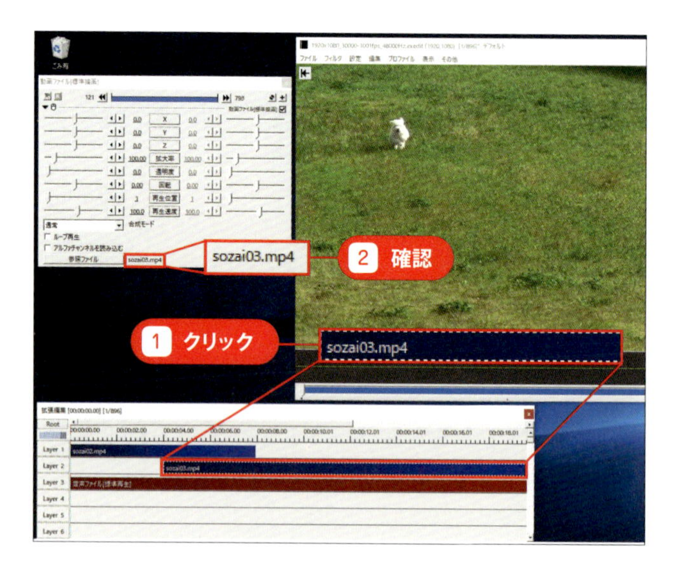

6 エフェクトを選択する

+をクリックし1、施したいエフェクト（ここでは<フェード>）をクリックします2。

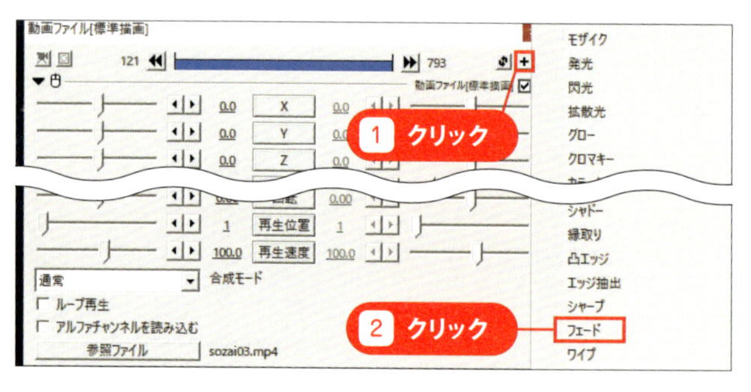

7 フェードアウトの設定を行う

エフェクトが設定ダイアログに追加されます1。「アウト」のスライドバーで」（つまみ）を左にドラッグするか◀をクリックして2、フェードアウトを施す時間を「0秒」に設定します3。

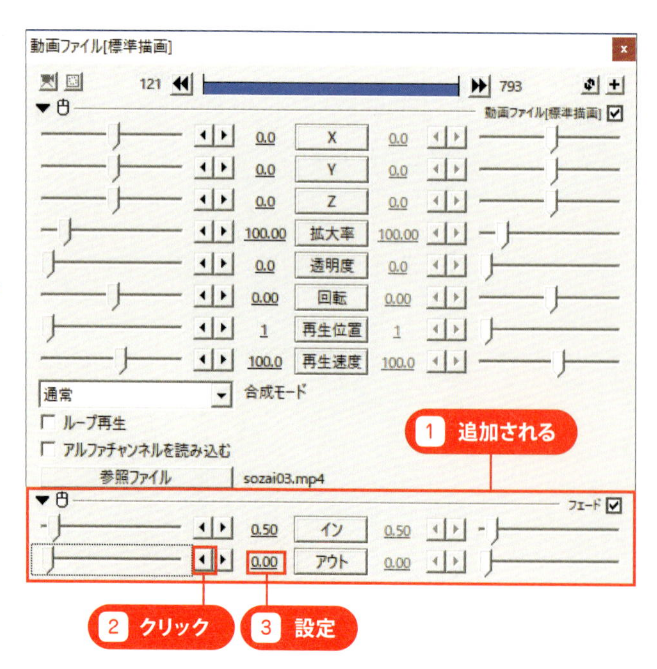

> **MEMO**
>
> **エフェクトを削除したいときは？**
>
> 追加したエフェクトを削除したいときは、追加されたエフェクトの設定画面内の何もない部分を右クリックし、<フィルタ効果の削除>をクリックします。また、エフェクト名の右のチェックボックス☑をクリックして□にすることで、そのエフェクトを非適用に設定できます。

8 フェードインの設定を行う

「イン」のスライドバーで」（つまみ）を右にドラッグするか▶をクリックして1、フェードインを施す時間を「4秒」に設定します2。

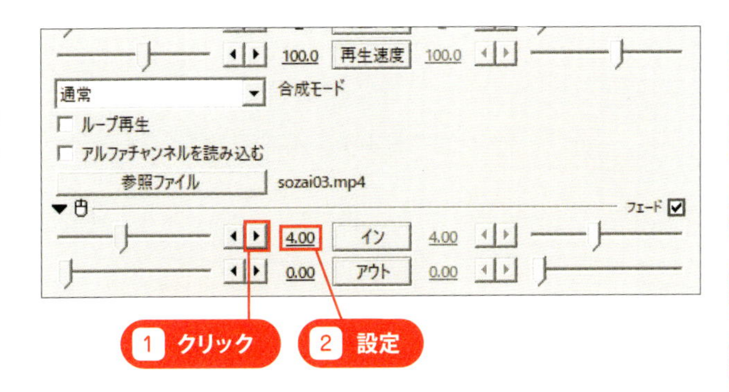

9 プレビュー開始位置を設定する

再生ヘッドをドラッグして（ここではクロスフェードの効果を確認するので右にドラッグ）エフェクトを施した位置の近くに移動させます1。▶（メインウィンドウの再生ボタン）をクリックします2。

10 プレビューでエフェクトを確認する

エフェクトが問題なく施されているかをプレビューで確認します1。プレビューを停止したいときは、⏸をクリックします2。

MEMO

再度プレビューしたいときは？

再度プレビューを行いたいときは、プレビューの再生を停止して再生ヘッドを左にドラッグし、プレビュー開始位置まで移動させ、▶をクリックしてください。

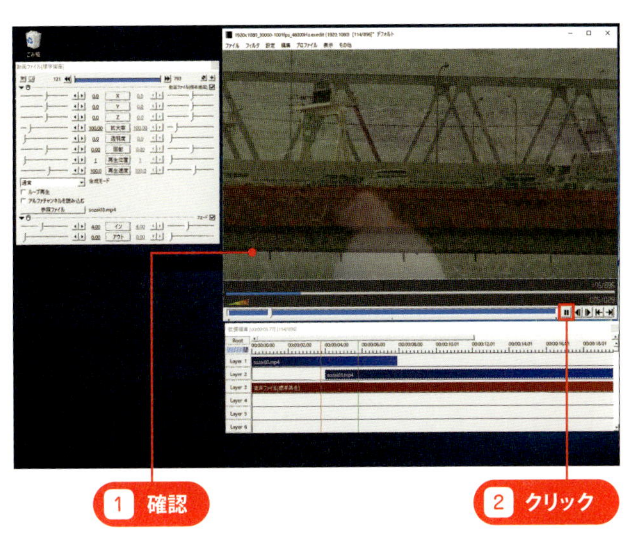

動画全体にフィルターを施す

オブジェクトの設定ダイアログは、対象の動画全体に各種フィルターを施せます。ここでは、動画全体に「モザイク」を施す方法を例に、各種フィルターの設定方法を解説します。

動画にモザイクを施す

1 オブジェクトの設定ダイアログを表示する

デスクトップの「AviUtl」のショートカットをダブルクリックして、AviUtl を起動し、動画の読み込みを行っておきます。フィルターを施したい動画をクリックし 1 、設定ダイアログの「参照ファイル」が対象の動画と一致しているかを確認します 2 。

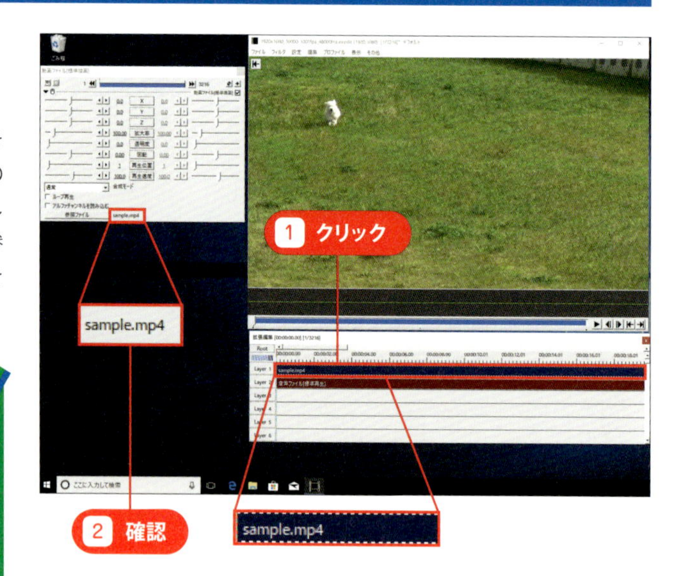

> **MEMO**
> **設定ダイアログが表示されていないときは？**
> 動画をクリックしても設定ダイアログが表示されないときは、ダブルクリックしてみてください。

2 フィルターを選択する

+をクリックし 1 、施したいフィルター（ここでは＜モザイク＞）をクリックします 2 。

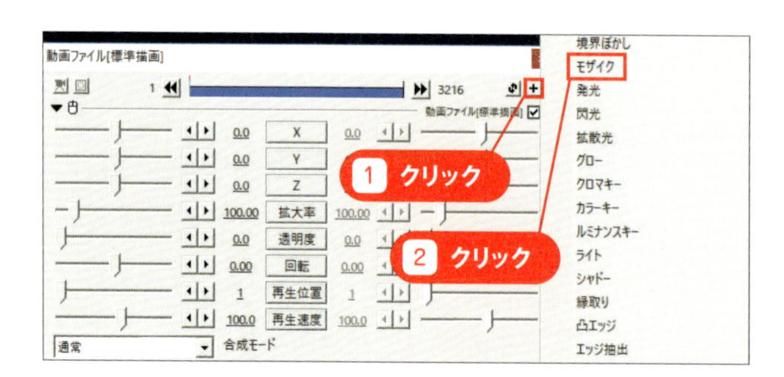

3 フィルターが設定ダイアログに追加される

手順2で選択したフィルターが設定ダイアログに追加され1、プレビューがフィルター適用後の表示に切り替わります2。

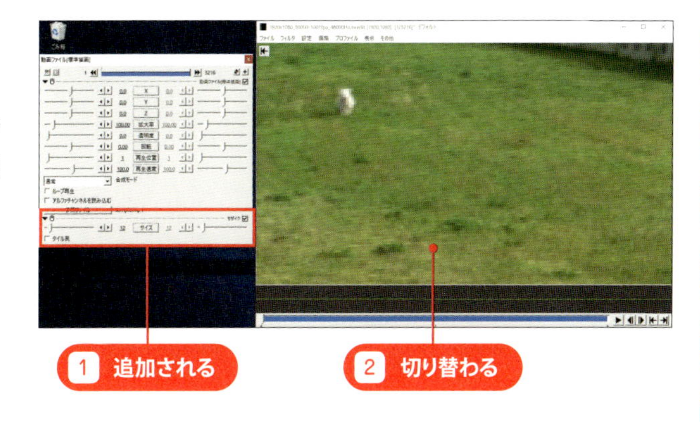

4 フィルターの詳細を設定する

設定ダイアログのスライドバーで（つまみ）をドラッグすると、効果を調節できます1。<サイズ>をクリックすると、効果の適用の仕方を設定できます2。

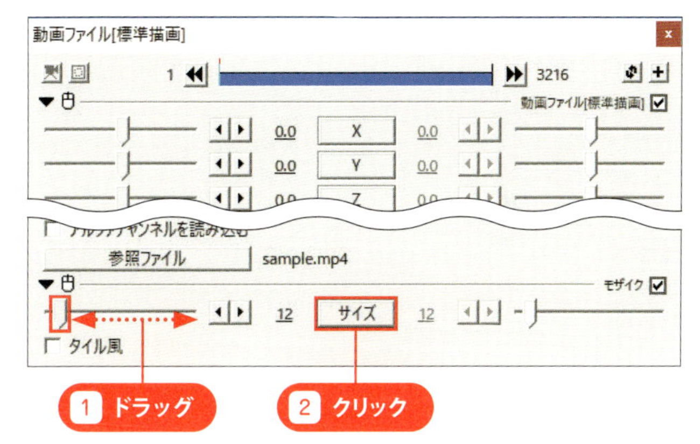

COLUMN

フィルターのオン／オフを切り替えて効果を確認する

追加されたフィルターのチェックボックス☑をクリックして□にすると、その効果をオフにできます。また、□をクリックして☑に戻すと、その効果がオンになります。プレビュー画面でフィルターの適用前と後を確認したいときは、この操作を繰り返してください。また、追加したフィルターを削除したいときは、削除したいフィルターの何もない部分で右クリックし、<フィルタ効果の削除>をクリックします。

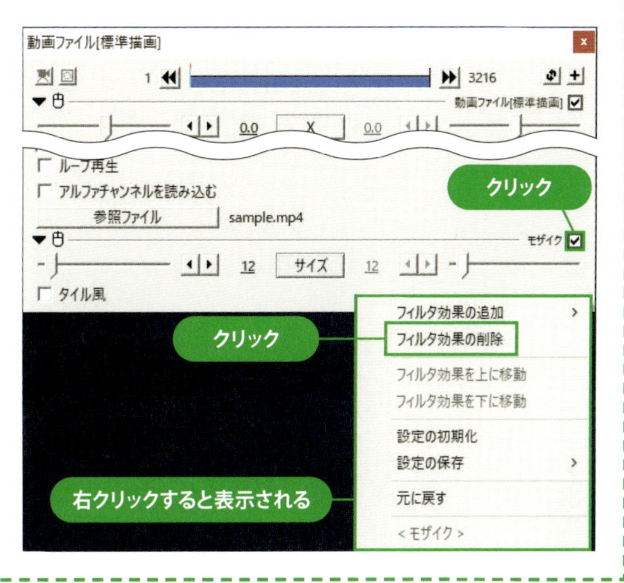

動画の特定部分にエフェクトやフィルターを施す

処理を適用したい動画の下のレイヤーにフィルタ効果のメディアオブジェクトを追加すると、動画の特定部分にエフェクトやフィルターを施せます。ここでは、その方法を解説します。

メディアオブジェクトを追加する

1 フィルタ効果のメディアオブジェクトを追加する

デスクトップの「AviUtl」のショートカットをダブルクリックして、AviUtlを起動し、動画の読み込みを行っておきます。また、P.68の手順でフィルタ効果を施したい部分を表示しておきます。メディアオブジェクトを追加したいレイヤー上で、再生ヘッドを右クリックします1。<メディアオブジェクトの追加>をクリックし2、<フィルタ効果の追加>をクリックして3、追加したいフィルター（ここでは<モザイク>）をクリックします4。

MEMO

ほかの方法との違いは？

設定ダイアログは、動画全体に処理が適用されます。フィルタオブジェクトは、上のレイヤーに登録されたすべての動画に処理が適用されます。フィルタ効果のメディアオブジェクトは、1つ上のレイヤーを対象に処理を適用します。

2 メディアオブジェクトが追加される

タイムラインにメディアオブジェクトが追加されます。追加されたメディアオブジェクトを右クリックし1、<長さの変更>をクリックします2。

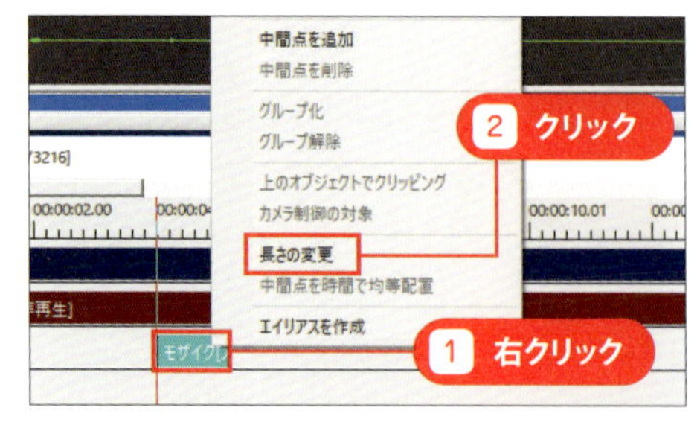

3 フィルタ効果を施す時間を設定する

「長さを変更（全体）」画面が表示されます。フィルタ効果を施したい時間を「秒数指定」または「フレーム数指定」に入力し1（ここでは、「秒数指定」に<4秒>を入力）、<OK>をクリックします2。

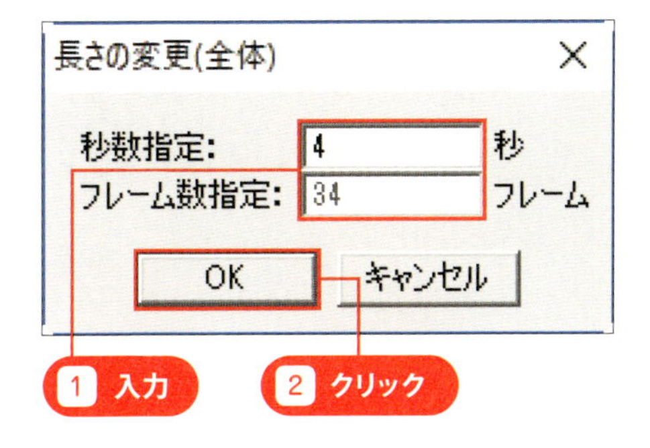

4 フィルタ効果の詳細設定を行う

追加したフィルタ効果の設定ダイアログのスライドバーで（つまみ）をドラッグするか、◀▶をクリックして、効果の詳細設定を行います1。また、<サイズ>をクリックすると、効果の適用の仕方を設定できます2。

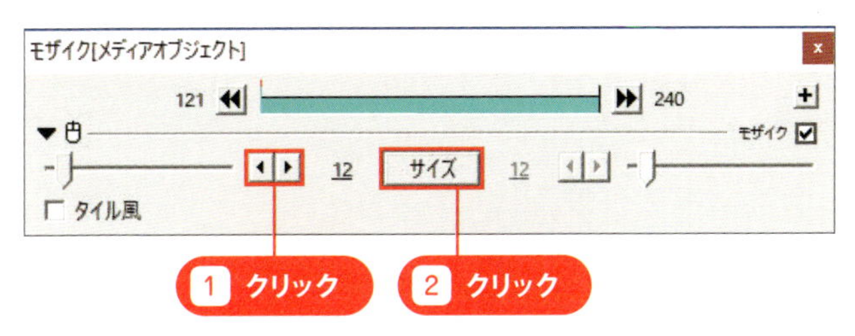

MEMO

設定できる内容について

設定ダイアログの設定内容は、選択したフィルタ効果によってに異なります。

MEMO

メディアオブジェクトを削除したいときは？

メディアオブジェクトを削除したいときは、そのメディアオブジェクトを右クリックし、<削除>をクリックします。

COLUMN

フィルタ効果を施す時間の設定について

フィルタ効果を施す時間は、手順3の方法で行えるほか、メディアオブジェクトの長さを変更することでも行えます。メディアオブジェクトの長さの変更は、追加されたメディアオブジェクトの開始部分または終了部分にマウスポインターを起き、マウスポインターの形状が⟺になったら右または左にドラッグして長さを変更します。長さを短くすると処理を施す時間が短くなり、長くすると処理を施す時間が長くなります。また、処理を施す場所を変更したいときは、メディアオブジェクトをドラッグして目的の場所に移動させせます。

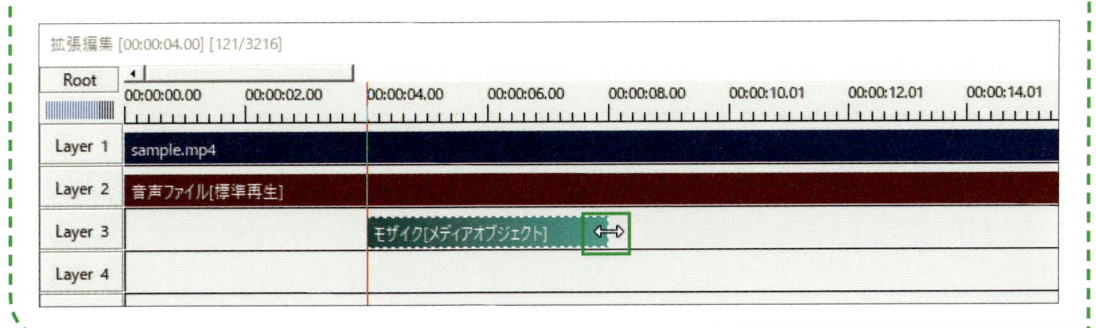

Section 10

音声にフェードイン／アウトを施す

ここでは、音声にフェードイン／フェードアウトを施す方法を解説します。音声にフェードイン／フェードアウトを施すときは、音声の設定ダイアログで「音量フェード」を追加することで行います。

音声のフェードイン／フェードアウトとは？

フェードインは、音声の開始部分に、指定時間をかけて徐々に音量が大きくなる効果を施せます。これによって、いきなり大きな音から動画が始まる場合に感じる違和感を減らすことができます。また、フェードアウトは音声の終了部分に指定時間をかけて徐々に音が小さくなる効果を施せます。いきなり音が途絶えて終わるのではなく、徐々に音を小さくすることで違和感なく動画を終えることができます。

フェードイン／フェードアウトを施す

1 フェードインしたい音声の設定ダイアログを表示する

フェードインを施したい動画の音声部分をクリックし 1 、設定ダイアログの＋をクリックして 2 、<音量フェード>をクリックします 3 。

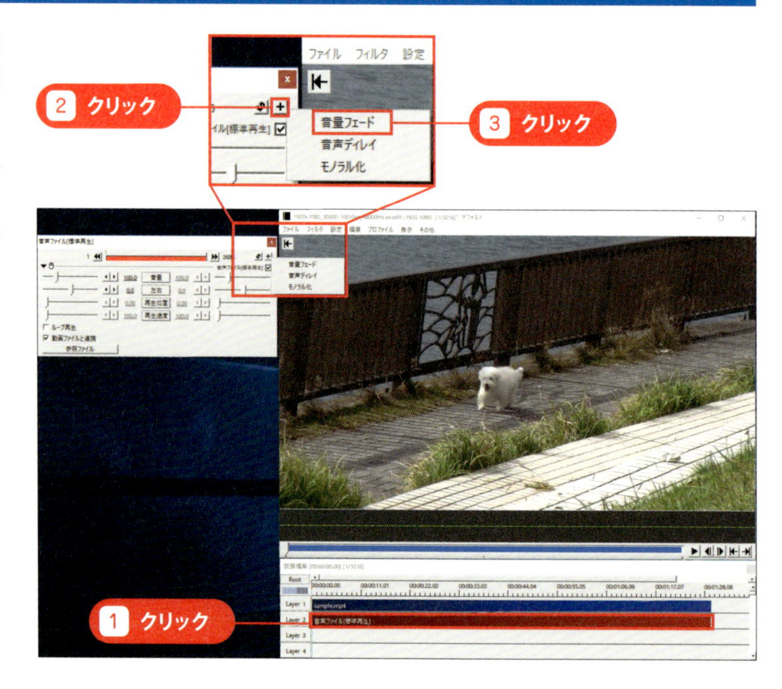

2 フェードインの設定を行う

音量フェードが設定ダイアログに追加されます1。「イン」のスライドバーで（つまみ）を右にドラッグするかをクリックして2、フェードインを施す時間（ここでは「4秒」）を設定します3。

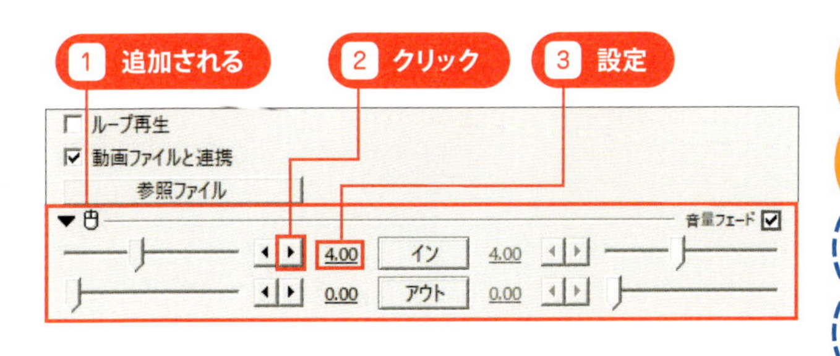

3 フェードアウトの設定を行う

「アウト」のスライドバーで（つまみ）を右にドラッグするかをクリックして1、フェードアウトを施す時間を「4秒」に設定します2。

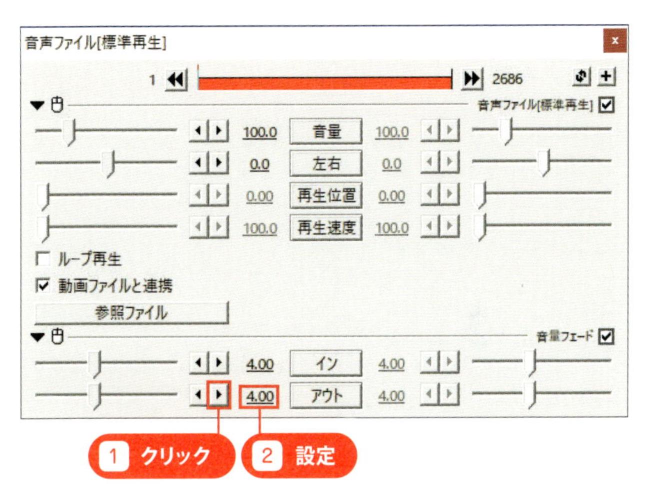

MEMO

エフェクトを削除したいときは？

追加したエフェクトを削除したいときは、追加されたエフェクトの設定画面内の何もない部分を右クリックし、<フィルタ効果の削除>をクリックします。また、エフェクト名の右のチェックボックスをクリックしてにすることで、そのエフェクトを非適用に設定できます。

MEMO

フェードイン／アウトのみを施す

フェードインの設定は、選択した音声の先頭に適用され、フェードアウトは音声後方に設定されます。フェードインのみを適用したいときは、アウトの時間を「0」に設定します。逆のフェードアウトのみを適用したいときは、インの時間を「0」に設定します。

COLUMN

音声にクロスフェードを施す

音声にクロスフェードを施す方法は、設定ダイアログを利用して動画の映像部分にクロスフェードを施す場合とほぼ同じ手順です。動画の映像部分のときと異なるのは、選択するのが動画の映像部分から音声になることです。動画の映像部分同様にクロスフェードを施したい時間分、前の動画の終わり部分と次の動画の開始の部分が重なるように配置してから作業します。

音楽を追加する

ここでは、オリジナルの動画の音声部分を生かしたまま、音楽を追加する方法を解説します。拡張編集 Plugin では、かんたんな操作で動画に音楽を追加できます。

音楽を追加する

1 拡張編集ウィンドウを表示する

デスクトップの「AviUtl」のショートカットをダブルクリックして、AviUtl を起動し、動画の登録を行っておきます。をクリックして、エクスプローラーを起動します。

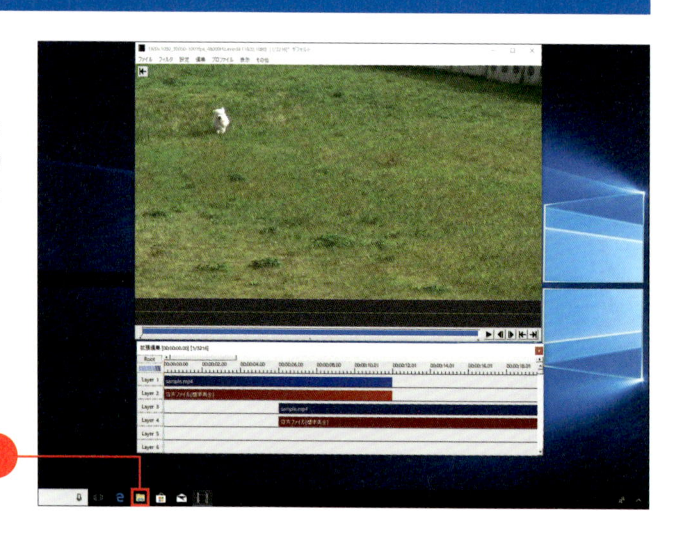

2 音楽を拡張編集ウィンドウに登録する

追加したい音楽ファイルを拡張編集ウィンドウのレイヤー（ここでは「Layer5」）にドラッグ＆ドロップします。追加できる音楽のファイル形式については P.18 を参照してください。

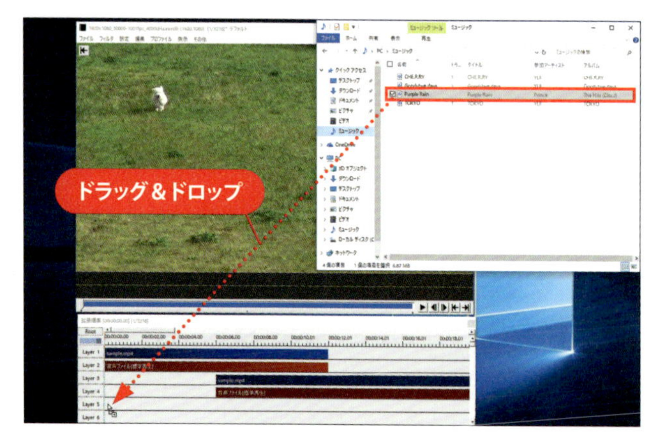

3 音楽が拡張編集ウィンドウに追加される

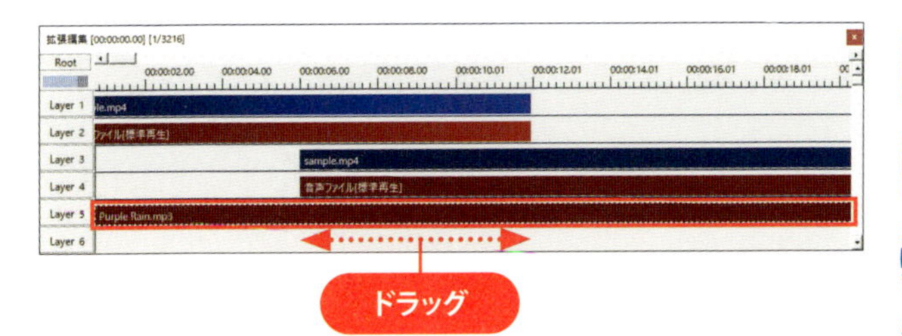

拡張編集ウィンドウに音楽が追加されます。追加した音楽をドラッグして、音楽の追加位置の調整を行います。

4 音量の調整を行う

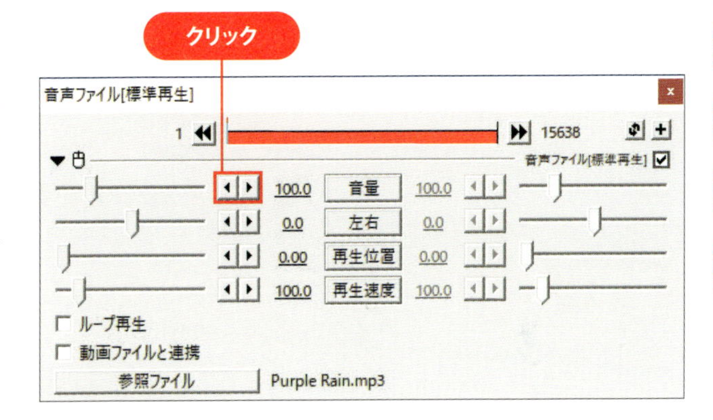

設定ダイアログの音量のスライドバーで｣（つまみ）をドラッグするか◀▶をクリックして音量を調整します。すべての調整が終わったら、メインウィンドウの▶（再生ボタン）をクリックしてプレビューで出来上がりを確認してください。

COLUMN

音楽の追加位置の調整について

音楽の追加位置の調整を行うときは、事前に音楽を追加したい場所をプレビューで確認し、再生位置を示す再生ヘッドを追加位置に配置しておくと目的の場所に調整しやすくなります。とくに動画の途中から音楽を追加したいときは、事前に追加位置に再生ヘッドを配置しておくことでかんたんに目的の位置に音楽を追加できます。また、詳細な読み込み位置は、設定ダイアログで確認できます。◀◀の左の数値が読み込み開始フレーム、▶▶の右の数値が終了フレームです。

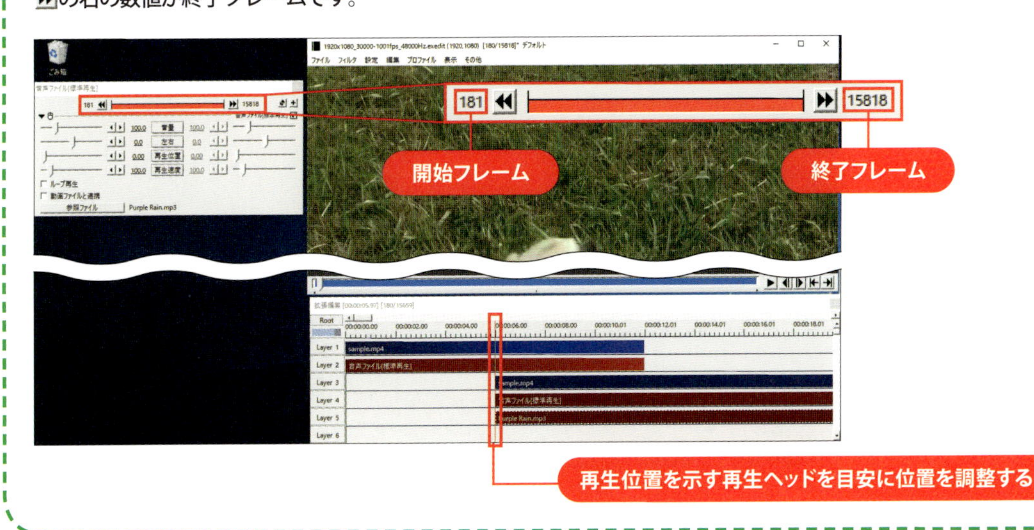

Section 12

編集済みの動画をファイルに出力する

拡張編集 Plugin での動画の編集が終わったら、編集済みの動画をファイルに出力します。ここでは、出力プラグインを使って、編集済み動画を MP4 形式の動画ファイルに保存する手順を解説します。

編集した動画を出力するには？

拡張編集 Plugin で編集した動画をファイルに出力するときは、「範囲設定」を行ってからファイルの出力を行ってください。範囲設定を行わずにファイル出力を行うと、動画の末尾に「黒」の映像のみが再生される部分ができます。また、拡張編集 Plugin で編集した動画のファイル出力は、範囲設定を行うことを除けば、メインウィンドウで編集した動画をファイルに出力するときと同じ手順で行えます。

1 範囲設定を行う

オブジェクトが配置されていないところで右クリックし1、<範囲設定>をクリックして2、<最後のオブジェクト位置を最終フレーム>をクリックします3。

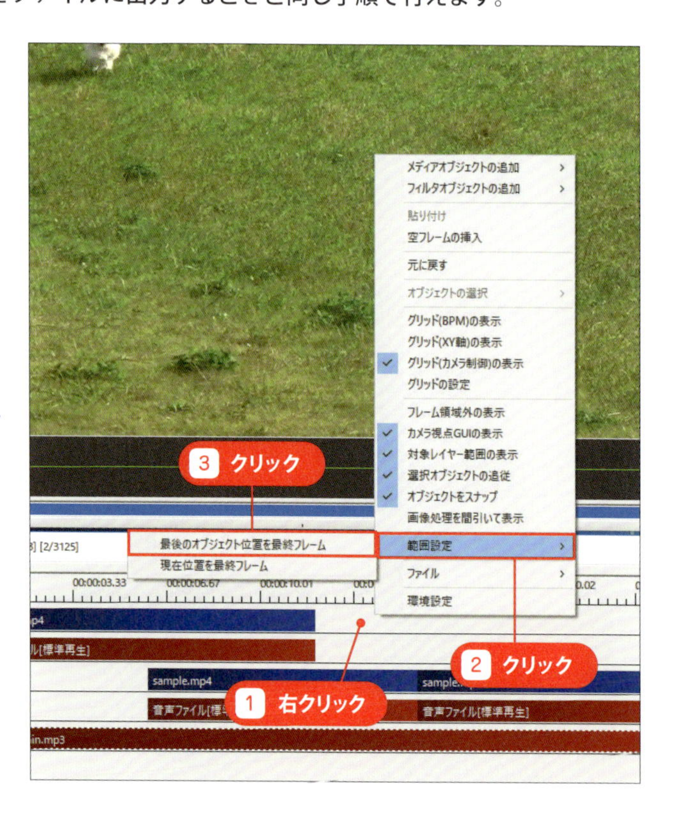

MEMO

現在位置を最終フレームに設定する

ここでは、時間軸の最後に配置されているオブジェクトの位置を最終フレームに設定していますが、<現在位置を最終フレーム>をクリックすると、再生ヘッドがある場所を最終フレームに設定できます。また、最終フレームの位置は、タイムライン上にグレーの縦棒で表示されています。

2 範囲が設定される

動画の範囲が設定され、動画の最終フレームが手順1で選択した場所（ここでは「最後のオブジェクト位置）に設定されます。

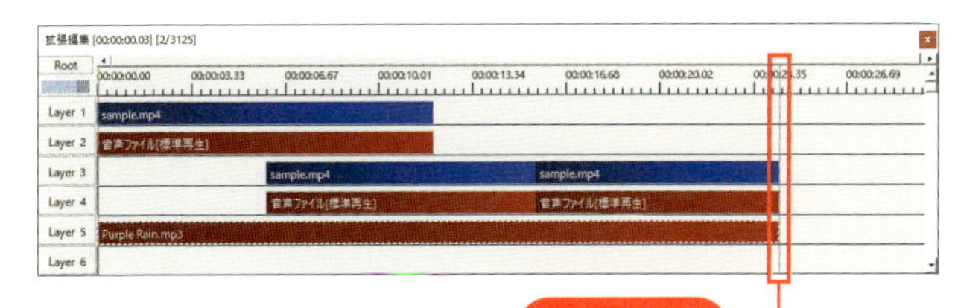

3 ファイルの保存画面を表示する

<ファイル>をクリックし1、<プラグイン出力>をクリックして2、<拡張 x264 出力 (GUI) Ex >をクリックします3。

4 出力ファイルの設定画面を表示する

動画の保存画面が表示されます。画面下部にある<ビデオ圧縮>をクリックします。

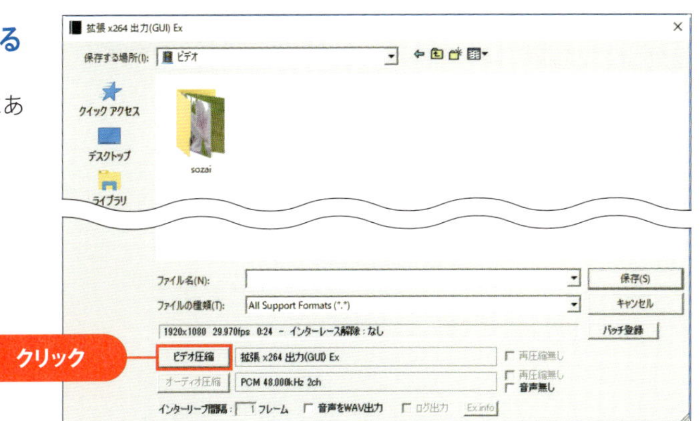

MEMO

編集済み動画のファイル出力について

編集済み動画のファイルへの出力は、P.22 で導入した出力プラグイン「x264guiEx」を利用します。x264guiEx は、さまざまなオプションが用意されていますが、通常は、プロファイルから出力したい形式を選択するだけで編集済みの動画を目的の形式のファイルに出力できます。設定項目の意味がわからない場合は、プロファイルの選択以外は設定を変更しないことをお勧めします。

5 ファイルの出力形式を選択する

「拡張 x264 出力 (GUI)Ex」の設定画面が表示されます。<プロファイル>をクリックし1、出力形式（ここでは<バランス>）をクリックして2、< OK >をクリックします3。

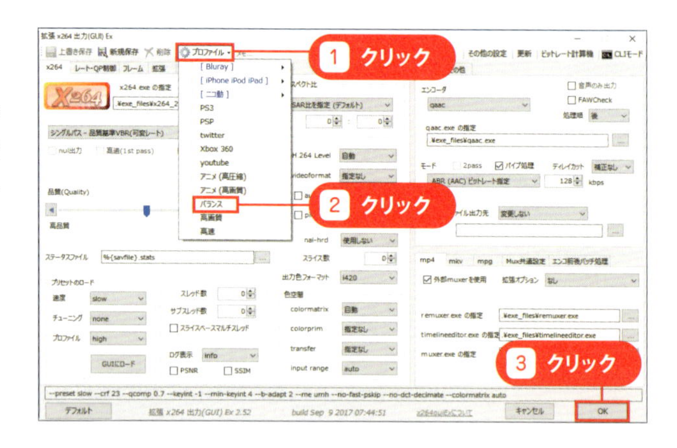

6 動画のファイル出力を開始する

動画の保存先を選択し1、ファイル名を入力して2、<保存>をクリックすると3、<プラグイン出力>の画面が表示され、動画のファイルへの出力がはじまります。

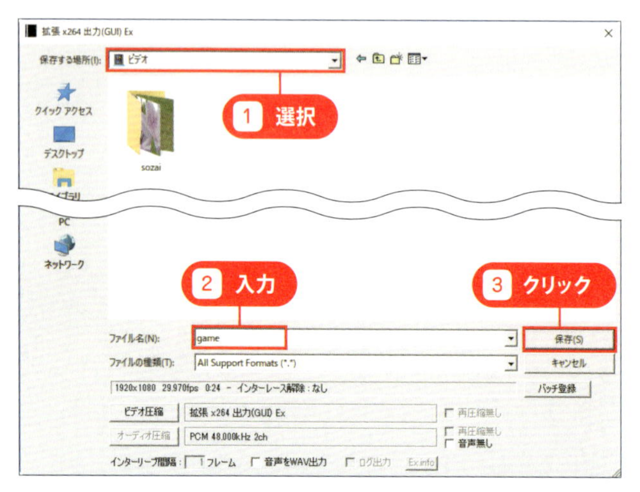

7 動画のファイル出力が完了する

動画のファイルへの出力が完了したら、×をクリックして<プラグイン出力>の画面を閉じます。

MEMO

動画のファイル出力時間について

動画のファイルへの出力中は、<プラグイン出力>の画面が表示され、画面右下に進捗状況が表示されます。再生時間が長い動画の場合、出力には数時間かかる場合があります。進捗状況を確認しながら、動画のファイルへの出力が完了するまでお待ちください。

第4章

拡張編集Pluginで高度な編集を行う ——応用編

Section1　設定ダイアログの機能について
Section2　PinP の動画を作成する
Section3　動画をクリッピングする
Section4　動画内でオブジェクトを動かす
Section5　オブジェクトを回転させる
Section6　アフレコを行う
Section7　カメラ制御オブジェクトを利用する

Section 1 設定ダイアログの機能について

設定ダイアログは、タイムラインに登録したオブジェクトに用意されている設定画面です。この画面から対象の動画全体にエフェクトやフィルタを施せるほか、オブジェクトの詳細設定を行えます。

設定ダイアログの画面構成について

設定ダイアログは、拡張編集 Plugin のタイムラインに登録したオブジェクト（動画や音声など）を登録すると表示され、対象のオブジェクトをクリックすることで操作対象を変更できます。設定ダイアログが表示されていないときは、対象のオブジェクトをダブルクリックします。また、設定ダイアログに表示される項目は、選択したオブジェクトの種類によって異なります。

▷動画の映像部分の設定ダイアログ

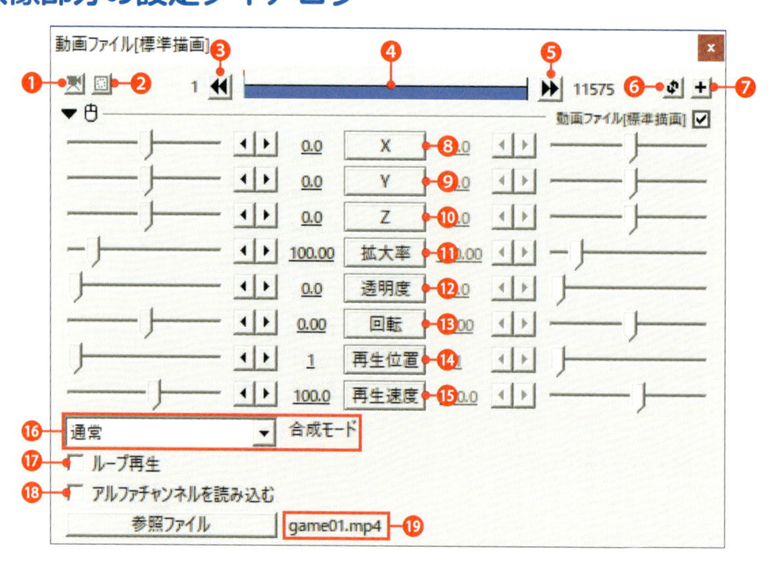

❶	クリックして から にするとカメラ制御の対象オブジェクトに設定される
❷	クリックして から にするとクリッピング機能がオンに設定される

❸	先頭フレームに移動する
❹	再生位置を示すルーラー
❺	最終フレームに移動する

6	オブジェクトの種類を変更する
7	エフェクトやフィルターを追加する
8	横方向に映像を動かす
9	縦方向に映像を動かす
10	手前と奥に映像を動かす
11	映像を拡大／縮小する
12	映像を透過する
13	映像を回転する
14	映像の再生開始位置を変更する
15	映像の再生速度を変更する
16	オブジェクトをほかのオブジェクトと重ねる場合の合成方法を設定する
17	☑にするとループ再生をオンにする
18	アルファチャンネル付きの動画を読み込むときに☑にする
19	設定の対象としている動画のファイル名を表示する

▷動画の音声部分の設定ダイアログ

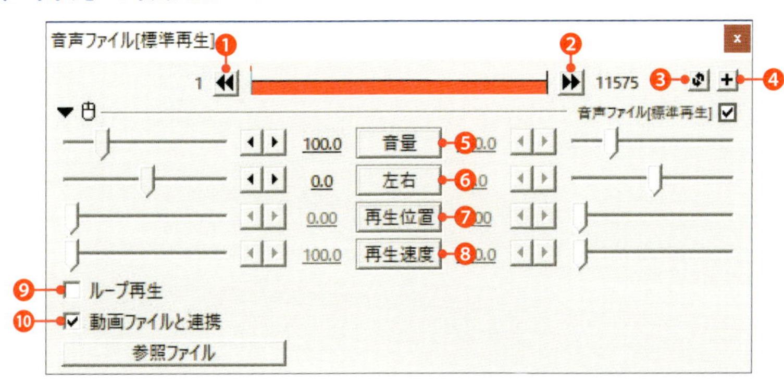

1	先頭フレームに移動する
2	最終フレームに移動する
3	オブジェクトの種類を変更する
4	エフェクトやフィルターを追加する
5	音量を変更する
6	左右のバランスを変更する
7	音声の再生開始位置を変更する。設定するには、動画の映像部分との連携を解除する必要がある
8	音声の再生速度を変更する。設定するには、動画の映像部分との連携を解除する必要がある
9	☑にするとループ再生をオンにする
10	動画とセットの音声の場合、□にすると、映像部分との連携を解除して再生位置や速度を映像部分とは別に設定できるようにする

COLUMN

動画以外のオブジェクトの場合は?

動画（映像や音声）以外のオブジェクトの場合は、登録したオブジェクトの詳細設定を設定ダイアログで行えます。たとえば、フィルタオブジェクトの「色調補正」オブジェクトの場合は、「明るさ」「コントラスト」「色相」「輝度」「彩度」などが設定できます。また、+をクリックすると、フィルターやエフェクトを追加できます。

Section 2

PinPの動画を作成する

ピクチャーインピクチャー（PinP）とは動画の中に別の動画を小画面で表示することです。ここでは、ピクチャーインピクチャーの動画を作成する手順を解説します。

PinP の動画を作成する

1 PinP で表示したい動画を登録する

大きい画面で表示する動画をタイムラインに登録しておきます。PinP の小画面で表示したい動画ファイルを別のレイヤー（ここでは＜ Layer3 ＞）に登録します。

2 拡大率の調整を行う

PinP で表示したい動画がメインウィンドウに表示されます。設定ダイアログの参照ファイルに PinP で表示したい動画のファイル名が表示されていることを確認し1、拡大率のスライドバーで ⌋（つまみ）をドラッグするか、◂|▸ をクリックして2、表示したい画面サイズの調整を行います3。

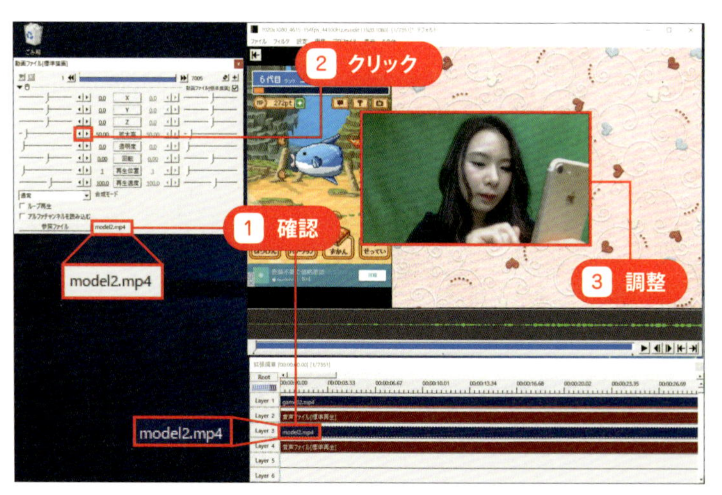

3 表示位置の調整を行う

PinPで表示したい動画のサイズ調整が終わったら、メインウィンドウに表示されているPinPで表示用の動画をドラッグして表示位置の調整を行います。これでPinPの動画の作成は完了です。

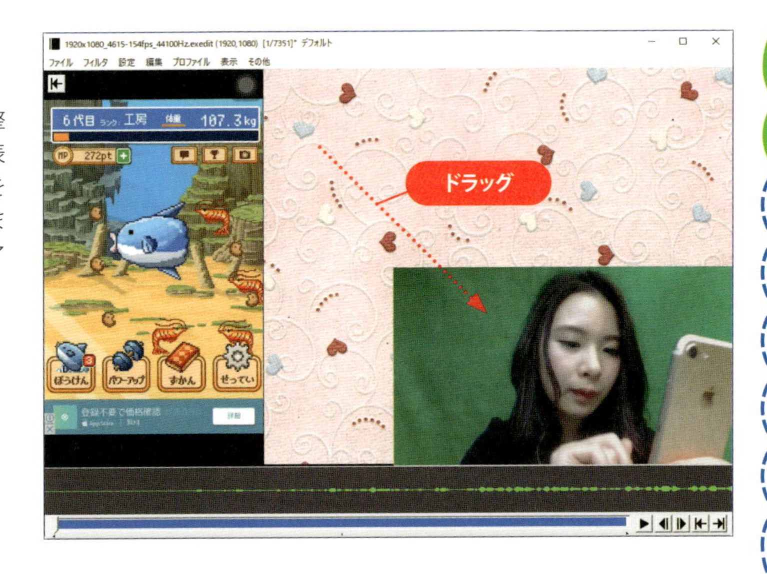

COLUMN

PinP動画のそのほかの調整方法

PinP動画の表示位置は、設定ダイアログのフィルタ効果の中にある「クリッピング」機能もしくはメディアオブジェクトの「クリッピング」オブジェクトを利用することでも調整できます（P.89参照）。この方法は、動画の「特定」部分を切り出して、PinPの小画面で表示したいときに利用します。たとえば、動画に写っている人物のみを、PinPの小画面で表示したいといったときに便利な方法です。ここでは、動画（game01.mp4）の映像部分の人物のみをメディアオブジェクトの「クリッピング」オブジェクトで切り出して、画面右下にPinPの小画面で配置しています。対象動画の設定ダイアログからフィルタ効果の中にある「クリッピング」を追加して、表示したい部分を切り出してもほぼ同じことを行えます（P.88参照）。

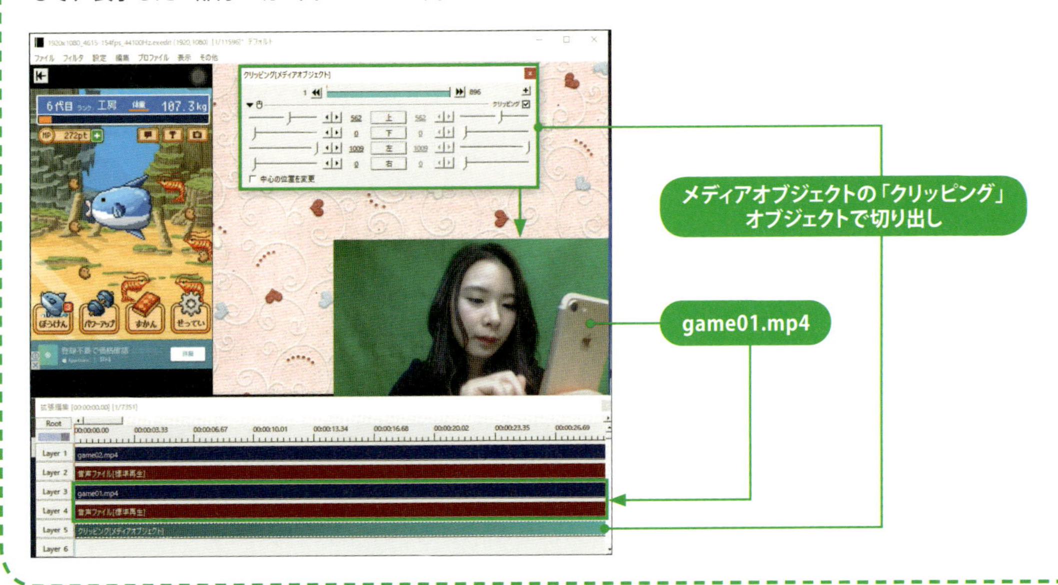

Section 3

動画をクリッピングする

ここでは、動画の映像部分の特定部分を切り出す方法を解説します。たとえば、映像部分の人物や動物のみ切り出したい、特定の形で切り出したいといったときに利用します。

動画をクリッピングする方法

動画の特定部分を切り出したいときは、「クリッピング」を行います。クリッピングは、設定ダイアログからフィルタ効果の中にある「クリッピング」を利用する方法と、メディアオブジェクトの「クリッピング」オブジェクトを利用する方法があります。前者の方法では、動画の映像部分全体にクリッピングが適用されます。後者の方法では、時間を指定したクリッピングが行えます。

▶設定ダイアログからクリッピングを行う

1 設定ダイアログから「クリッピング」を追加する

特定の部分を切り出したい動画をタイムラインに登録しておきます。登録した動画をクリックし1、設定ダイアログの参照ファイルにクリッピングしたい動画のファイル名が表示されていることを確認します2。+をクリックして3、<クリッピング>をクリックします4。

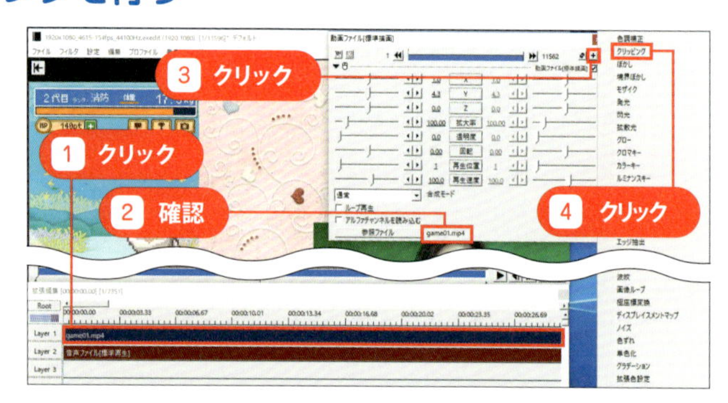

2 クリッピングの設定を行う

<上><下><左><右>のスライドバーで亅（つまみ）をドラッグするか◀▶をクリックして切り出したい範囲を指定します1。メインウィンドウに表示された動画をドラッグして、映像を表示する位置を調整します2。

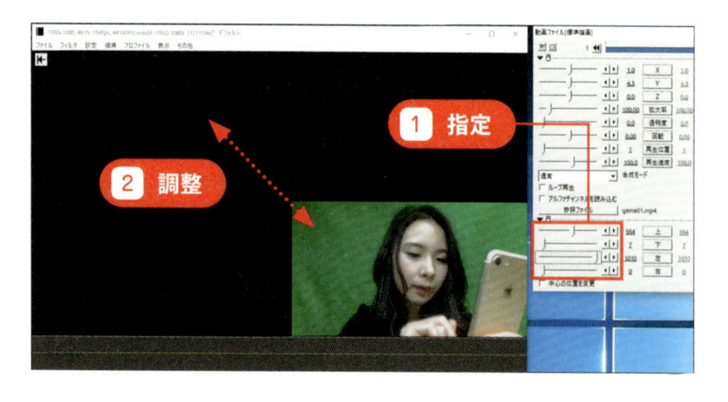

▶「クリッピング」オブジェクトでクリッピングを行う

1 「クリッピング」オブジェクトを登録する

特定の部分を切り出したい動画をタイムラインに登録しておきます。何も登録されていないレイヤー（ここでは＜Layer3＞）で右クリックし1、＜メディアオブジェクトの追加＞をクリック2、さらに＜フィルタ効果の追加＞をクリックし3、＜クリッピング＞をクリックします4。

2 クリッピングの設定を行う

＜上＞＜下＞＜左＞＜右＞のスライドバーで⌡（つまみ）をドラッグするか◀|▶をクリックして切り出したい範囲を指定します1。メインウィンドウに表示された動画をドラッグして、映像を表示する位置を調整します2。

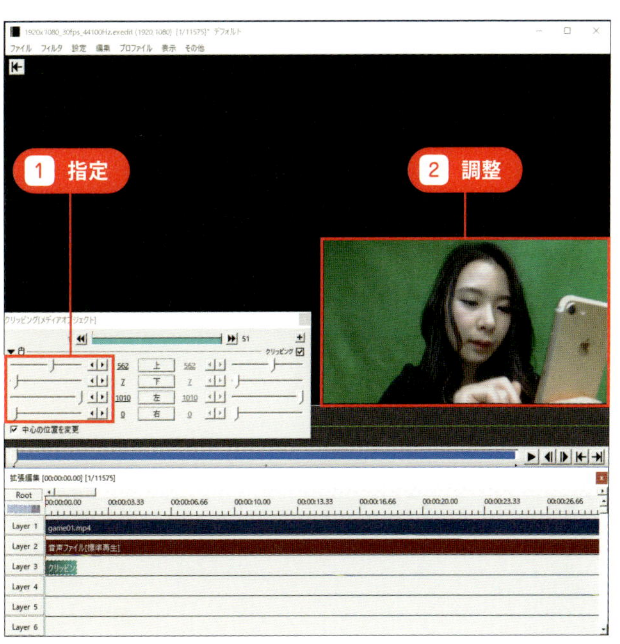

MEMO

クリッピングする場所や時間を設定する

クリッピングは、オブジェクトが配置されているところでのみ行われます。クリッピングの開始フレームは、オブジェクトをドラッグして移動することで設定します。また、オブジェクトを右クリックし、＜長さの変更＞をクリックと、クリッピングを行う時間を設定できます。

動画内でオブジェクトを動かす

拡張編集 Plugin は、写真や図形、動画など選択したオブジェクトを動画再生中に移動させることができます。ここでは、動画内でオブジェクトを動かす方法を解説します。

動画内でオブジェクトを動かすには？

拡張編集 Plugin では、動画内で動画や写真、図形、文字のほか、クリッピングした動画のオブジェクトを動かせます。たとえば、再生中の動画に PinP の小画面で別の動画を表示し、小画面の動画を再生しながら別の場所に移動するといったことができます。動画内でオブジェクトを動かすときは、動かしたいオブジェクトの設定ダイアログで動作の設定を行います。横方向の位置は「X 軸」、縦方向の位置は「Y 軸」で設定でき、左側の数値が開始位置、右側の数値が終了位置になります。また、オブジェクトが開始位置から終了位置に到達するまでの時間は、対象オブジェクトの再生時間となります。たとえば、対象オブジェクトの再生時間が 10 秒の場合、10 秒の時間を使って開始位置から終了位置までオブジェクトが移動します。

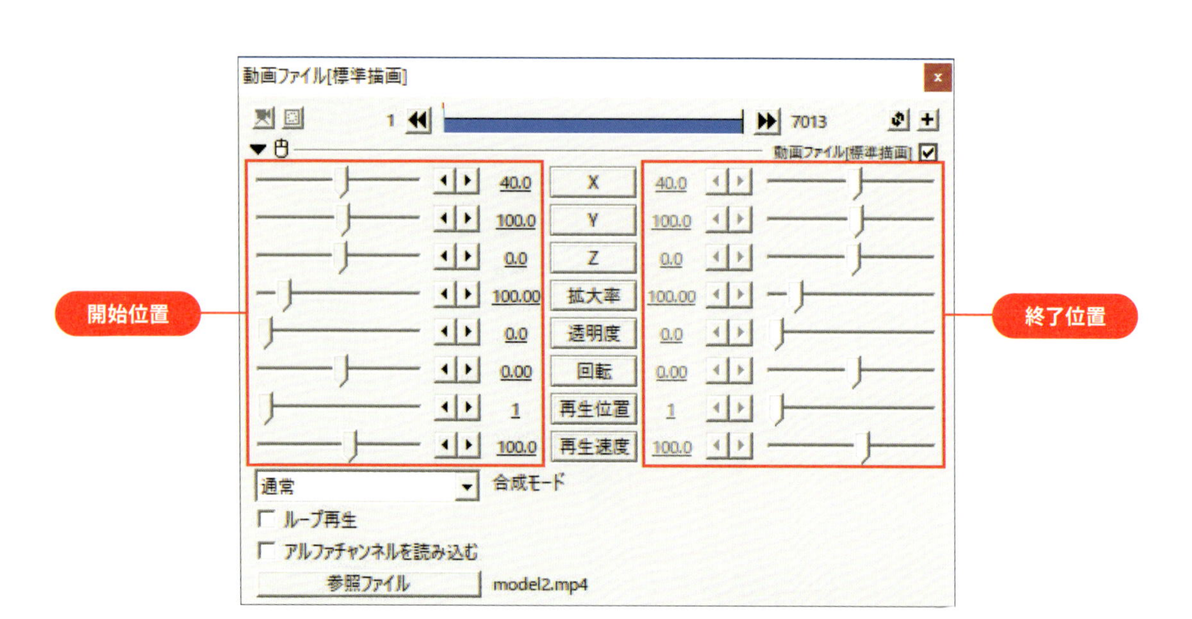

中間点を利用して複雑な動きを行う

拡張編集 Plugin では、オブジェクトを動かす場合に「中間点」と呼ばれる動きに変化を与える支点を利用します。中間点を利用すると、ジグザグにオブジェクトを動かすといった複雑な動きを実現できます。たとえば、10 秒の動画を動かしたい場合に 5 秒の地点に中間点を設定します。このとき、最初の 5 秒で画面左上Ⓐから中央下Ⓑにオブジェクトを移動させ、残りの 5 秒で中央下から画面右上Ⓒに移動するといった動きを設定できます。動きの支点として利用する中間点は複数設定できます。ただし、中間点は、直線移動や加減速移動、曲線移動、瞬間移動などの動かし方には意味を持ちますが、それ以外のオブジェクトの動かし方では、設定しても意味を持ちません。また、オブジェクトの動かし方は 1 種類のみが設定でき、中間点ごとにオブジェクトの動かし方を変更することはできません。このため、はじめは直線移動、次は曲線移動といったような複数のオブジェクトを動かしたいときは、オブジェクトを分割し、それぞれに動きを設定する必要があります。

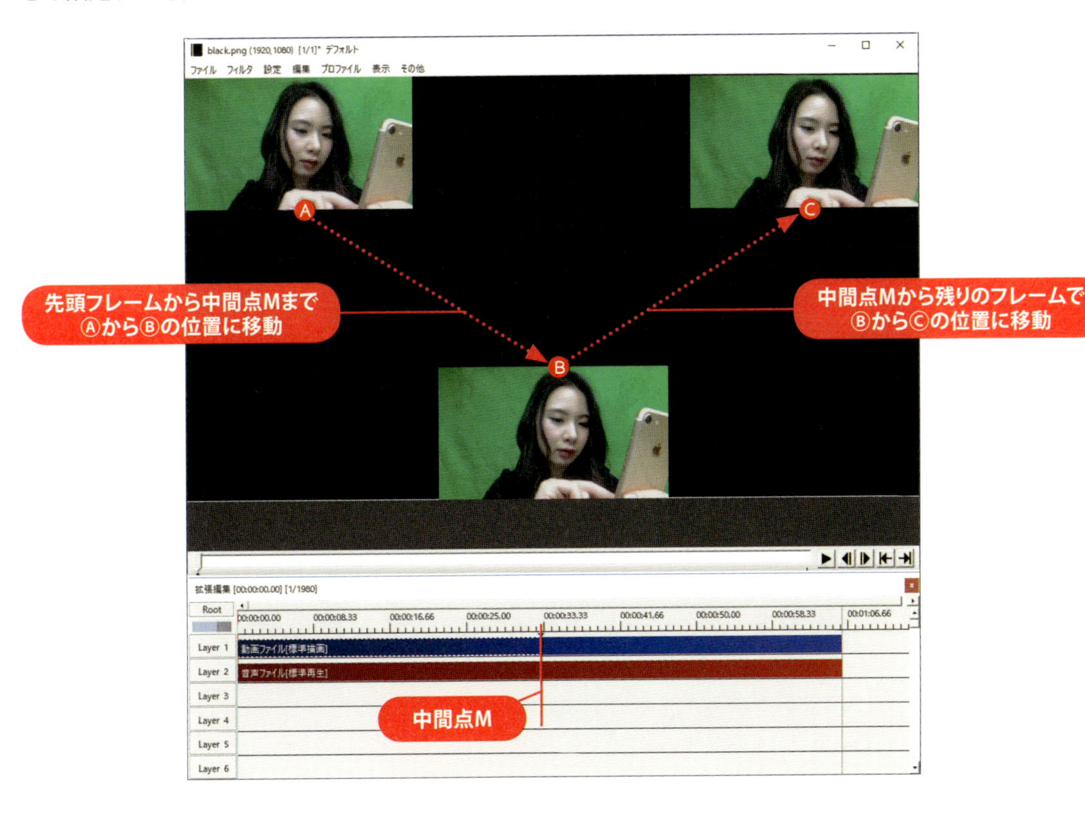

MEMO オブジェクトの動かし方

オブジェクトの動かし方は、直線移動、加減速移動、曲線移動、瞬間移動、中間点無視、移動量指定、ランダム移動、反復移動、補完移動、回転の 10 種類が用意されています。

オブジェクトを動かす

ここでは、P.88の手順でクリッピングした動画を動かす手順を解説します。動画を例にしていますが、写真や図形などのオブジェクトも同じ手順で動かせます。また、オブジェクトの動かし方は、直線移動を設定していますが、ほかの動かし方も設定手順は同じです。

1 オブジェクトの移動開始位置を設定する

動かしたいオブジェクトをタイムラインに登録しておきます。メインウィンドウに表示されたオブジェクトをドラッグして移動開始位置に移動します。

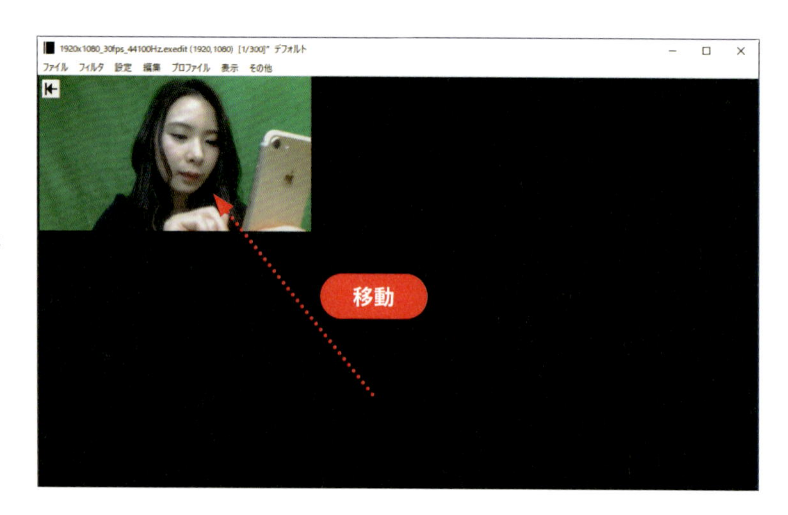

2 移動方法の設定を行う

設定ダイアログの＜X＞をクリックして1、＜直線移動＞をクリックします2。

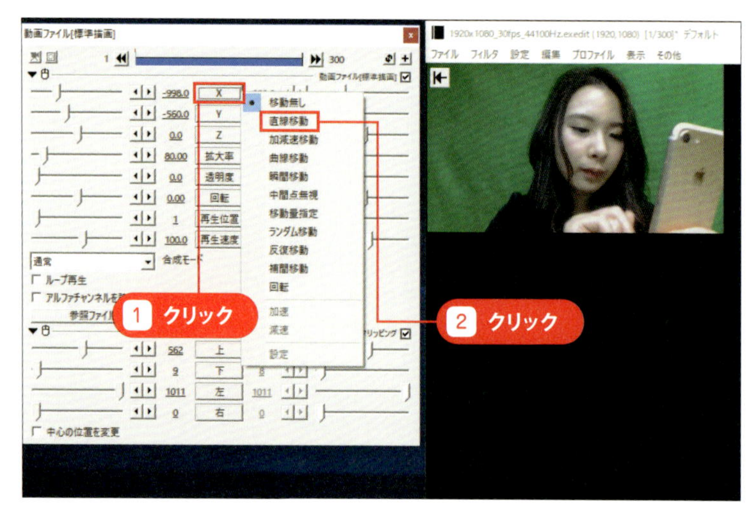

MEMO

＜Y＞や＜Z＞から設定を行う

＜X＞＜Y＞＜Z＞の内、いずれか1つで移動方法を選択すると、残りの2つにも同じ移動方法が自動的に設定されます。ここでは、「X軸」から移動方法を選択していますが、＜Y＞や＜Z＞をクリックして「Y軸」や「Z軸」から移動方法を選択することもできます。

3 オブジェクトの最終フレームに移動する

⏭をクリックします。

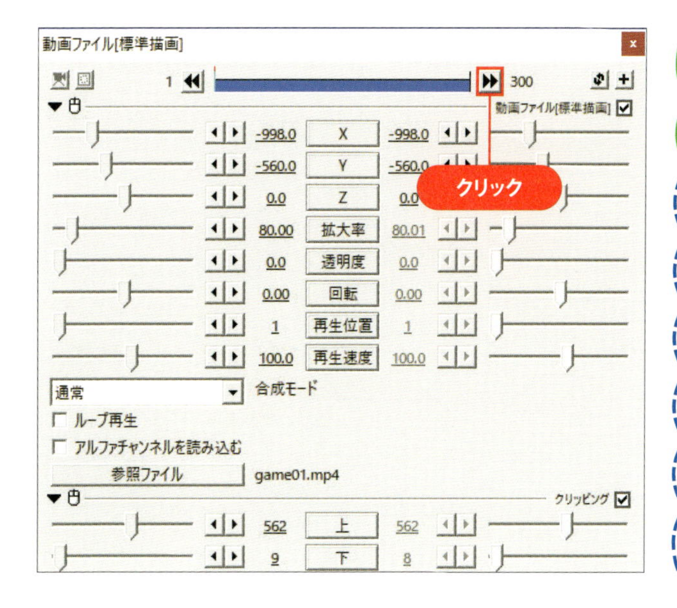

4 オブジェクトの移動後の位置を設定する

再生ヘッドがオブジェクトの最終フレームに移動します**1**。メインウィンドウに表示されている動かしたいオブジェクトを移動後の位置にドラッグします**2**。

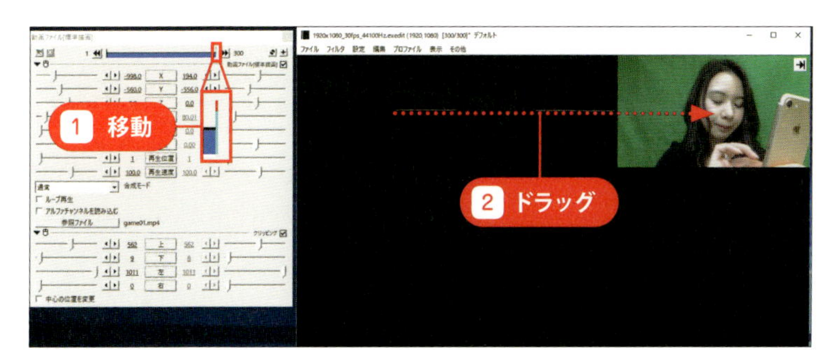

5 プレビューで動作を確認する

設定ダイアログの⏮をクリックして**1**、表示位置をオブジェクトの最初のフレームに移動し**2**、メインウィンドウの▶（再生ボタン）をクリックして**3**、プレビューで動きを確認します。

中間点を利用してオブジェクトを動かす

中間点を利用してオブジェクトを動かすときは、動かすオブジェクトに中間点を設定します。中間点は、P.91の手順でオブジェクトを動かす設定を行ったあとに行えるほか、事前に中間点を決めてからオブジェクトの動作を設定することもできます。ここでは、前ページの続きでオブジェクトを動かす設定を行ったあとに、中間点を設定する方法を解説します。

1 中間点を設定する

動画の再生を行い、中間点を設定したいフレームを表示しておきます。移動させたいオブジェクトの上で現在フレームを表示する再生ヘッドを右クリックし1、<中間点を追加>をクリックします2。

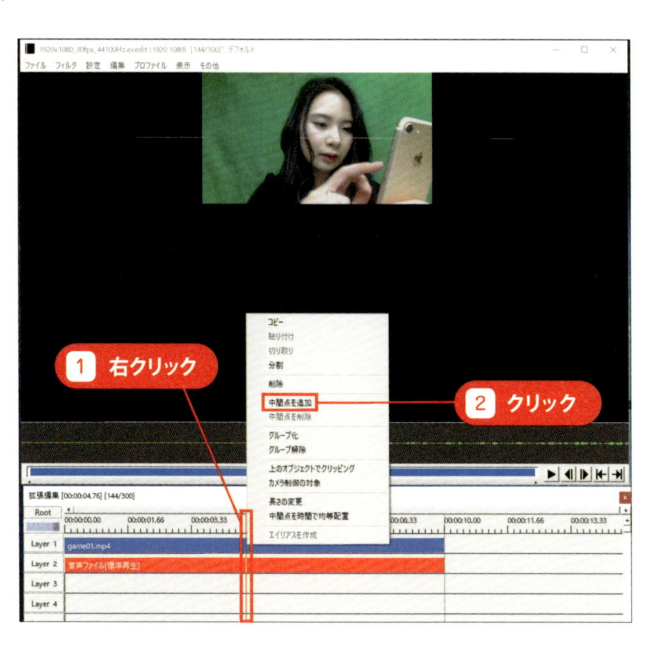

MEMO 複数の中間点を設定したいときは？

複数の中間点を設定したいときは、手順1を繰り返して中間点の設定を行います。また、設定した中間点を削除したいときは、中間点で右クリックし、<中間点を削除>をクリックします。

2 中間点でのオブジェクトの位置を設定します

中間点が設定されると、中間点を示す が表示されます1。中間点で表示したい位置にオブジェクトをドラッグして移動します2。なお、中間点は をドラッグして自由に動かすことができます。

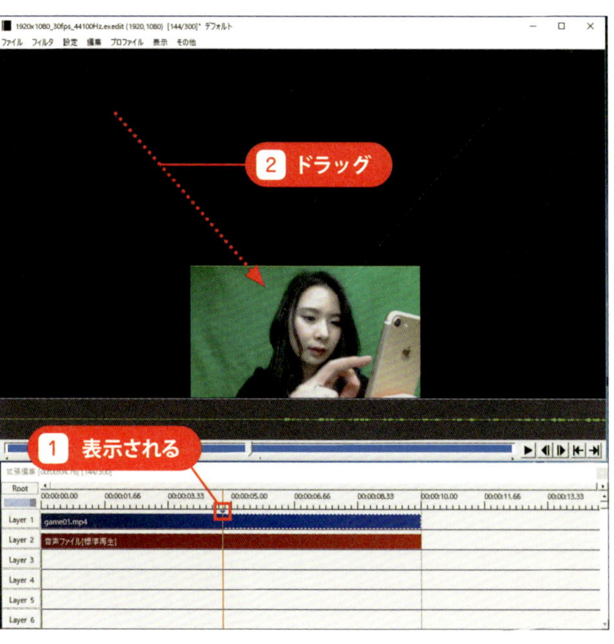

MEMO 中間点を均等間隔で配置するには？

複数の中間点を設定し、それを均等な時間間隔で配置したいときは、中間点を設定したオブジェクトをタイムラインで右クリックし、<中間点を時間で均等配置>をクリックします。

COLUMN

中間点の設定後にオブジェクトの動きを設定するには?

中間点を事前に設定しておいてから、オブジェクトの動きを設定したいときは、はじめに移動開始位置の設定を行います。続いて設定ダイアログの⏩や⏪をクリックして中間点を移動しながら中間点でのオブジェクトの位置を設定し、最後に最終フレームのオブジェクトの位置を設定します。ここでは、1つの中間点を作成した場合を例に、中間点設定後にオブジェクトの動きを設定する方法を説明します。

1 中間点での表示位置を設定する

設定ダイアログの⏪をクリックし、P.92の手順でオブジェクトの移動開始位置と移動方法を設定しておきます。⏩をクリックし1、中間点に移動して2、中間点で表示したい位置にオブジェクトをドラッグして移動します3。

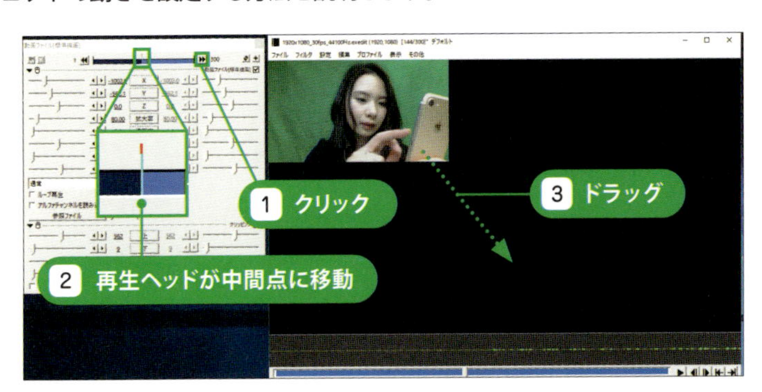

2 最終フレームに移動する

設定ダイアログの⏩をクリックします。

3 オブジェクトの最終位置を設定する

メインウィンドウのオブジェクトが移動開始位置に戻ります1。最終フレームで表示したい位置にオブジェクトをドラッグして移動します2。

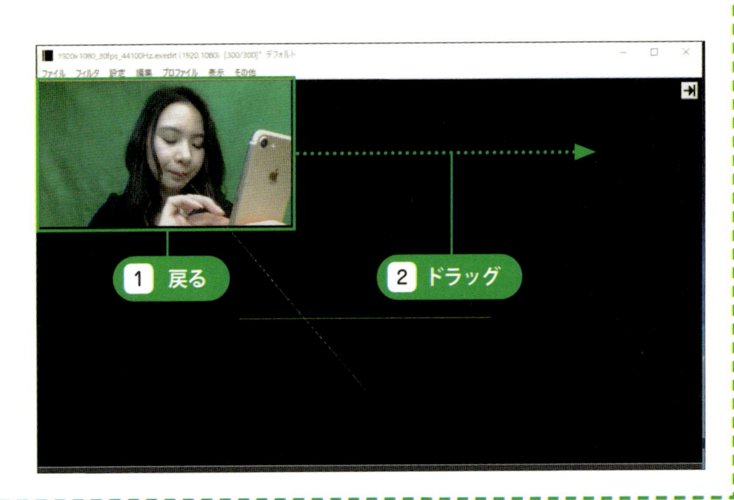

Section 5 オブジェクトを回転させる

拡張編集 Plugin は、動画や写真などのオブジェクトを回転させることができます。オブジェクトを縦回転や横回転させたり、円を描くようにオブジェクトを動かすこともできます。

オブジェクトを回転させるには？

オブジェクトの回転は、回転させたいオブジェクトの設定ダイアログで行えるほか、メディアオブジェクトの「基本効果」の中にある「回転」を利用することでも行えます。回転の方法も複数あります。オブジェクトを円状に移動させる方法と、オブジェクトそのものを縦回転や横回転、風車のように回転させる方法です。縦回転は「X 軸回転」、横回転は「Y 軸回転」、風車のように回す回転は「Z 軸回転」と呼ばれます。ここでは、オブジェクを円状に移動させながら、X 軸回転を行う方法を解説します。

1 オブジェクトの移動方法を選択する

オブジェクトをタイムラインに登録し、メインウィンドウに表示されたオブジェクトをドラッグして移動開始位置に移動しておきます。設定ダイアログの＜X＞をクリックして1、＜回転＞をクリックします2。

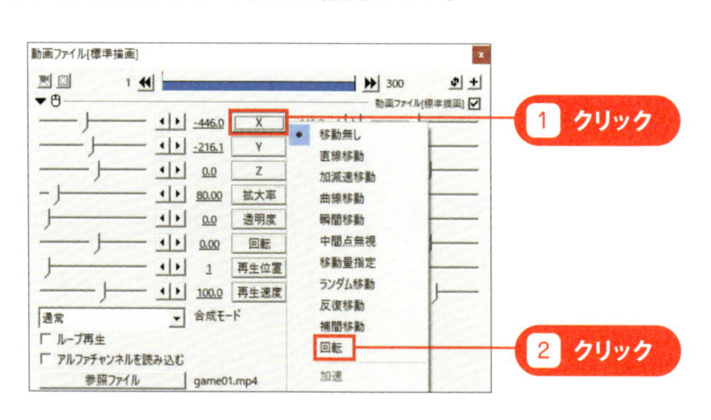

2 回転する場所を選択する

メインウィンドウのオブジェクトをドラッグして、回転する範囲を設定します。なお、オブジェクトの回転は、動画や写真の中心が画面に表示された円に沿って移動します。

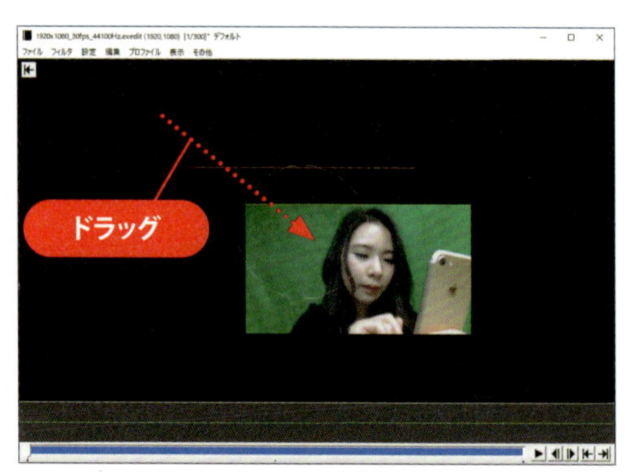

3 拡張描画を表示する

をクリックし 1 、<拡張描画>をクリックします 2 。

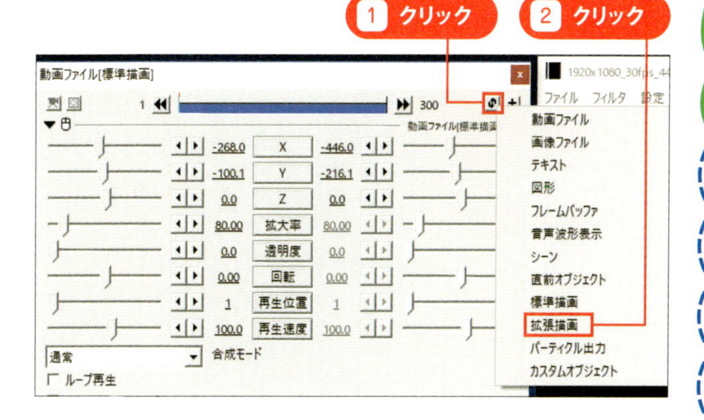

4 回転を設定する

拡張描画ダイアログが表示されます。回転方法（ここでは<X軸回転>）を クリックし 1 、<直線移動>をクリックします 2 。

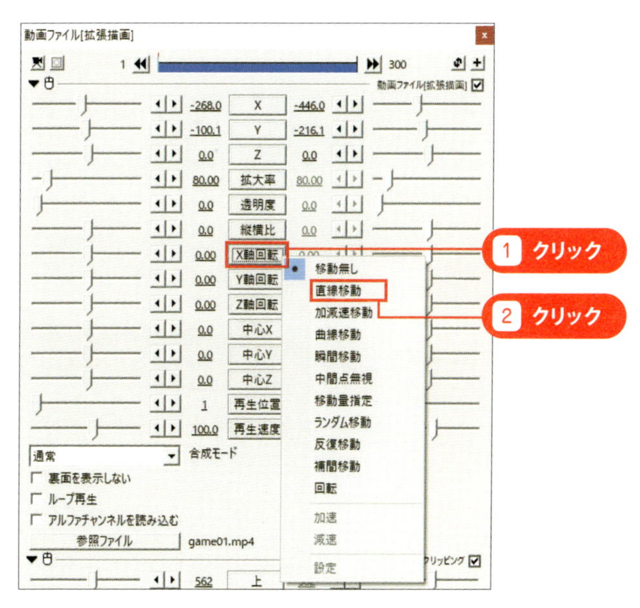

MEMO

異なる回転方法の場合

Y軸回転やZ軸回転も同時に設定できます。それらを設定するときも、<Y軸回転>、<Z軸回転>をクリックして、<直線移動>をクリックします。また、<直線移動>ではなく<回転>を選択すると、高速で回転し、ある程度回転したら逆回転する回転方法を設定できます。

5 回転角度を設定する

<X軸回転>の左のスライドバーで（つまみ）を左にドラッグして<-360>に設定し 1 、右のを右にドラッグして<360>に設定します 2 。

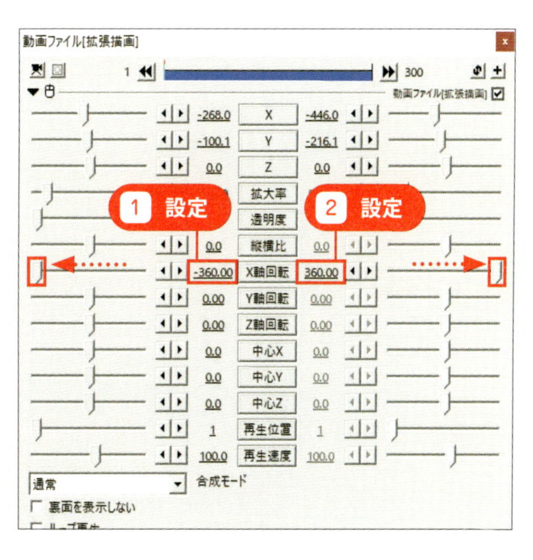

MEMO

Y軸回転やZ軸回転の場合

Y軸回転やZ軸回転の場合もX軸回転の場合と同じ方法で回転角度を設定できます。

アフレコを行う

AviUtl では、簡易録音プラグインをインストールすることでアフレコを行えます。ここでは、簡易録音プラグインを利用して、動画を再生しながらアフレコを行う方法を解説します。

簡易録音プラグインをインストールする

1 ダウンロードページを開く

Web ブラウザーを起動して、簡易録音プラグインのダウンロードページ（http://aoytsk.blog.jp/aviutl/1677824.html）を開き、<ダウンロード>をクリックします。

2 管理録音プラグインのダウンロードを行う

<開く>をクリックします。

3 すべてのファイルを選択する

エクスプローラーが起動し、ダウンロードしたファイルの内容が表示されるので、＜ rec.auf ＞をクリックし1、＜ホーム＞タブをクリックします2。

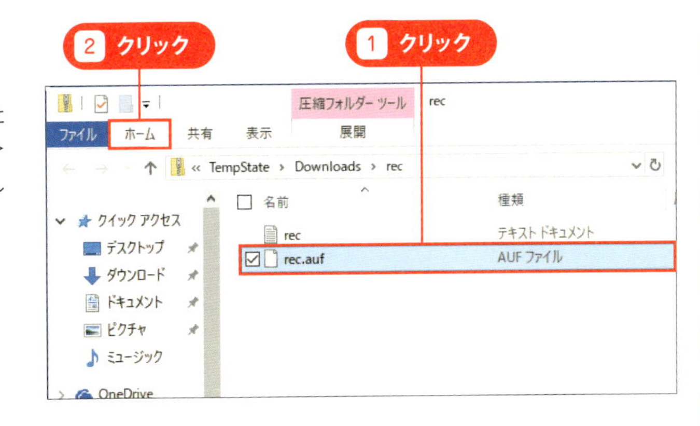

4 「項目のコピー」画面を表示する

＜コピー先＞をクリックして1、＜場所の選択＞をクリックします2。

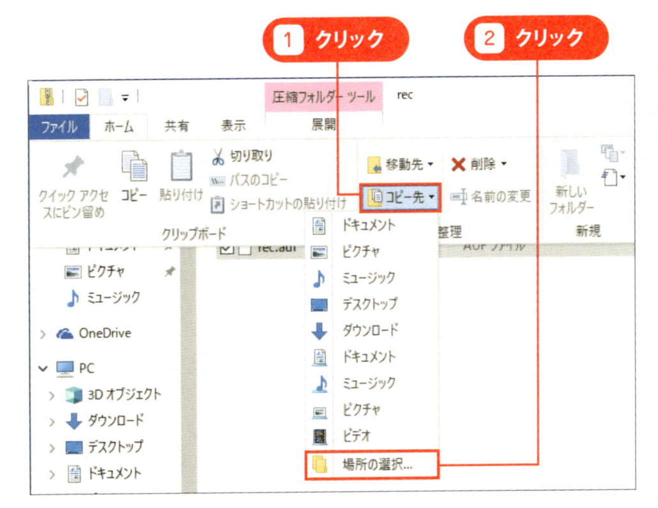

5 簡易録音プラグインを「Plugins」フォルダーにコピーする

「項目のコピー」画面が表示されるので、「AviUtl」をインストールしたフォルダー内に作成した「Plugins」フォルダーをクリックし1、＜コピー＞をクリックすると2、管理録音プラグイン（rec.auf）がコピーされます。

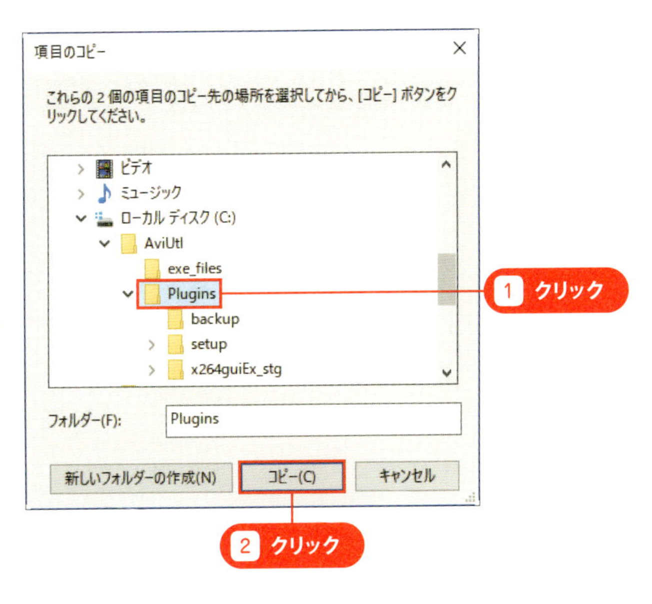

MEMO 簡易録音プラグインのインストール先

ここでは、P.19で作成した「Plugins」フォルダーに簡易録音プラグインファイル（rec.auf）をコピーしていますが、簡易録音プラグインのファイルは、AviUtl本体と同じ階層にコピーしても動作します。

簡易録音プラグインでアフレコを行う

1 簡易録音プラグインを表示する

アフレコを行いたい動画をタイムラインに登録しておきます。メインウィンドウの<表示>をクリックし1、<簡易録音の表示>をクリックします2。

2 アフレコを開始する

簡易録音プラグインの画面が表示されます。<動画を再生しながら録音>が☑に設定されていることを確認し1、<録音>をクリックすると2、動画の再生が開始され、同時に録音が開始されます。

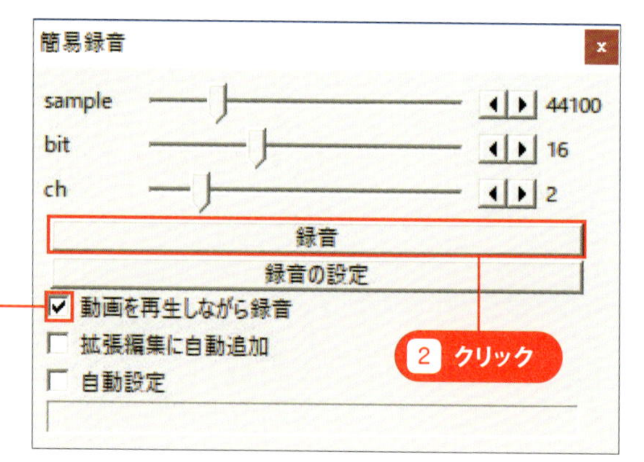

3 アフレコを終了する

アフレコを終了するときは、<停止>をクリックします。

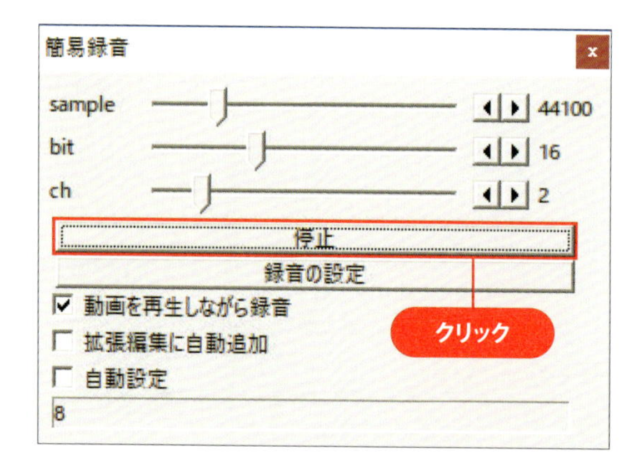

4 音声を拡張編集 Pluginに追加する

簡易録音プラグインの画面下に保存した音声のファイル名が表示されます 1。このファイル名をドラッグして拡張編集ウィンドウのレイヤー（ここでは＜ Layer3 ＞にドロップします 2。

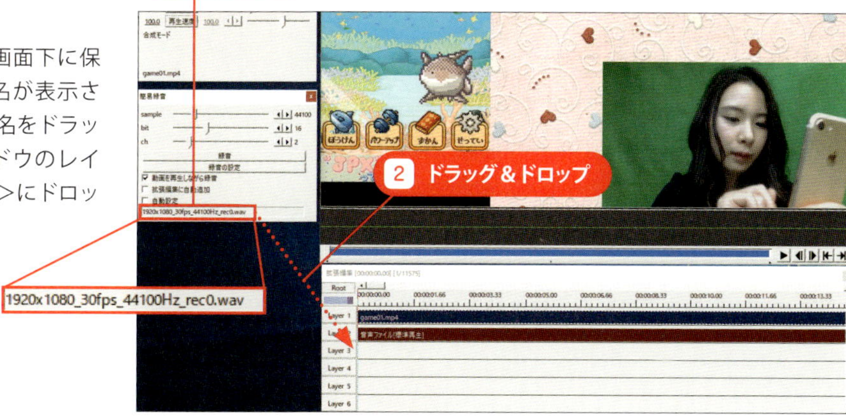

5 音声が追加される

音声が拡張編集ウィンドウに追加されます。

追加される

拡張編集 [00:00:00.00] [1/11575]

Layer 1 game01.mp4
Layer 2 音声ファイル[標準再生]
Layer 3 1920x1080_30fps_44100Hz_rec0.wav
Layer 4
Layer 5
Layer 6

MEMO

録音した音声を再生する

録音した音声のファイルは、AviUtl のインストールフォルダーに保存されています。また、音声のファイル名をダブルクリックすると、録音した音声を再生して確認できます。はじめて再生するときは、ダブルクリック後に再生に利用するアプリの選択画面が表示される場合があります。アプリの選択画面が表示されたときは、再生に利用するアプリをクリックし、＜ OK ＞をクリックします。

COLUMN

録音時の設定を行う

録音レベルや録音に利用するマイクの設定を行いたいときは、簡易録音プラグインの画面の＜録音の設定＞をクリックします。Windows の「サウンド」画面が、「録音」タブを選択した状態で起動します。マイクを変更したいときは、声を出したときにレベルメーターが上下するマイクをクリックし、＜既定値に設定＞をクリックします。また、録音レベルを変更するときは、録音に利用するマイクをダブルクリックします。「マイクのプロパティ」画面が表示されたら＜レベル＞タブをクリックして、マイクの項目のスライドバーで録音レベルを調整してください。

Section 7 カメラ制御オブジェクトを利用する

ここでは、カメラ制御オブジェクトの利用方法を解説します。カメラ制御オブジェクトを利用すると、対象オブジェクトに対して奥行きのある立体的な効果を施すことができます。

カメラ制御オブジェクトとは？

カメラ制御オブジェクトは、動画や写真、文字などのオブジェクトを立体的に動かす機能です。この機能を利用するには、メディアオブジェクト内にある「カメラ制御」をタイムラインに追加し、オブジェクトに対してカメラ制御を「有効」に設定する必要があります。カメラ制御オブジェクトをタイムラインに追加しただけでは、効果の適用対象とならない点に注意してください。なお、カメラ制御オブジェクトは、カメラ制御オブジェクトを配置したレイヤーよりも下にあるレイヤーを制御対象とします。

カメラ制御オブジェクトを利用した場合の効果の例。カメラ制御オブジェクトは、奥行きの立体的な効果を施せます

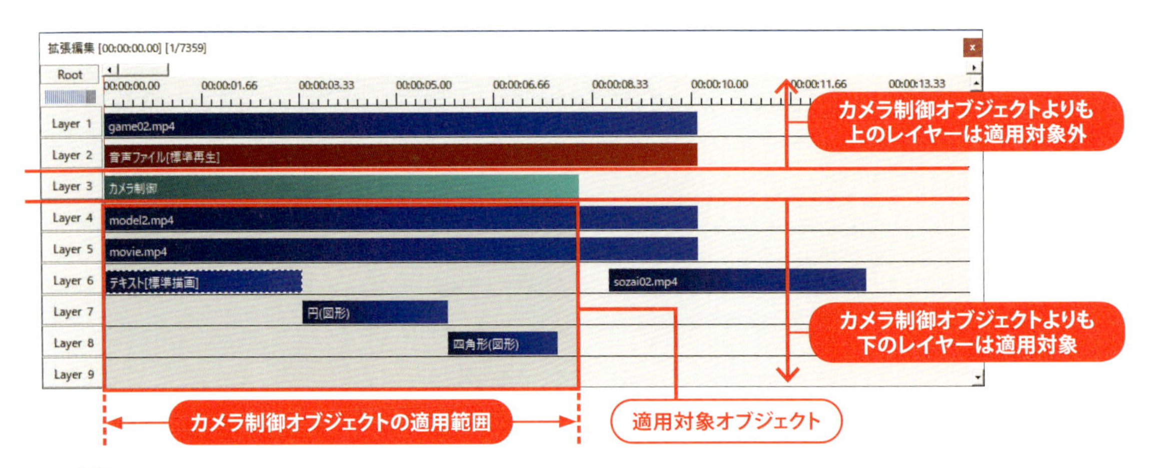

カメラ制御オブジェクトを追加する

ここでは、例としてカメラ制御オブジェクトをタイムラインの「Layer1」に追加し、Layer2 に追加されている動画をカメラ制御オブジェクトの制御対象に設定する方法を解説します。ほかのレイヤーに追加されている動画や写真などのオブジェクトをカメラ制御オブジェクトで制御したいときは、カメラ制御オブジェクトを制御したいオブジェクトよりも上のレイヤーに追加してください。

1 カメラ制御オブジェクトを追加する

カメラ制御オブジェクトを追加したいレイヤー（ここでは＜Layer1＞）で右クリックし1、＜メディアオブジェクトの追加＞をクリックして2、＜カメラ制御＞をクリックし3、＜カメラ制御＞をクリックします4。

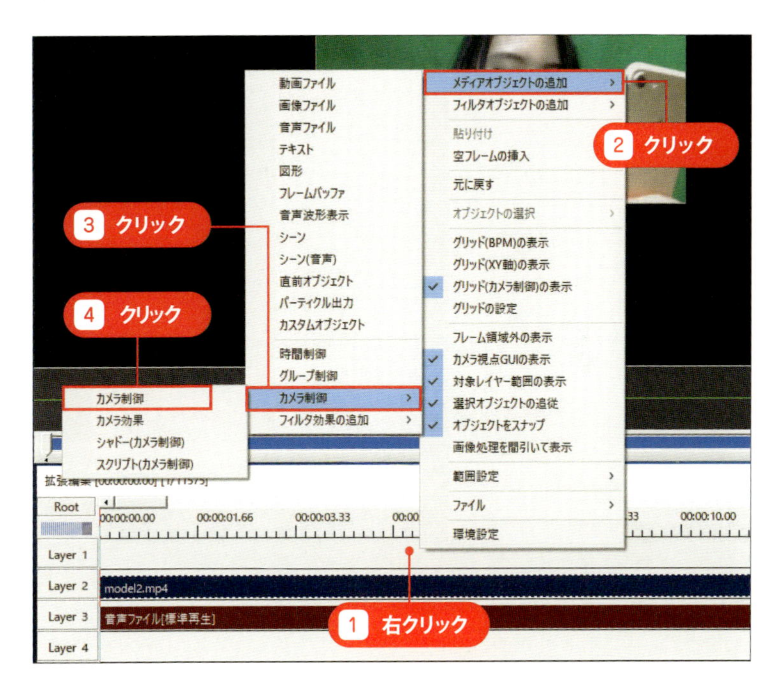

2 カメラ制御オブジェクトが追加される

カメラ制御オブジェクトが追加されます1。カメラ制御オブジェクトをドラッグして効果を施したい場所（ここでは「先頭」）に移動します2。

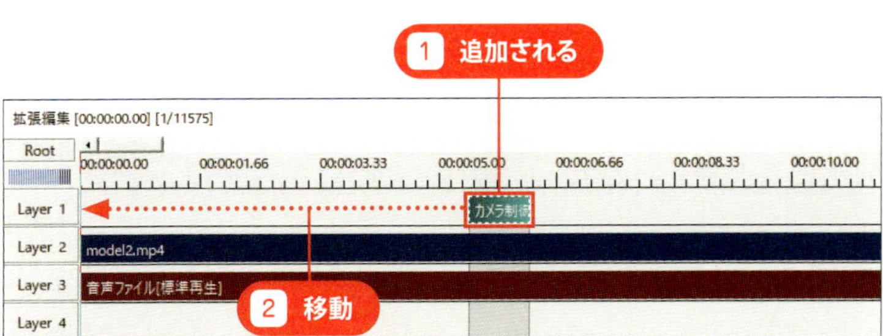

3 カメラ制御オブジェクトの適用時間を設定する

カメラ制御オブジェクトを右クリックし1、＜長さの変更＞をクリックします2。

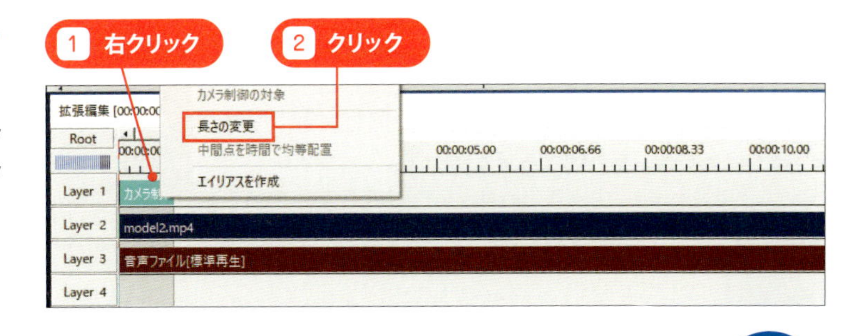

4 カメラ制御オブジェクトの適用時間を入力する

秒数指定に時間（ここでは＜10秒＞）を入力するか、フレーム数指定にフレーム数を入力して1、＜OK＞をクリックします2。

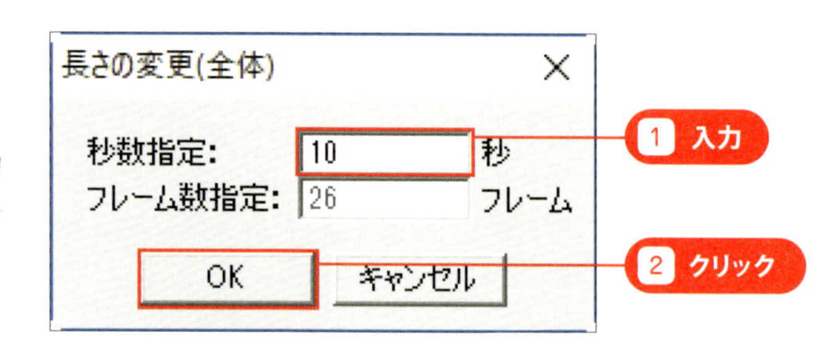

5 オブジェクトをカメラ制御の対象に設定する

カメラ制御の対象にしたいオブジェクト（ここでは＜model2.mp4＞）を右クリックし1、＜カメラ制御の対象＞をクリックします2。

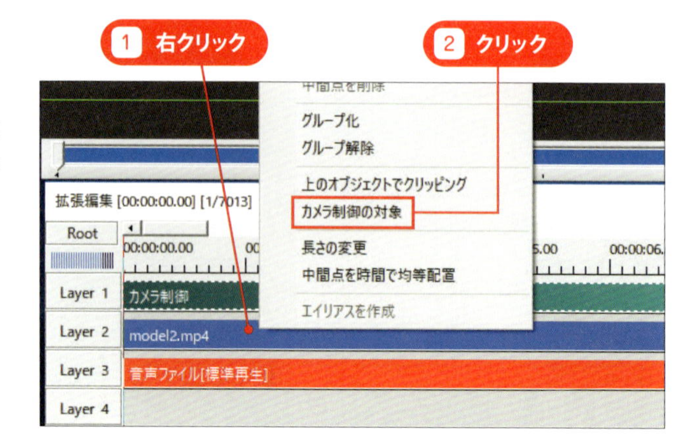

COLUMN

オブジェクトをカメラ制御の対象に設定するには？

動画や写真などのオブジェクトをカメラ制御オブジェクトの適用対象にするときは、上の手順で行えるほか、対象としたいオブジェクトの設定ダイアログからも行えます。設定ダイアログから行う場合は、をクリックしてにするかをクリックして、＜拡張描画＞をクリックします。

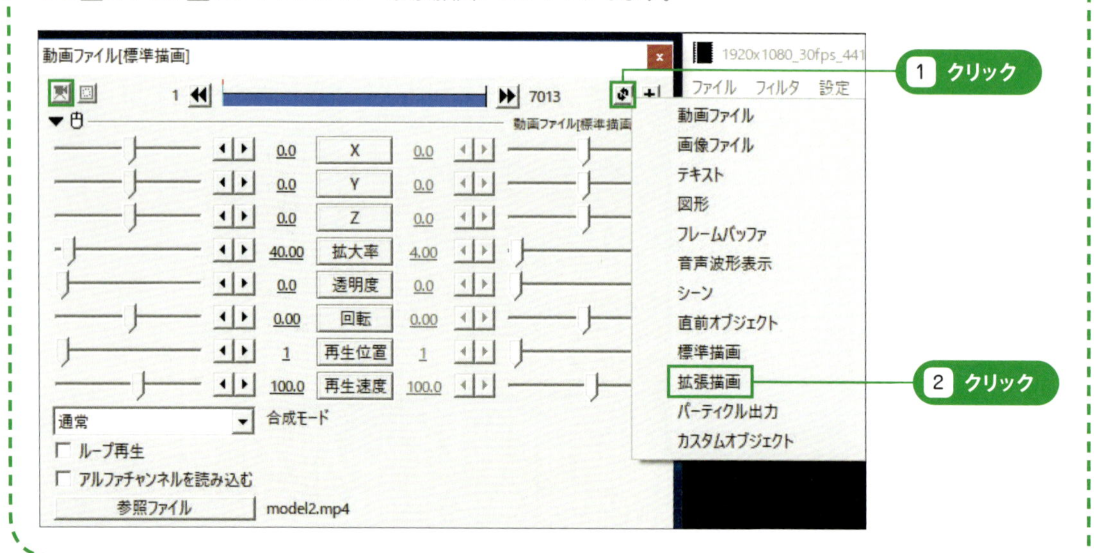

カメラ制御オブジェクトで効果を施す

カメラ制御オブジェクトで施す立体効果は、カメラ制御オブジェクトの設定ダイアログで行います。基本項目となるX軸は横方向、Y軸は縦方向、Z軸は奥行き方向の3D効果をオブジェクトに施します。通常の効果とは適用される効果のイメージが異なるので注意してください。また、カメラ制御オブジェクトは、ほかのオブジェクト同様に中間点を利用できます。中間点を利用することで、対象オブジェクトにさまざまな動きを施せます。基本となるX軸、Y軸、Z軸の効果のイメージは、以下のようになります。設定時の参考にしてください。

▶X軸

調整前

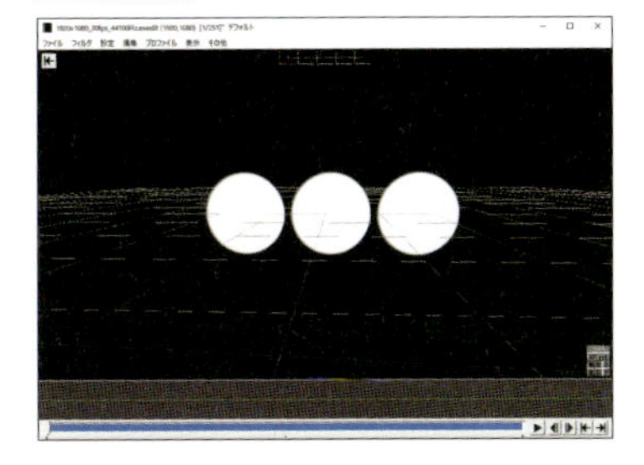

マイナス方向に調整

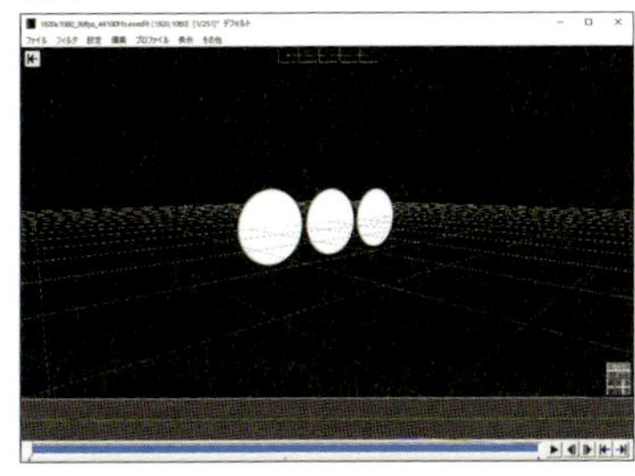

プラス方向に調整

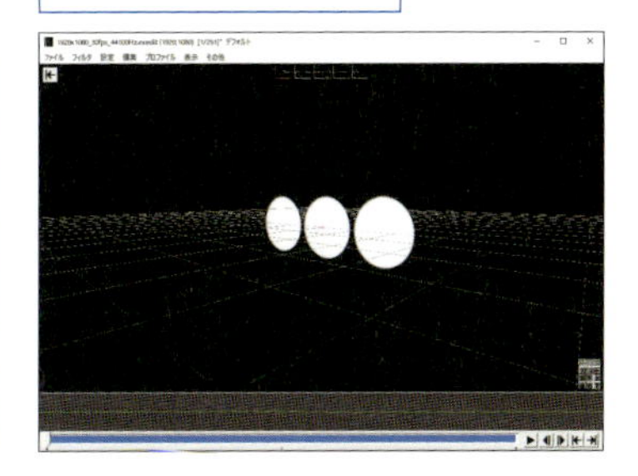

▶Y軸

調整前

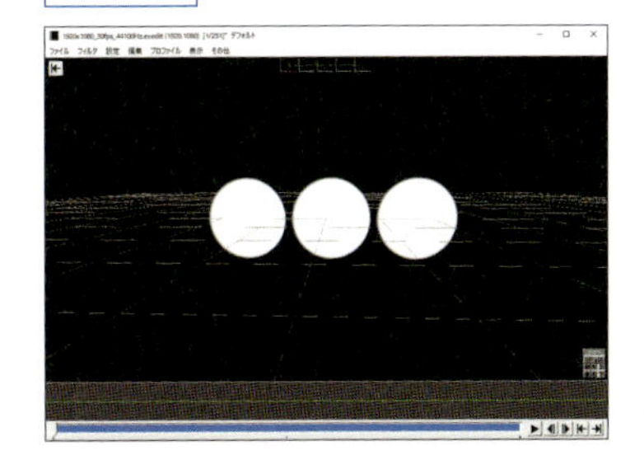

マイナス方向に調整

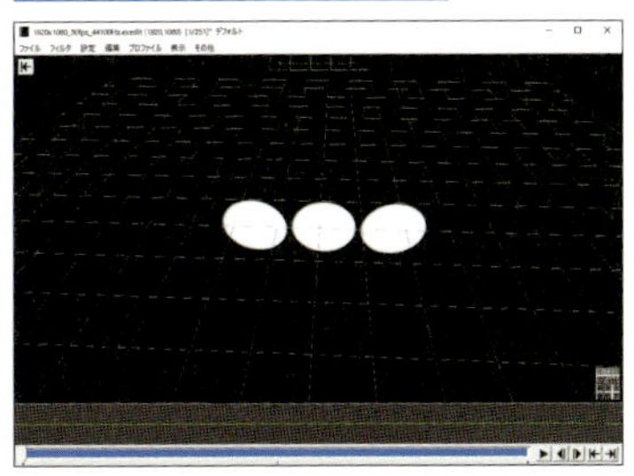

プラス方向に調整

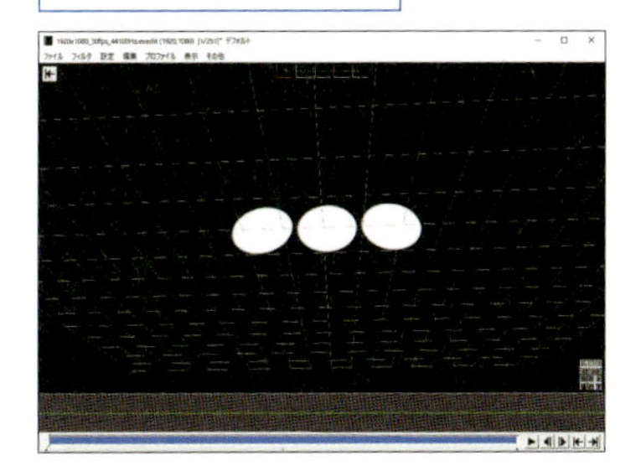

▶Z軸

調整前

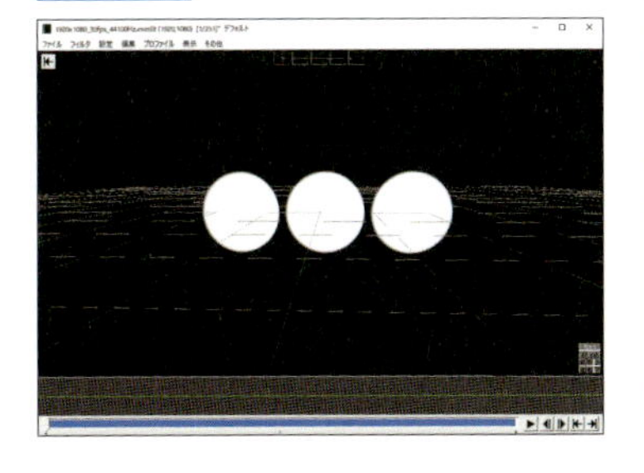

マイナス方向に調整

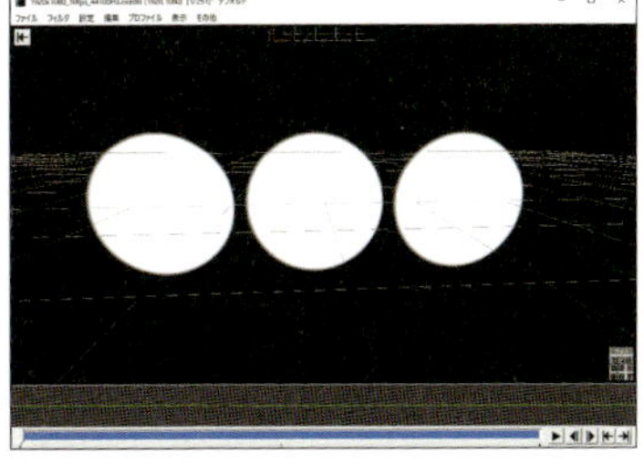

プラス方向に調整

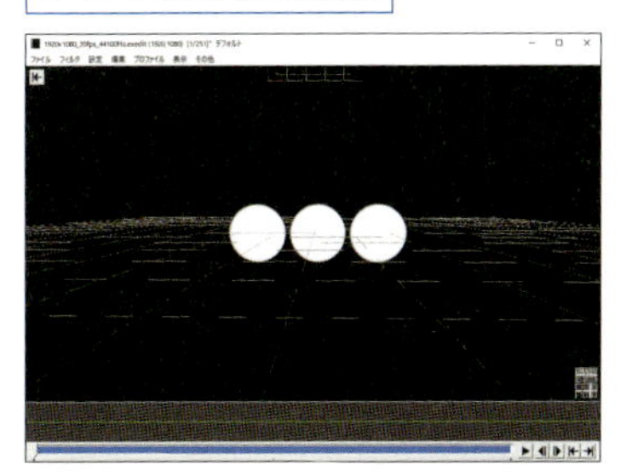

1 カメラ制御の移動方法を設定する

タイムラインのカメラ制御オブジェクトをクリックし1、カメラ制御の設定ダイアログの移動方法（ここでは＜X＞）をクリックして2、動かし方（ここでは＜加減速移動＞）をクリックします3。

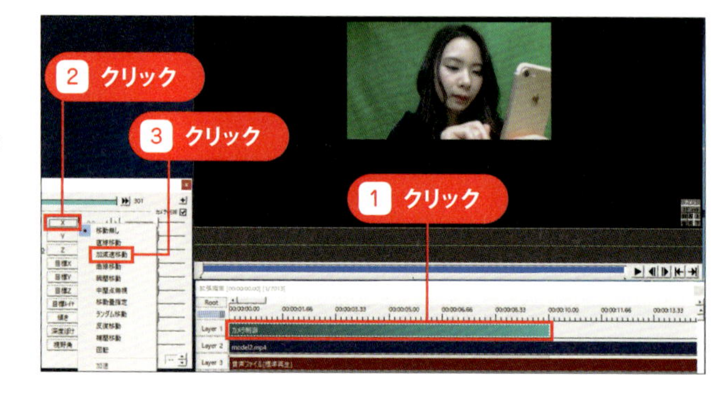

2 開始フレームの設定を行う

設定ダイアログの⏮をクリックして表示位置を開始フレームに設定します1。メインウィンドウのオブジェクトを右クリックしながらドラッグして、開始フレームの状態を設定します2。

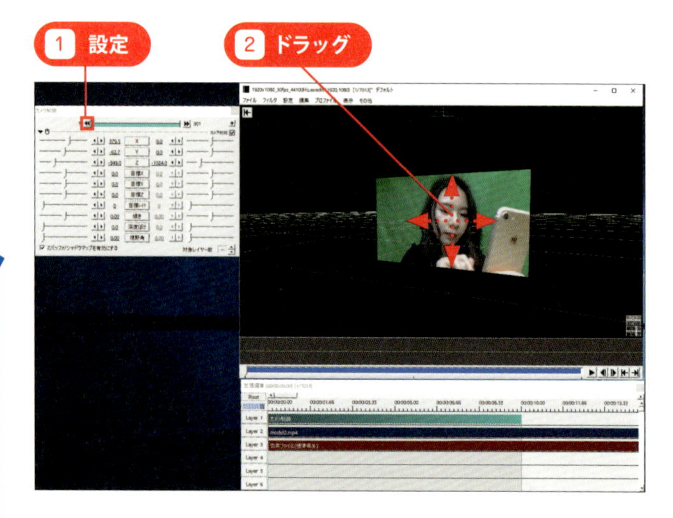

MEMO

設定ダイアログで設定する

開始フレームまたは中間点のフレームは、設定ダイアログの左側のスライドバーで（つまみ）をドラッグするかをクリックすることでも、オブジェクトの効果を設定できます。また、数値をクリックし、数値を入力することでも設定できます。

3 終了フレームの設定を行う

設定ダイアログの⏭をクリックして表示位置を終了フレームに設定します1。メインウィンドウのオブジェクトを右クリックしながらドラッグして、最終フレームの状態を設定します2。

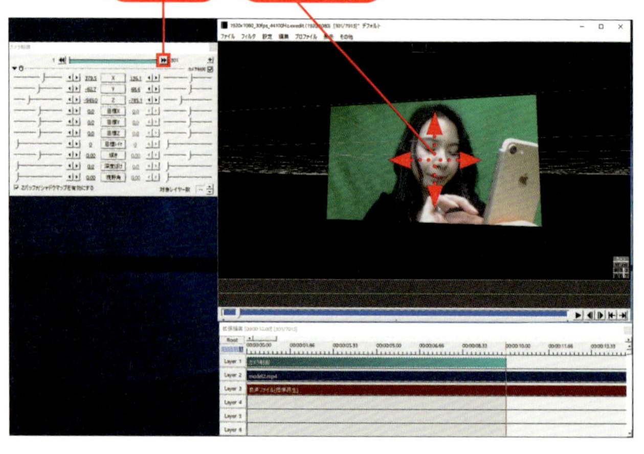

MEMO

奥行方向の調整を行う

奥行き方向の調整を行いたいときは、Ctrlキーを押しながらオブジェクトを右クリックしてドラッグします。手前に引くとオブジェクトが奥に移動し、逆に押すとオブジェクトが近くにより大きくなります。

第5章

テキストオブジェクトを配置する

テキストオブジェクトを追加する

画面に文字を表示したいときは、テキストオブジェクトをタイムラインに追加します。ここでは、テキストオブジェクトの追加方法と文字を表示する時間の設定方法を解説します。

テキストオブジェクトを追加する

1 テキストオブジェクトを追加する

文字の表示に利用するレイヤー（ここでは、＜Layer3＞）で右クリックし1、＜メディアオブジェクトの追加＞をクリックして2、＜テキスト＞をクリックします3。

2 文字の表示開始位置を設定する

テキストオブジェクトがタイムラインに追加されます1。テキストオブジェクトをドラッグして2、表示開始位置（ここでは「先頭フレーム」）に移動します。

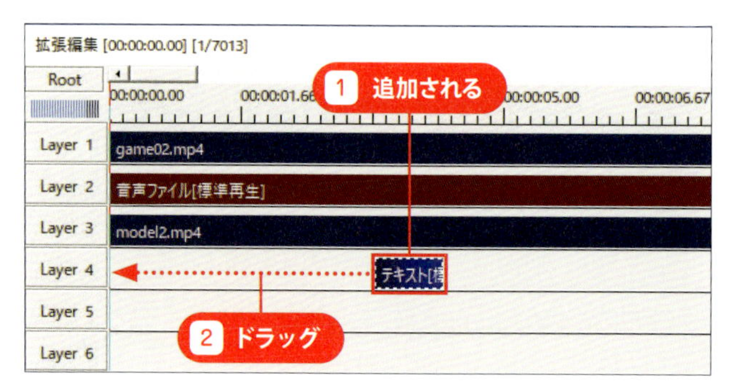

3 文字の表示時間を設定する

テキストオブジェクトを右クリックし1、<長さの変更>をクリックします2。

4 文字の表示時間を入力する

秒数指定に時間（ここでは「10秒」）を入力するか1、フレーム数指定にフレーム数を入力して、<OK>をクリックします2。

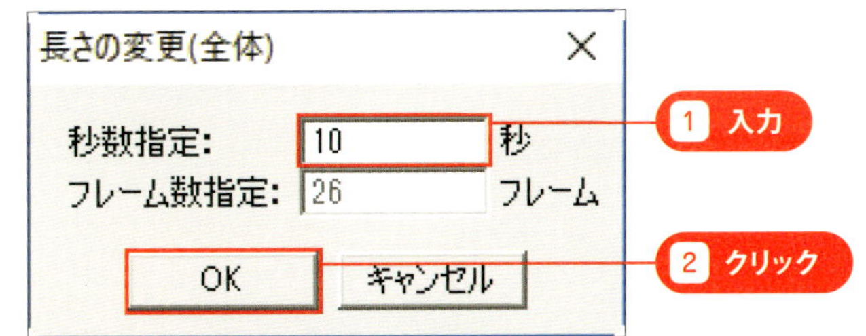

5 文字の表示時間が変更される

文字の表示時間が変更され、オブジェクトが長くなります。

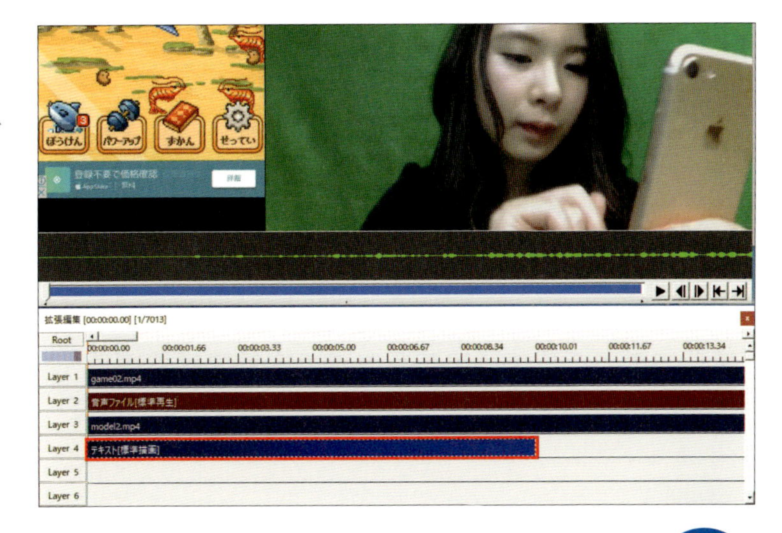

Section 2

文字の入力と設定を行う

テキストオブジェクトを追加したら、画面に表示したい文字を入力し、文字サイズや色、表示位置などの調整を行います。ここでは、文字の入力と表示する文字の設定方法を解説します。

文字の入力を行う

1 画面に表示する文字を入力する

テキストオブジェクトをクリックし1、テキストオブジェクトの設定ダイアログのテキストボックスに、画面に表示したい文字（ここでは「テキスト」）を入力すると2、メインウィンドウに入力した文字が表示されます3。

MEMO

入力した文字が見えないときは？

メインウィンドウに表示される文字の色は、当初、「白」に設定され、画面の中心に表示されます。このため、画面の中心が白背景の場合、入力した文字が見えない状態になりますが、文字の色を変更することで見えるようになります。

文字の色や文字の大きさを設定する

1 表示される文字の色を設定する

設定ダイアログの<文字色の設定>をクリックします。

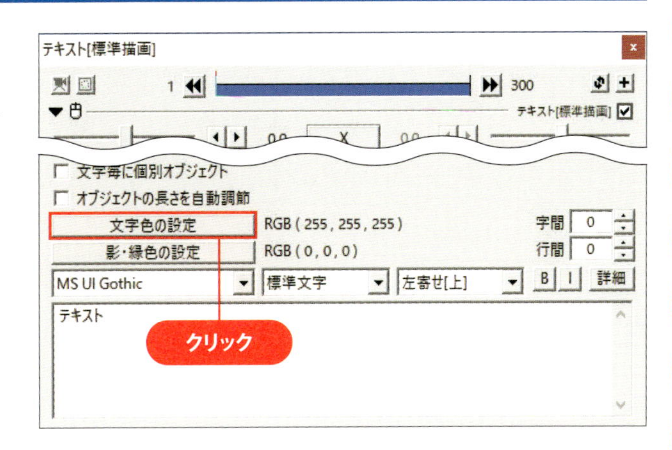

2 文字の色を選択する

「色の選択」画面が表示されます。文字の色（ここでは「赤」）をクリックします。

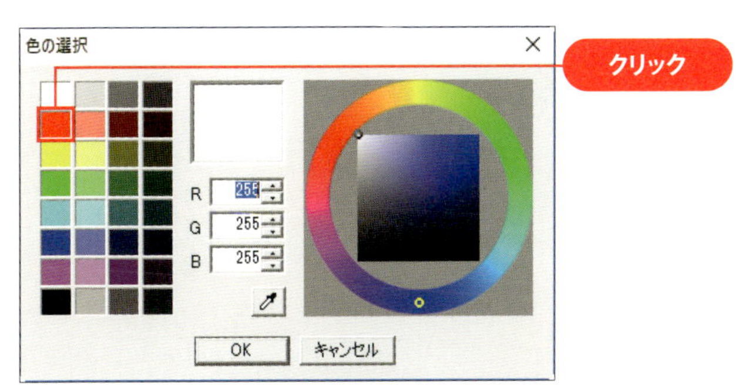

3 文字の色が変更される

メインウィンドウに表示されている文字の色が変更されます。

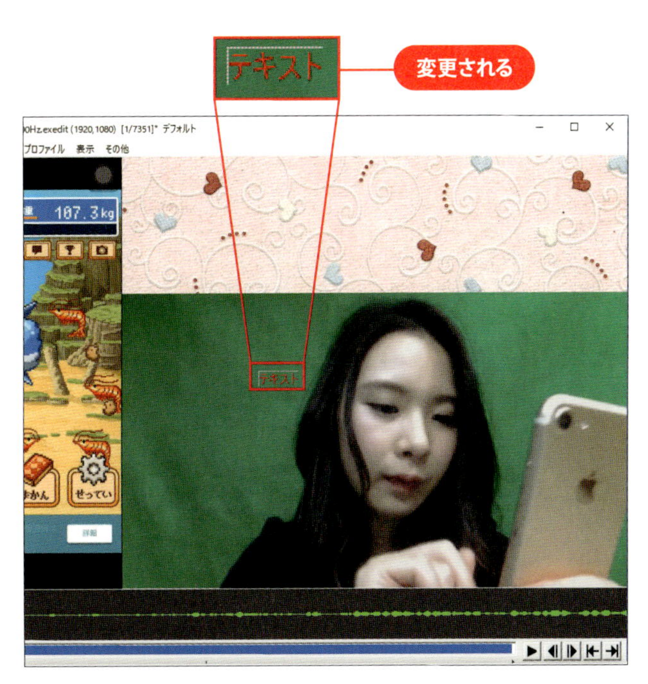

MEMO

そのほかの色の選択方法について

文字の色は、手順2で右の円の枠やその中の四角をクリックして、< OK >をクリックすることでも設定できます。また、RGB の数値の入力ボックスに直接数値を入力し、< OK >をクリックすることでも設定できます。

文字の大きさを変更する

1 文字の大きさを変更する

サイズの左側のスライドバーで (つまみ) をドラッグして動かすと1、メインウィンドウに表示された文字の大きさが変更されます2。

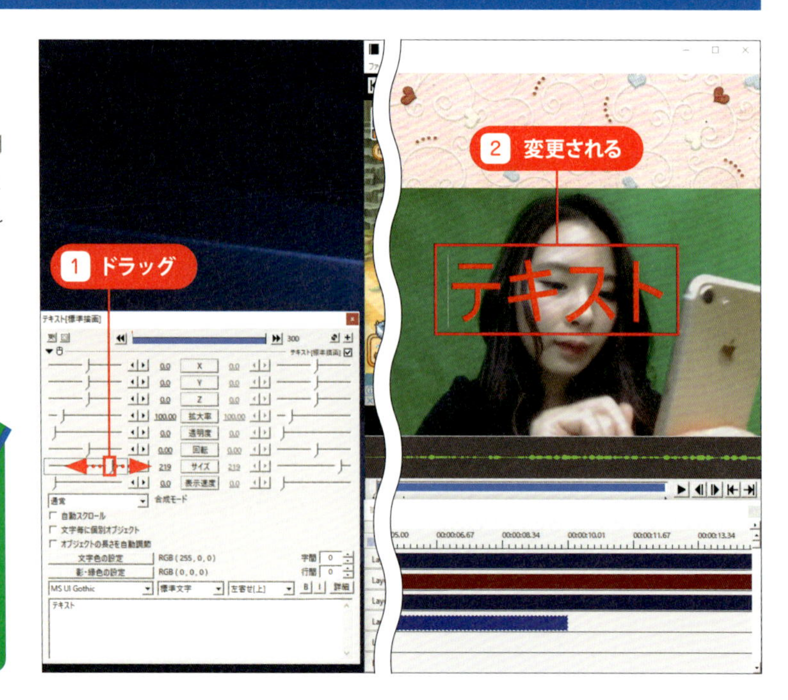

MEMO
拡大率で文字サイズを変更する

文字サイズは、拡大率の左側の をドラッグして移動することでも変更できます。

文字の書体を変更する

1 文字の書体を変更する

書体名（「MS UI Gothic」）が表示された枠の右の をクリックし1、利用する書体（ここでは<メイリオ>）をクリックすると2、メインウィンドウに表示された文字の書体が変更されます3。

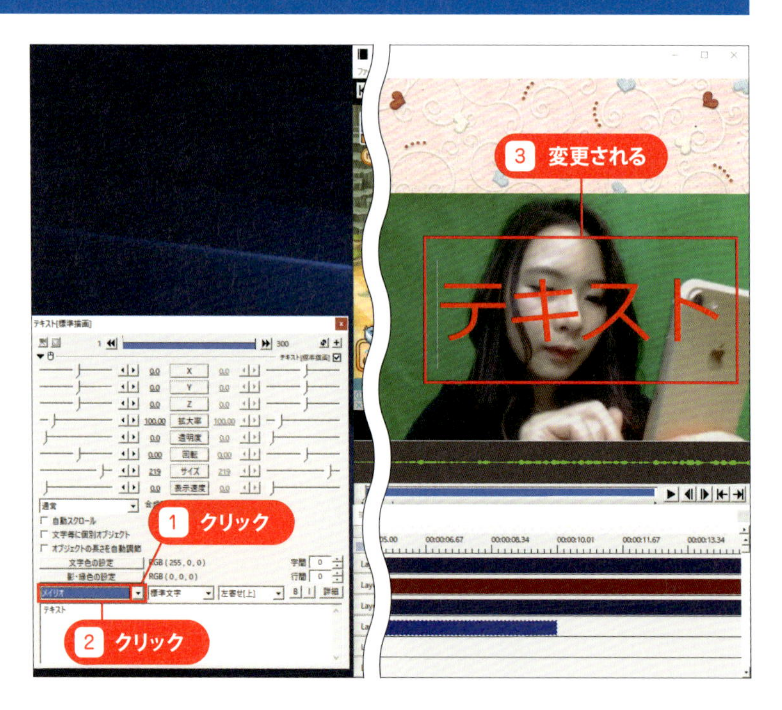

文字の表示位置を変更する

1 文字の表示位置を変更する

メインウィンドウに表示された文字をドラッグして、表示したい位置に移動します。

COLUMN

文字の表示に関する詳細な設定について

テキストの設定ダイアログでは、ここで紹介した以外にも文字の表示に関するさまざまな設定を行えます。たとえば、表示される文字を影付きや縁取り文字にしたり、縦書きにすることもできます。

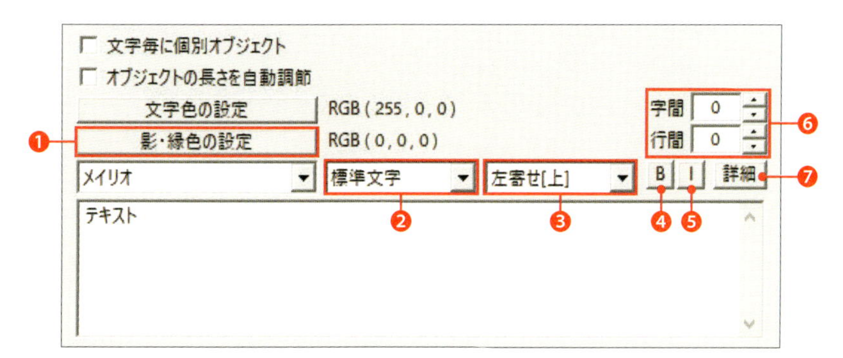

❶	影付き文字や縁取り文字の影や縁の色を設定できます
❷	影付き文字や縁取り文字を設定できます
❸	文字寄せの方法や縦書き文字を設定できます
❹	クリックすると、文字を太字にします
❺	クリックすると、文字を斜体にします。利用する書体によっては斜体にならない場合があります
❻	字間や行間の広さを変更できます
❼	文字間隔や行間隔、高精細モード、滑らかな表示、等間隔モードなどの詳細な設定が行えます

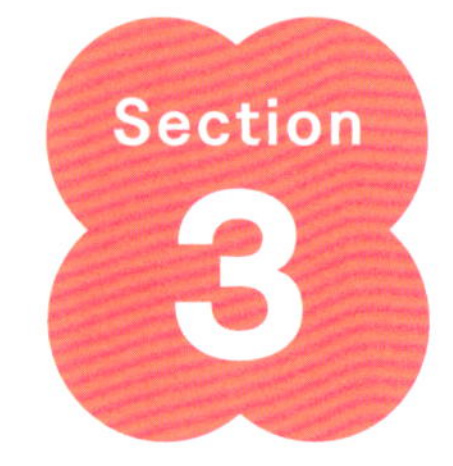

文字の表示方法を設定する

文字は、1文字ずつ表示したり、表示されている文字が消えていく自動スクロールを設定できます。ここでは、それらの設定方法を解説します。

文字を1文字ずつ表示する

文字を1文字ずつ表示したいときは､対象のテキストオブジェクトの設定ダイアログで「表示速度」を「0.1以上（0はすべて表示）」に設定します。また、次の文字が表示されるまでの時間は、数字が小さいほど長く、0.1は10秒、1.0は1秒、10は0.1秒となります。

1 表示速度を変更する

表示方法を変更したいテキストオブジェクトをクリックし1、をクリックして表示位置を先頭フレームに設定します2。表示速度の左側の数値をクリックして0.1以上（ここでは、＜1.5＞）を入力します3。

2 メインウィンドウの文字の表示が変更される

メインウィンドウに表示されている文字が最初の1文字のみになり、1文字ずつ表示される設定になります。最初の文字を表示しないようにするには、1文字に目に「スペース」を入力します。こうすることで見かけ上、文字がなにも表示されてない状態から1文字ずつ表示されるようにできます。

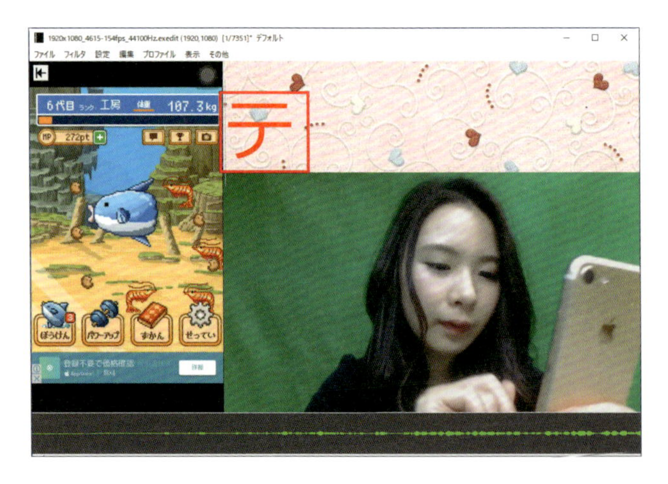

文字がスクロールして自動的に消えるようにする

文字がスクロールして自動的に消えるように設定するには、＜自動スクロール＞を有効にします。この設定を行うと、入力した文字に改行がない場合は、文字が横にスクロールしながら1文字ずつ消えていきます。また、改行を入れると、縦にスクロールしながら行単位で文字が消えていきます。

1 自動スクロールを設定する

自動スクロールを設定したいテキストオブジェクトをクリックし 1 、設定ダイアログの＜自動スクロール＞のチェックボックス□をクリックして☑に設定します 2 。

MEMO

スクロールの速度を変更する

文字がスクロールする速度を変更したいときは、表示速度を変更します。数値を大きくするほど高速にスクロールします。

COLUMN

自動スクロールでエンドロールのような効果を演出する

自動スクロールを利用すると、かんたんな方法で映画やドラマのような縦スクロールのエンドロールを作成できます。方法は、改行やスペースを使って文字の配置を工夫するだけです。最初にテキストオブジェクトをメインウィンドウの一番上に配置します。次にテキストオブジェクトの設定ダイアログのテキストボックスの1行目に、文字がメインウィンドウから表示されなくなるまで改行を入力します。これで、縦スクロールのエンドロールを作成できます。また、カメラ制御オブジェクトを利用すると、手前から奥に文字が流れていく立体的なエンドロールを作成することもできます。

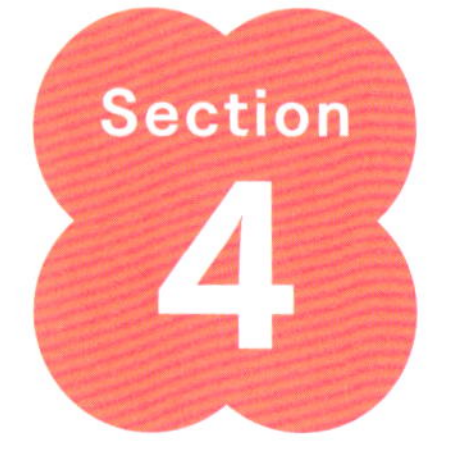

文字を徐々に拡大表示する

文字は、動画や写真同様に設定ダイアログを利用することでさまざまな効果を施せます。ここでは、文字を徐々に拡大して表示する方法を例に設定ダイアログを利用した効果を解説します。

文字を徐々に拡大表示する

1 テキストオブジェクトを追加し設定を行う

P.108の手順でテキストオブジェクトを追加し、表示したい文字を入力して、色や書体、再生時間などの設定を行っておきます。拡大したいテキストオブジェクトをクリック1、設定ダイアログの⏪をクリックして2、再生ヘッドの表示位置を開始フレームに設定します3。

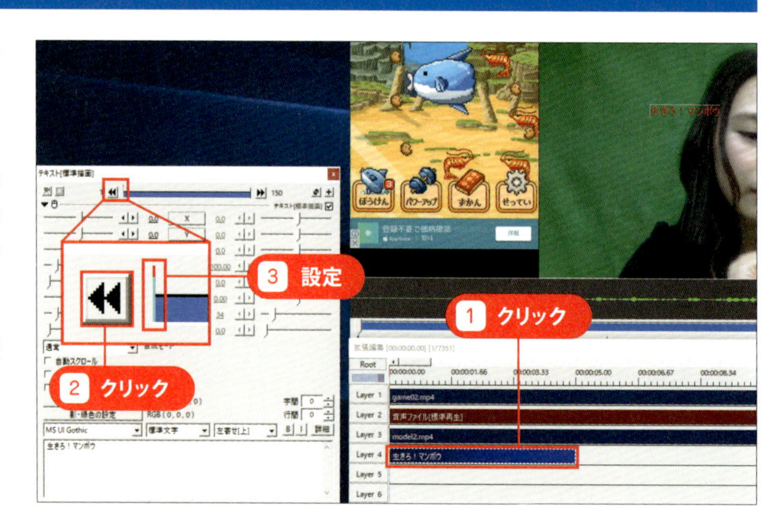

2 移動方法を設定する

＜拡大率＞をクリックし1、動かし方（ここでは＜加減速移動＞）をクリックします2。

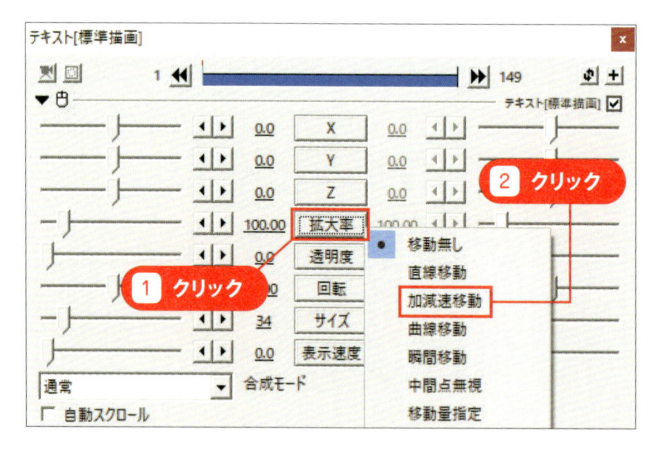

3 文字の配置を設定する

設定ダイアログの、文字配置（「左寄せ[上]」）が表示された枠の右の▼をクリックし1、＜中央揃え[中]＞をクリックします2。

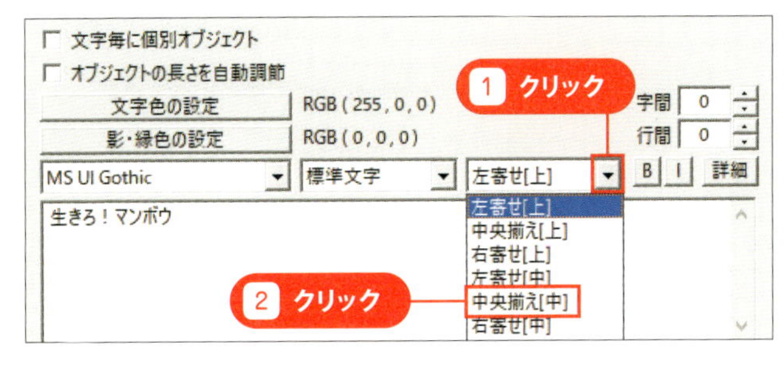

4 開始フレームでの文字の表示位置を調整する

メインウィンドウに表示されている文字をドラッグして移動し、開始フレームでの表示位置を調整します。

5 終了フレームでの文字の大きさを設定する

設定ダイアログの⏭をクリックして表示位置を終了フレームに設定します1。拡大率の右のスライドバーで⌋（つまみ）をドラッグして動かし2、文字の大きさを調整します。

MEMO

そのほかの効果について

ここでは、文字を徐々に拡大していますが、「X軸」「Y軸」を利用すると文字の表示位置を動かすことができます。文字の動かし方は、動画や写真の場合と同じです。詳細は、P.92を参照してください。

Section 5

文字にアニメーション効果を施す

アニメーション効果を利用すると、文字が画面外から流れてきて表示されるなどの動画のタイトルを表示するときに便利な効果を施せます。ここでは、アニメーション効果の設定方法を解説します。

アニメーション効果を追加する

アニメーション効果では、画面外からオブジェクトがスライドして表示される、ランダムで文字が落ちながら表示される、拡大縮小して表示される、弾んで表示されるなどの変化をオブジェクトに施すことができます。このアニメーション効果を活用することで、タイトルや説明文を好みに合わせて演出できます。

1 アニメーション効果を追加する

アニメーション効果を施したいテキストオブジェクトをクリックします1。テキストオブジェクトの設定ダイアログの+をクリックし2、<アニメーション効果>をクリックします3。

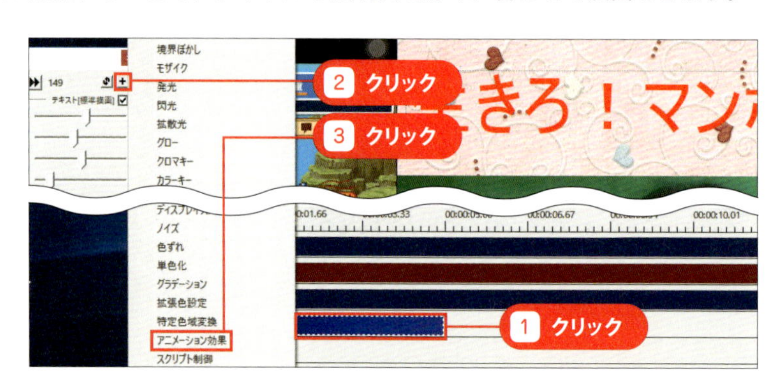

3 利用する効果を選択する

設定ダイアログに「アニメーション効果」が追加されます。▼をクリックし1、利用するアニメーション効果（ここでは<画面外から登場>）をクリックします2。

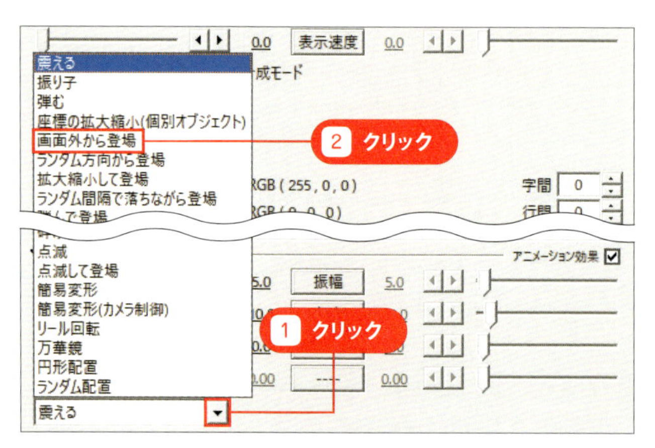

3 詳細設定を行う

文字が登場するまでの時間（ここでは「2 秒」）を「時間」横のスライドバーで┘（つまみ）をドラッグして移動するか、◀|▶をクリックして設定します。

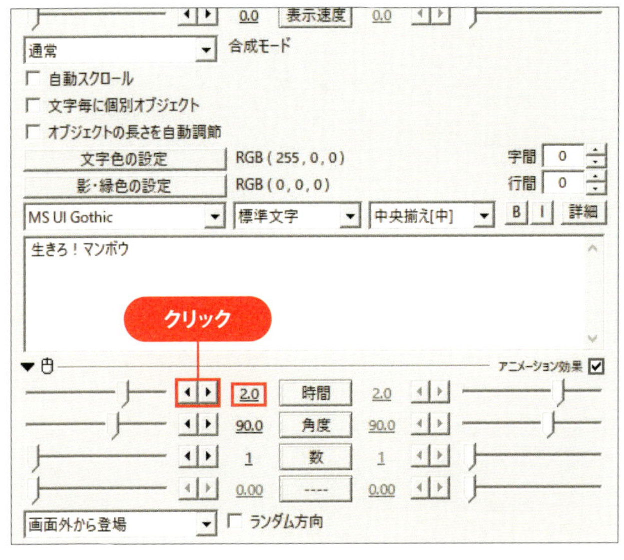

4 プレビューで確認する

設定ダイアログの⏮をクリックし1、メインウィンドウの▶（再生ボタン）をクリックして、プレビューで効果を確認します。

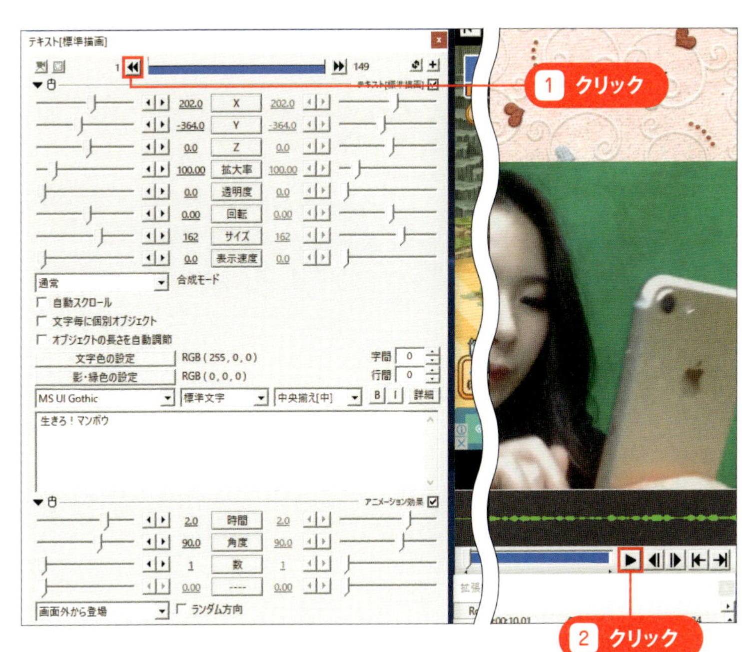

MEMO

文字が表示されない!?

「画面外から登場」を選択すると、開始フレームでは文字が表示されないため、メインウィンドウに文字は表示されません。再生を行い、手順3で指定した時間が経過すると文字がスライドして表示されます。

COLUMN

そのほかの設定項目について

「画面外から登場」を選択したときは、時間以外にも「角度」や「数」を設定できます。角度を 90 度に設定すると文字が横からスライドして表示されます。180度に設定すると下から上にスライドして表示されます。数は、指定した数だけオブジェクト（文字）が異なる方向からスライドして表示されます。

COLUMN

そのほかのアニメーション効果について

ここでは、動画のタイトルを表示するときの代表的なアニメーション効果の例として「画面外から登場」を紹介していますが、アニメーション効果にはほかにもさまざまなものが用意されています。ここでは、タイトルを表示する場合に便利な効果をピックアップして紹介します。なお、アニメーション効果の設定内容は、選択した効果によって異なります。

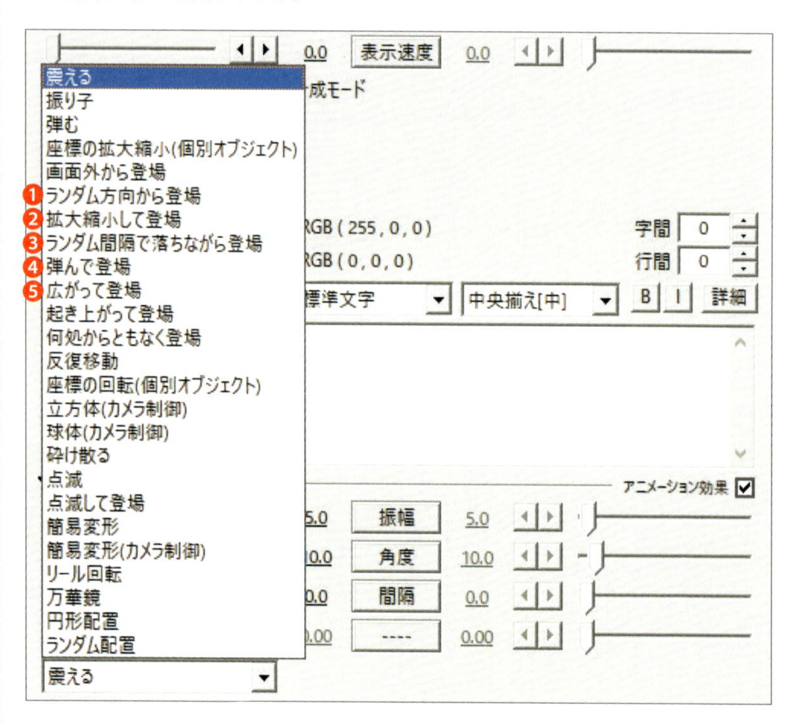

❶	ランダム方向から登場	オブジェクトが3D的に回転しながら登場してくる効果です。登場するまでの時間に回転する数、回転している間の点滅、加減速などの設定が行えます。
❷	拡大縮小して登場	大きく表示した文字を徐々に小さくしながら表示したり、徐々に大きくしたり表示する効果です。最終的なサイズに至るまでの時間や拡大率を設定できます。
❸	ランダム間隔で落ちながら登場	ランダムで文字が落ちながら表示される効果です。「文字毎に個別オブジェクト」を☑にした場合に有効になります。1つ1つの文字が登場するまでの字間や間隔、落下距離を設定できます。
❹	弾んで登場	文字が弾みながら表示される効果です。表示するまでの時間やバウンドする高さ、バウンドする回数などを設定できます。
❺	広がって登場	文字を回転させながら表示します。表示するまでの時間や回転の仕方（縦または横）を設定できます。

第6章

AviUtlの上級機能を利用して編集を行う

シーンを利用して編集を行う

拡張編集 Plugin には、1 本の動画中で繰り返し使う部分を「シーン」としてまとめておいて、再利用する機能が用意されています。ここでは、シーンの使い方を解説します。

シーンとは？

シーンとは、拡張編集 Plugin で編集した動画を 1 つのオブジェクトとして管理できる機能です。編集済みの動画をファイルに保存していない状態で普通の動画のように扱えます。1 本の動画内で何度も利用したい部分をシーンとして別に作成しておけば、その都度、その動画を作成し直すことなく、再利用できます。また、凝った編集を行えば行うほど、多くのレイヤーとオブジェクトを利用する機会が増えます。すると、タイムラインに多くのオブジェクトが並び、見通しがよくありません。そんなとき、シーンを利用して編集を行うと、タイムラインをきれいで見通しがよい状態にできます。作成したシーンは、オブジェクトファイルとして出力することで、別の動画の編集に利用することもできます。

「シーン」で作成したタイトルのテキストオブジェクト

シーンを作成する

1 新しいシーンを開く

P.58の手順でタイムラインに動画を追加しておきます。< Root >をクリックし1、追加したいシーン（ここでは< Scene2 >）をクリックします2。

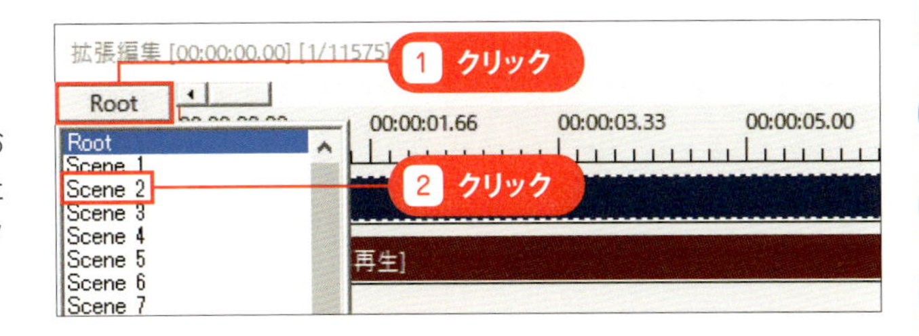

2 新しいシーンの編集ページが表示される

手順1で「Root」と表示されていたところが、選択したシーン（ここでは「Scene2」）に変わり1、未使用のタイムラインが表示されます2。

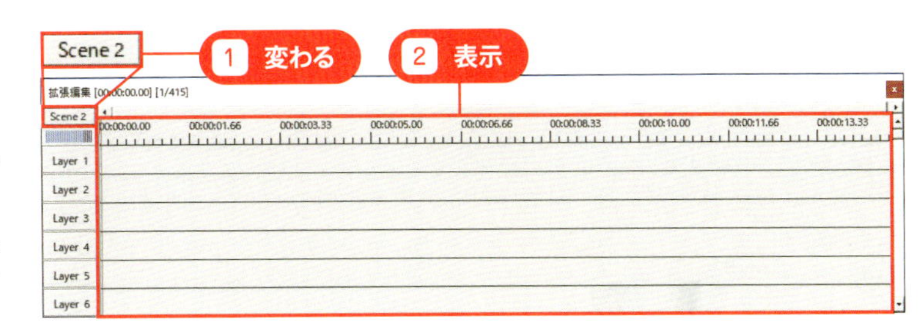

3 動画を作成する

未使用のタイムラインを利用して動画の編集（ここでは、技術評論社のロゴの表示動画）を行います。編集が終わったらオブジェクト以外の場所で右クリックし1、<範囲設定>をクリックして2、<最後のオブジェクト位置を最終フレーム>をクリックします3。これでシーンの作成は完了です。

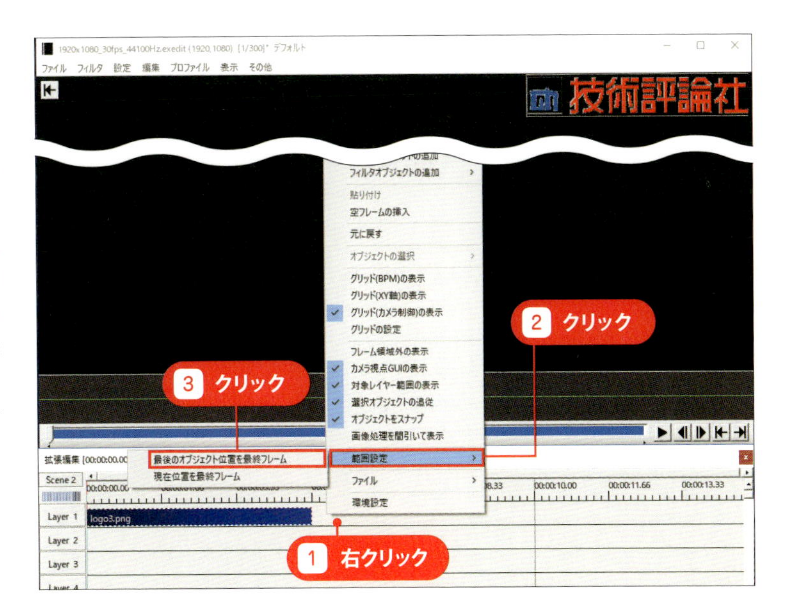

MEMO

シーンのタイトルを変更する

作成したシーンには、シーン名を付けることができます。シーン名を付けたいときは、P.125の手順でシーンの設定画面を開き、シーン名を設定します。シーン名を設定すると、SceneXX（ここでは、「Scene2」）の表示がシーン名で設定した名称に変更されます。

シーンを利用して編集を行う

作成したシーンを利用して動画の編集を行うには、編集対象を現在のシーン（ここでは＜Scene2＞）から「Root」に戻し作業します。また、編集対象をRootに変更したら、タイムラインにシーンオブジェクトの追加を行います。ここでは、前ページの続きでシーンを利用した編集方法を解説しています。

1 編集対象を「Root」に設定する

選択中のシーン（ここでは＜Scene2＞）をクリックし1、＜Root＞をクリックします2。

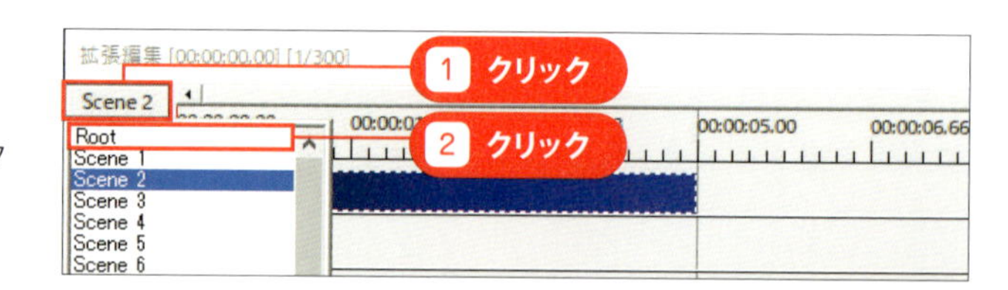

2 シーンオブジェクトを追加する

編集対象が「Root」に切り替わります。シーンオブジェクトを追加したいレイヤー（ここでは＜Layer3＞）で右クリックし1、＜メディアオブジェクトの追加＞をクリックして2、＜シーン＞をクリックします3。

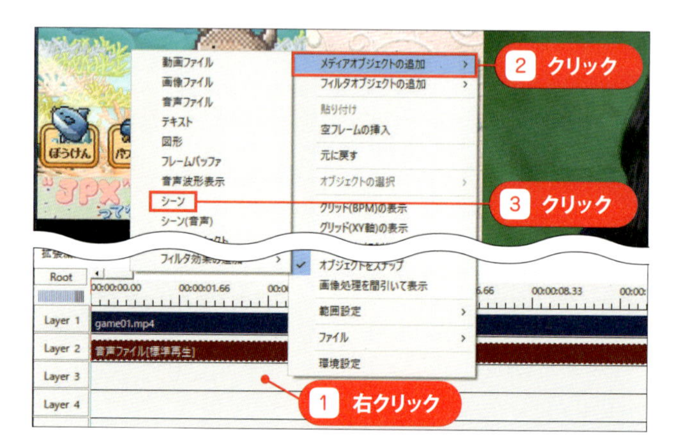

3 シーンオブジェクトが追加される

シーンオブジェクトが追加されます1。設定ダイアログの＜シーン選択＞をクリックし2、利用するシーン（ここでは＜Scene2＞）をクリックします3。

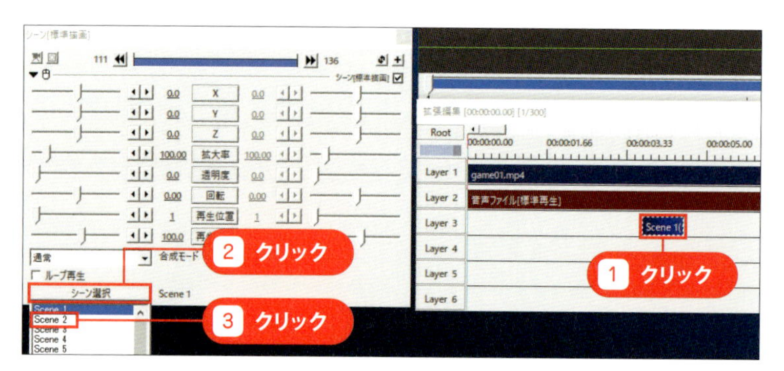

MEMO

シーンの音声について

作成したシーンに音声が含まれていた場合、音声部分はシーンの映像部分とは別に管理されています。手順2では、シーンの映像部分のみをオブジェクトとして追加しています。音声部分も追加したいときは、手順2の3で、＜シーン（音声）＞をクリックして映像とは別に追加してください。

4 選択したシーンがオブジェクトとして利用できる

選択したシーンがオブジェクトとして利用できます。設定ダイアログの⏪か⏩をクリックすると1、選択したシーンがメインウィンドウに表示されます2。

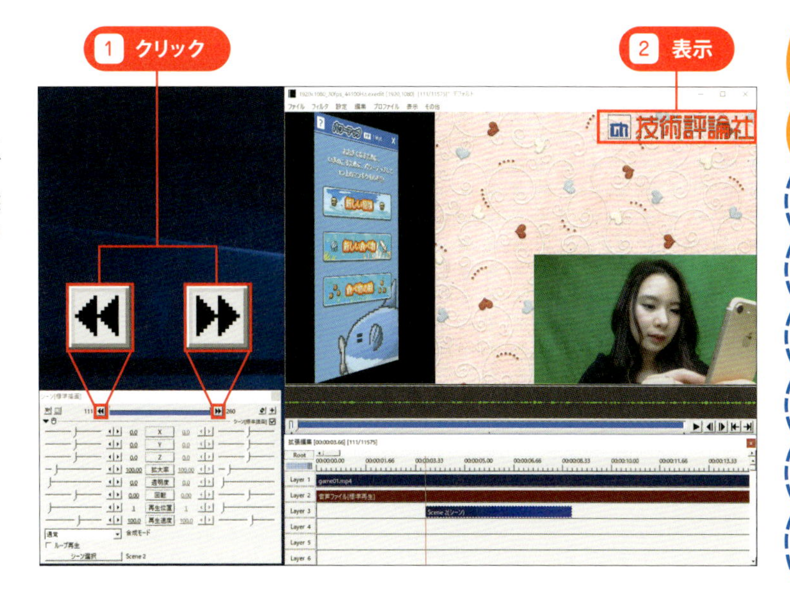

COLUMN

シーンの黒背景が表示される

文字や図形、リサイズした動画などをシーンで作成した場合、シーンの黒背景が透過されずにメインの動画を黒で塗りつぶしてしまう場合があります。このときは、以下の手順で「アルファチャンネルあり」の設定をオンにしてください。

1 シーンの設定画面を表示する

P.124の手順でアルファチャンネルの設定を行いたいシーン（ここでは、＜Scene2＞）を表示します。シーンの文字（ここでは＜Scene2＞）を右クリックし1、＜シーンの設定＞をクリックします2。

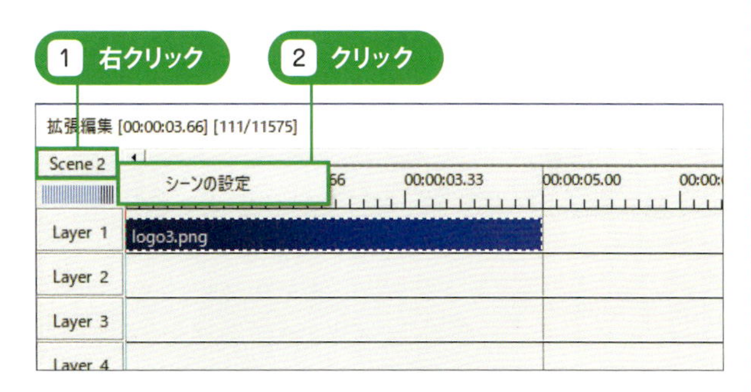

2 アルファチャンネルを設定する

「アルファチャンネルあり」の☐をクリックして☑にし1、＜OK＞をクリックします2。シーンを「Root」に切り替えると黒背景が透過されます。

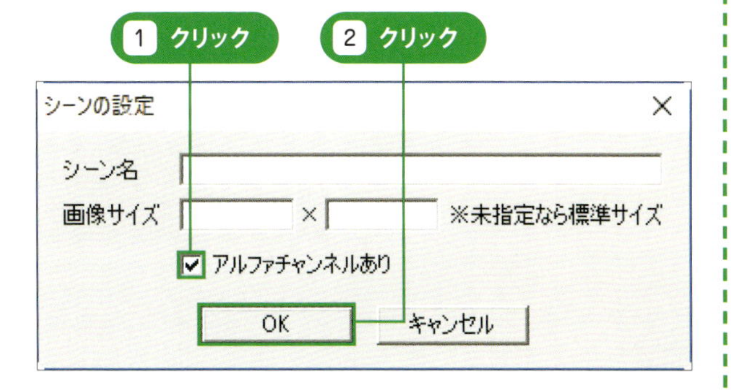

Section 2

アスペクト比を変更する

ここでは、動画のアスペクト比の変更方法を解説します。アスペクト比の変更は、地デジで利用されている解像度「1440×1080 ドット」の動画や DVD の「720×480 ドット」の動画を編集するときに利用します。

アスペクト比とは？

アスペクト比とは、通常、画面の高さと横幅の比率のこと指し、解像度で表現されます。現在の主流は、テレビの画面に合わせた解像度 1920×1080 ドットの「16：9」の比率ですが、一部の旧型のデジタルビデオカメラで撮影した動画は、1440×1080 ドットの「4：3」、DVD では 720×480 ドットの「3：2」という比率が採用されています。このような動画を読み込むと、読み込んだ動画の横幅が圧縮されてメインウィンドウに表示される場合があります。このようなときは、サイズを変更してから編集を行う必要があります。

メインウィンドウからサイズの変更を行う

1 サイズの変更を行う

メインウィンドウの＜設定＞をクリックし1、＜サイズ変更＞をクリックして2、16：9のアスペクト比（ここでは、＜1920×1080＞）をクリックします3。

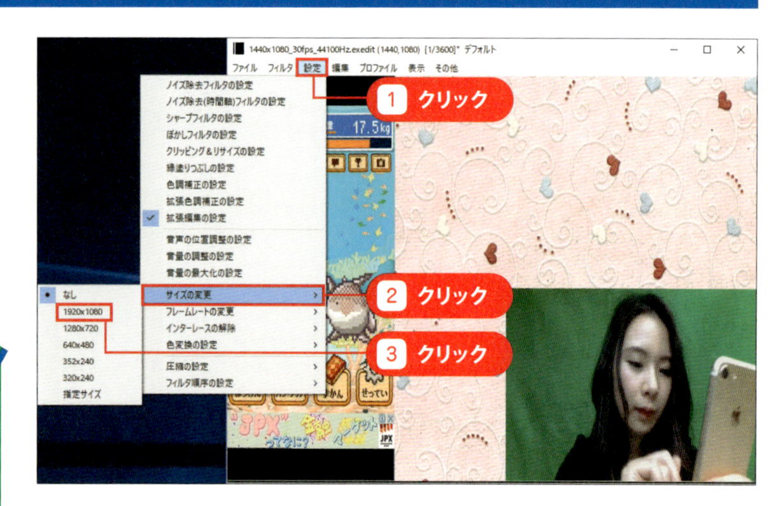

MEMO

1920×1080が選択肢にないときは

1920×1080 が選択肢にないときは、P.32 の手順で選択肢に表示されるように設定してください。

2 サイズが変更される

画面のサイズが 1920×1080 に変更され、動画が正しい比率で表示されます。

MEMO

DVDの720×480ドットのときは？

720×480 ドットの動画のときは、<指定サイズ>をクリックし、サイズ指定画面が表示されたら、サイズに 720×480 を入力して、< OK >をクリックします。

COLUMN

黒枠が表示されたときは?

ビデオフィルタの設定順によっては、動画の両脇に黒枠が表示され、その中に横幅が圧縮された動画が表示される場合があります。このような表示になったときは、P.35 を参考に本書で解説しているビデオフィルタの順序で設定をやり直すか、以下の手順でリサイズします。

1 リサイズを追加する

読み込んだ動画の設定ダイアログの＋をクリックし1、<基本効果>をクリックして2、<リサイズ>をクリックします3。

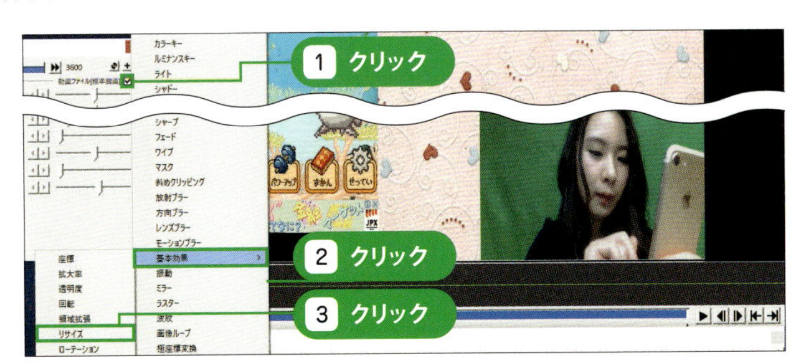

2 サイズの変更を行う

リサイズが設定ダイアログに追加されます。<ドット数でサイズ指定>のチェックボックス□をクリックして☑にし1、「X」の左横の数値をクリックして< 1920 >を入力します2。「Y」の左横の数値をクリックし< 1080 >を入力すると3、黒枠が消え正しい比率で表示されます。

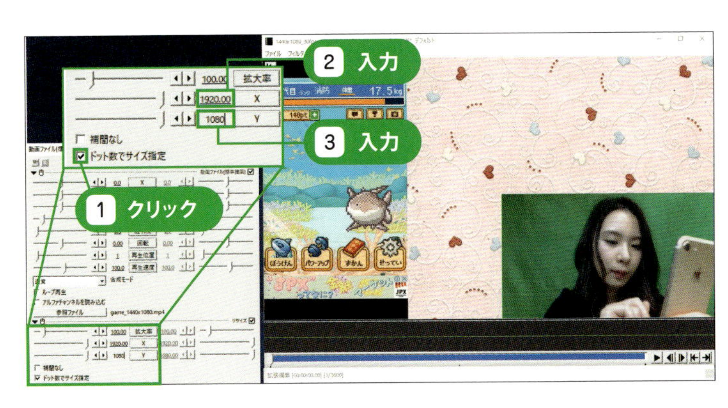

Section 3

シーンチェンジオブジェクトを活用する

ここでは、シーンチェンジオブジェクトの使い方を解説します。シーンチェンジオブジェクトを利用すると、動画と動画の切り替わり時にかんたんな操作で特殊な効果を施せます。

シーンチェンジオブジェクトとは？

シーンチェンジオブジェクトは、動画と動画の切り替え時に特殊な効果を施すためのオブジェクトです。拡張編集 Plugin では、動画の設定ダイアログを利用することでもシーンチェンジオブジェクトと同じような効果を施せますが、シーンチェンジオブジェクトを利用すると、よりかんたんな操作で動画と動画の切り替え時に特殊な効果を施せます。シーンチェンジオブジェクトは、シーンチェンジ前の動画とシーンチェンジ後の動画を同じレイヤーに配置して利用する方法と、シーンチェンジ前の動画の下のレイヤーにシーンチェンジ後の動画をシーンチェンジに利用する時間分重ね合わせて利用する方法があります。前者の方法は、シーンチェンジ前の動画の再生終了と同時に効果がはじまります。後者は、シーンチェンジオブジェクトの先頭位置にあるフレームから効果がはじまります。

▷ シーンチェンジ前とあとの動画を同じレイヤーに追加した場合

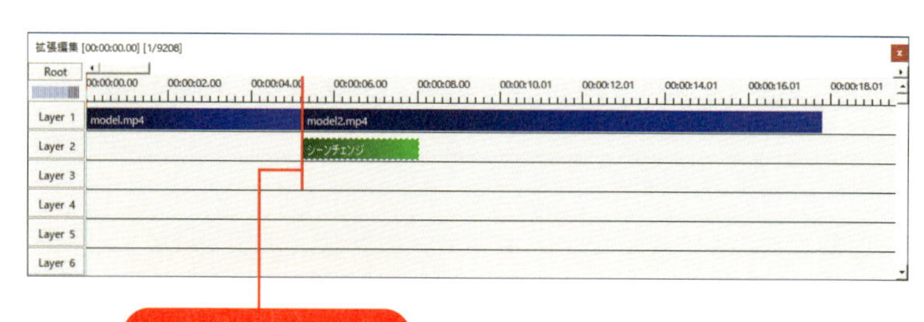

ここから効果が始まる

▷ シーンチェンジ前とあとの動画を別のレイヤーに追加した場合

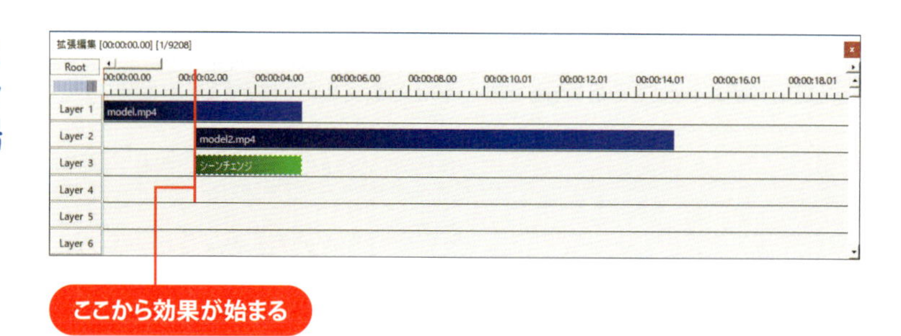

ここから効果が始まる

シーンチェンジオブジェクトを追加する

1 シーンチェンジオブジェクトを追加する

シーンチェンジ前の動画とあとの動画を追加しておきます。シーンチェンジオブジェクトを追加したいレイヤー（ここでは＜Layer3＞）で右クリックし1、＜フィルタオブジェクトの追加＞をクリックして2、＜シーンチェンジ＞をクリックします3。

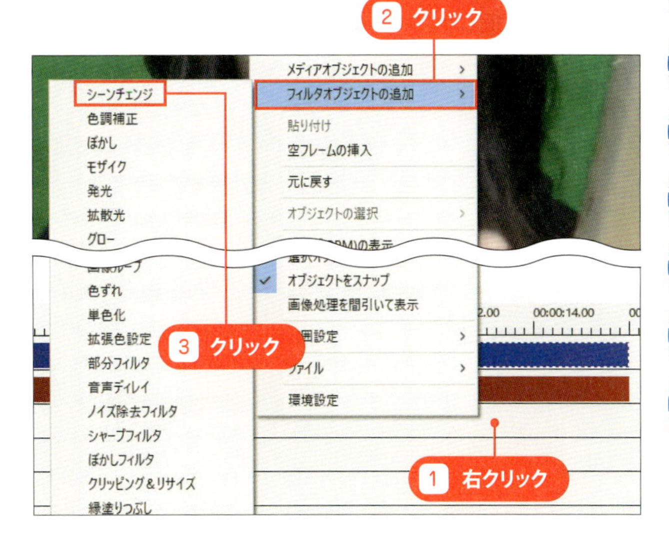

2 適用する効果を選択する

選択したレイヤーにシーンチェンジオブジェクトが追加されます1。ドラッグして位置の調整を行います2。シーンチェンジオブジェクトの設定ダイアログの▼をクリックし3、適用する効果（ここでは、＜スライド＞）をクリックします4。

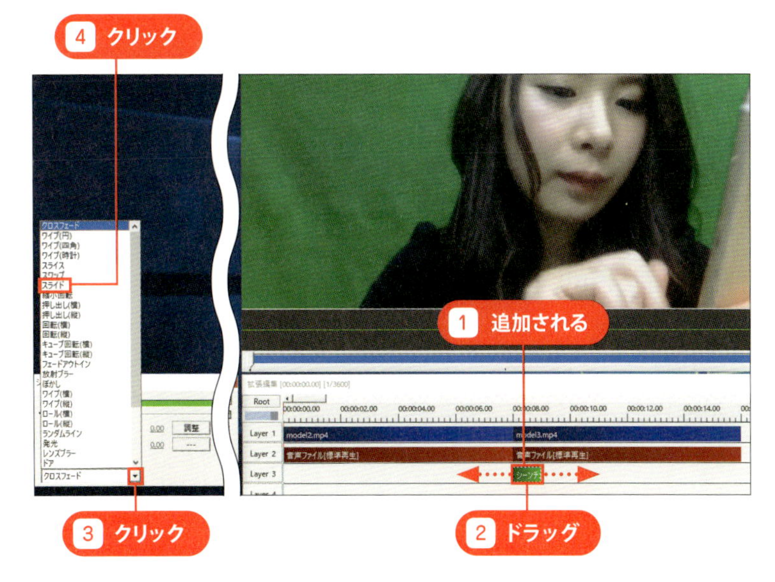

MEMO

効果の適用時間を設定する

シーンチェンジオブジェクトの効果時間を設定したいときは、シーンオブジェクトを右クリックし、＜長さの変更＞をクリックします。「長さの変更」画面が表示されるので、秒数指定に時間を入力するか、フレーム数指定でフレーム数を入力し、＜OK＞をクリックします。

写真に動きのあるエフェクトを施す

拡張編集 Plugin を利用した編集では、タイムラインに追加した写真にも動画同様にさまざま効果を設定ダイアログで施せます。ここでは、写真にさまざまな動きを加える方法を解説します。

写真に施せる機能について

写真は、X 軸、Y 軸、Z 軸、拡大率、透明度、回転などの設定を行うことで、視覚的な変化を施せます。設定ダイアログでは、移動方法を設定した上で、再生開始位置での写真の状態と再生終了位置での写真の状態を設定します。

▷再生開始位置の状態

▷再生終了位置の状態

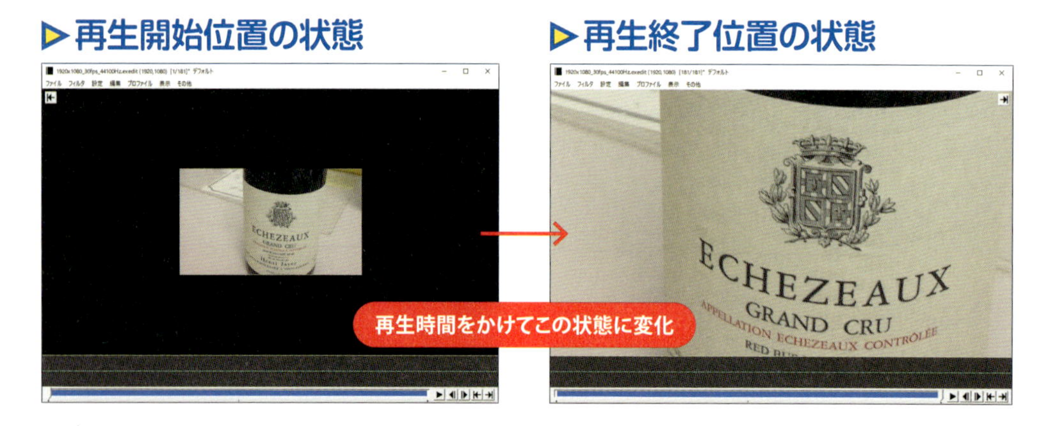

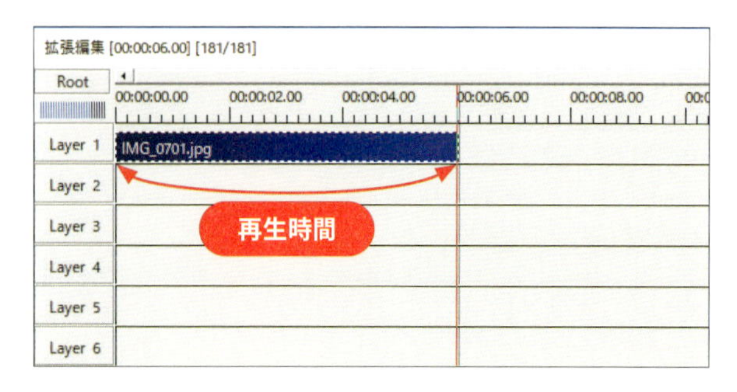

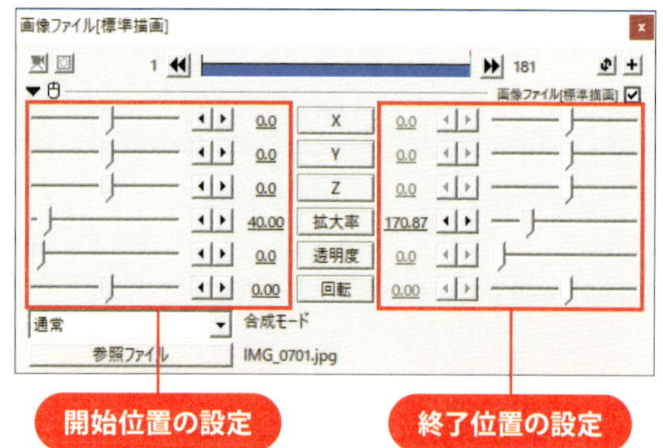

スライドショーを作成するには？

スライドショーは、写真をタイムラインに追加して、写真それぞれに設定ダイアログを利用して動きを付けることで作成できます。また、P.128のシーンチェンジオブジェクトを配置すると、写真と写真の切り替え時にさまざまな効果を施せます。必要に応じて、P.108の手順で文字を入れたり、お気に入りの音楽を追加したりしておくと、完成度の高いスライドショーになります。ここでは、スライドショーの作成方法を例に、写真に動きを付ける手順を解説します。なお、AviUtlでは、P.32で設定した解像度が編集に利用できる写真の最大解像度となります。スライドショーの作成は、写真編集ソフトなどを利用して写真の解像度を動画の解像度と同じ1920×1080ドットに変換してから行うことをお勧めします。

新規プロジェクトを作成する

1 新規プロジェクトの作成を行う

タイムラインで右クリックし1、<新規プロジェクトの作成>をクリックします2。

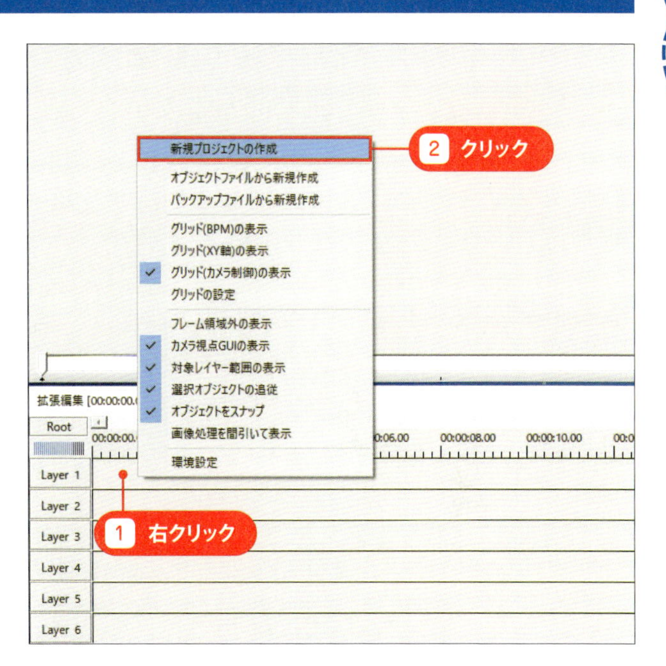

2 新規プロジェクトの解像度を設定する

新規プロジェクトの作成画面が表示されます。解像度（ここでは< 1920×1080 >を入力し1、< OK >をクリックすると2、新規プロジェクトが作成されます。

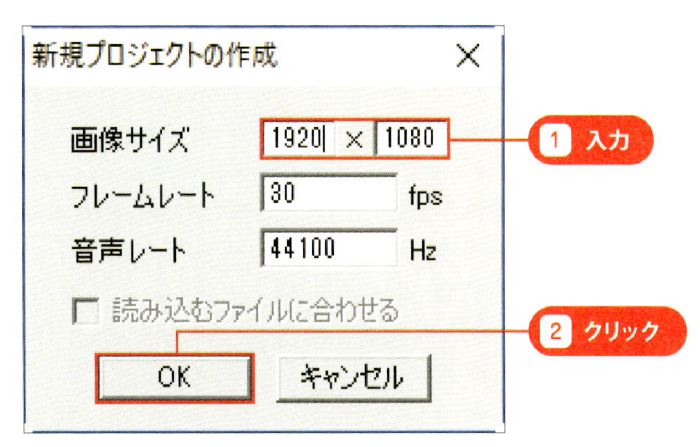

写真を追加する

1 写真を追加する

スライドショー作成に利用する写真をエクスプローラーからタイムラインにドラッグ＆ドロップします。

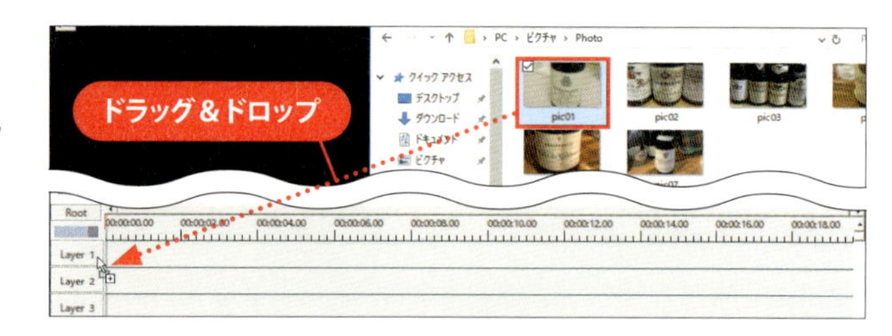

2 写真が追加される

写真がタイムラインに追加されます。手順を繰り返して写真を登録します。

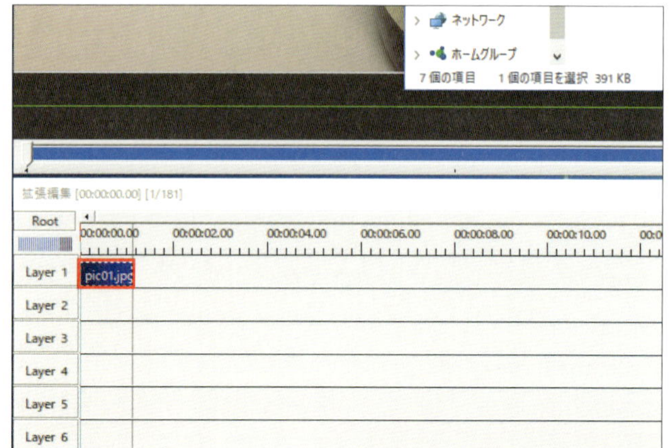

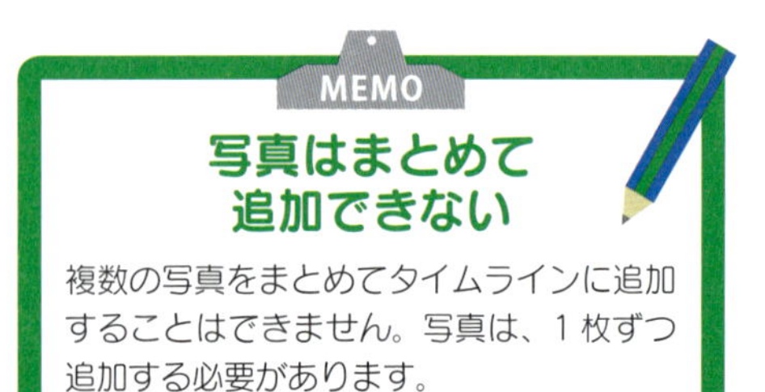

MEMO

写真はまとめて追加できない

複数の写真をまとめてタイムラインに追加することはできません。写真は、1枚ずつ追加する必要があります。

3 再生時間を変更する

タイムラインの写真を右クリックし1、＜長さの変更＞をクリックします2。

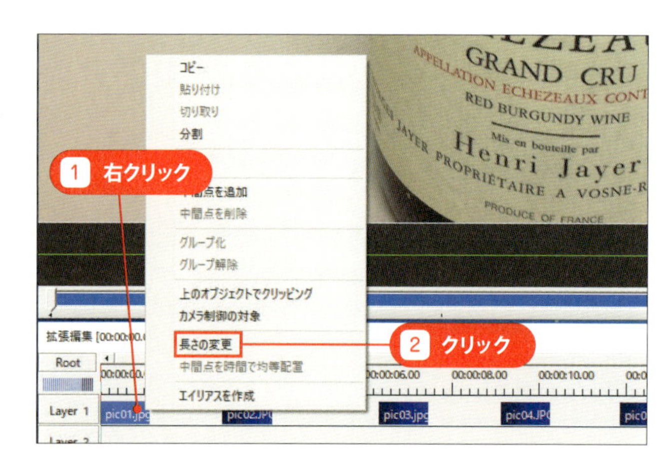

4 再生時間を入力する

「長さの変更」画面が表示されます。秒数指定に時間（ここでは「5秒」）を入力するか1、フレーム数指定でフレーム数を入力し、＜OK＞をクリックすると2、写真の再生時間が変更されます。

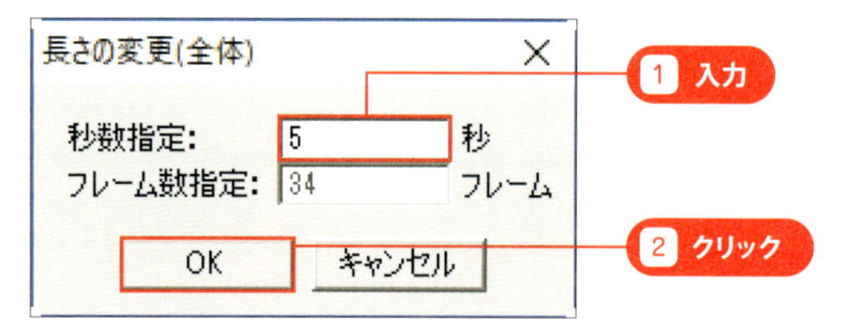

写真を横縦斜め方向に動かす

1 開始フレームでの表示位置を設定する

動きを設定したい写真（ここでは<pic01.jpg>）をクリックし1、設定ダイアログの⏮をクリックします2。<X>をクリックし3、移動方法（ここでは<加減速移動>）をクリックします4。

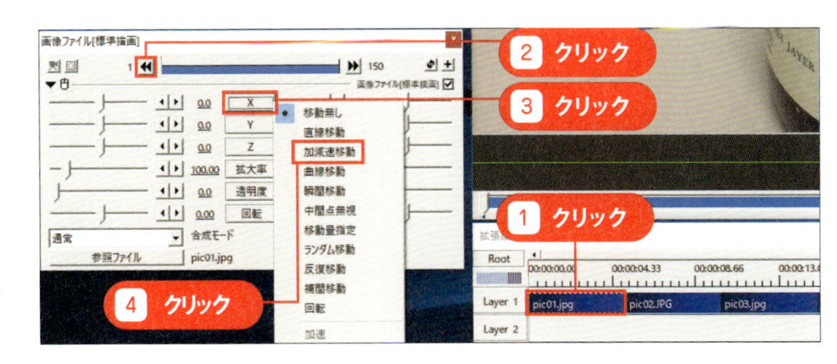

2 写真の位置を調整する

メインウィンドウに表示された写真をドラッグして、開始フレーム時の位置を設定します。

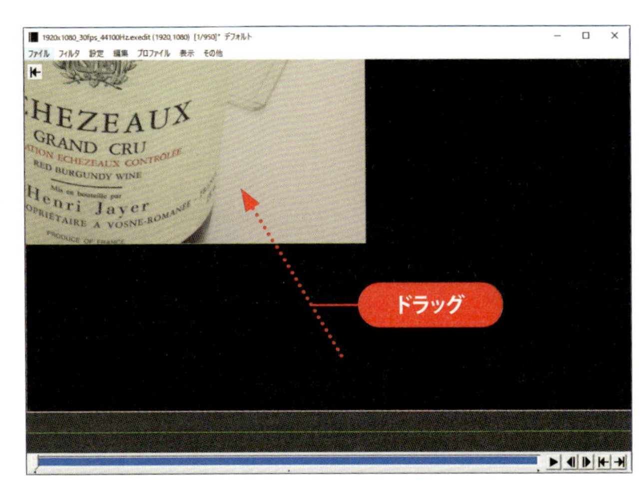

MEMO

拡大／縮小する

写真は拡大／縮小した状態で操作することもできます。拡大／縮小するときは、<拡大率>の左側の|をドラッグするか、数字をクリックして数値を入力します。

3 終了フレームでの位置を設定する

設定ダイアログの⏭をクリックし1、メインウィンドウに表示された写真をドラッグして、終了フレーム時の位置を設定します2。

MEMO

スライドバーで調節する

開始／終了時の写真の位置は、「X」「Y」の横のスライドバーで調節するか、数字をクリックして数値を入力することでも行えます。開始位置を調整するときは左側、終了位置を調整するときは右側を操作します。

写真を拡大／縮小する

1 写真の動きを設定する

動きを設定したい写真（ここでは< pic02.jpg >）をクリックし1、設定ダイアログの⏪をクリックします2。<拡大率>をクリックし3、移動方法（ここでは<加減速移動>）をクリックします4。

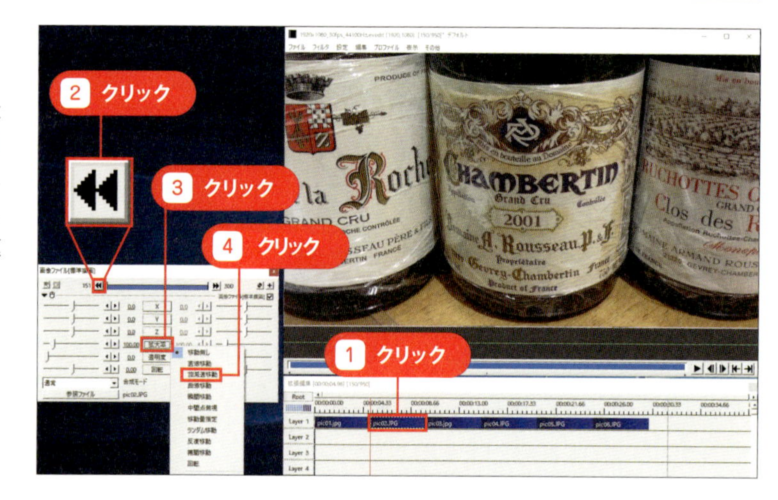

2 開始フレームでの写真の状態を設定する

設定ダイアログの<拡大率>の左側のスライドバーで」（つまみ）をドラッグするか横の数字をクリックして数値を入力して1、写真の開始フレームでのサイズを設定します2。

3 終了フレームでの写真の状態を設定する

設定ダイアログの⏭をクリックし1、<拡大率>の右側のスライドバーで」（つまみ）ドラッグするか横の数字をクリックして数値を入力して、写真の終了フレームでのサイズを設定します2。

写真を回転する

1 写真の動きを設定する

動きを設定したい写真（ここでは＜pic03.jpg＞）をクリックし1、設定ダイアログの◀◀をクリックします2。＜回転＞をクリックし3、移動方法（ここでは＜加減速移動＞）をクリックします4。

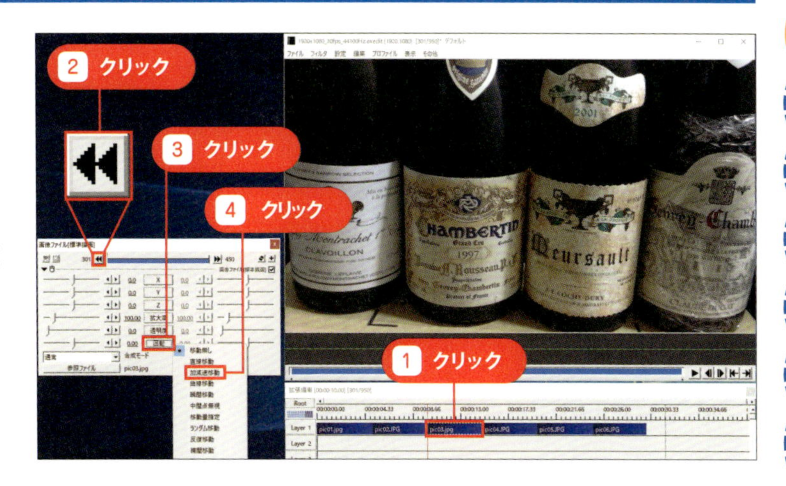

2 開始フレームでの写真の状態を設定する

設定ダイアログの＜回転＞の左側のスライドバーで」（つまみ）をドラッグするか横の数字をクリックして数値を入力して、写真の開始フレームでの状態を設定します。

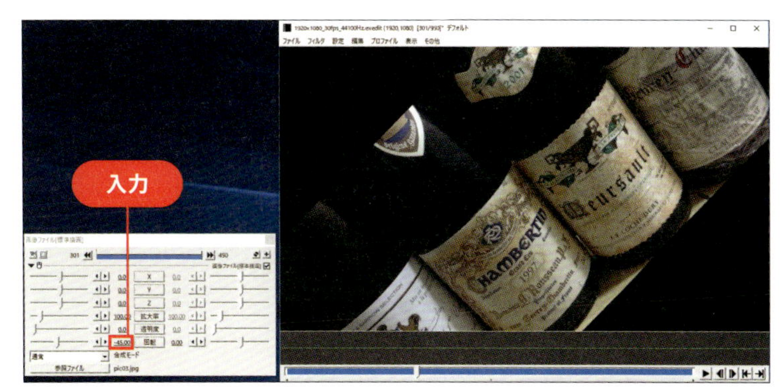

3 終了フレームでの写真の状態を設定する

設定ダイアログの▶▶をクリックし1、＜回転＞の右側のスライドバーで」（つまみ）をドラッグするか横の数字をクリックして数値を入力して2、写真の終了フレームでの状態を設定します。

MEMO

複合設定について位置を変更する

メインウィンドウに表示された写真をドラッグして動かすと、表示位置を変更できます。また、P.134 の拡大／縮小の設定を行うと拡大／縮小しながら写真を回転できます。

動画の背景を写真などに置き換える

拡張編集 Plugin では、動画や写真の選択した色に近い色を透過する機能を搭載しています。この機能を利用すると、背景を別の背景に置き換えるといったことが行えます。ここでは、その使い方を解説します。

背景を透過するには？

「クロマキー」や「カラーキー」「ルミナンスキー」といった機能を利用すると、指定した色や色の輝度を透明化できます。これらの機能を利用すると、人物だけ残して、背景を別の背景に置き換えるといったことができます。「クロマキー」は、指定した色を透過する機能です。「カラーキー」は、指定した色の輝度を透過する機能です。「ルミナンスキー」は、指定した輝度を透過する機能です。たとえば、以下の例では、クロマキーを利用して緑の背景色を透過し、別の動画の上に人物が映るように合成しています。

▶クロマキー適用前

クロマキーを利用して、緑の背景色を透過

▶クロマキー適用後

緑の背景色が透過され、人物のみが表示されている

動画の背景を別の背景で置き換える

ここでは、指定色で透明化を行えることから使用率が高い「クロマキー」を例に、動画の背景を別の背景で置き換える方法を解説します。残したい対象の中に、透明化に利用する色またはそれに近い色があると、その部分も透明化される場合があります。処理を行う動画や写真は、その点に注意して用意しておいてください。クロマキーなどの処理では、透過した部分には上のレイヤーに配置されている動画や写真が表示されます。

1 処理を行う動画を設定する

透過処理をしたい動画を、透過後の背景になる動画の下のレイヤーに追加しておきます。背景を透過したい動画（ここでは< model3.mp4 >）をクリックし1、設定ダイアログの⏪をクリックして再生ヘッドを先頭に設定します2。

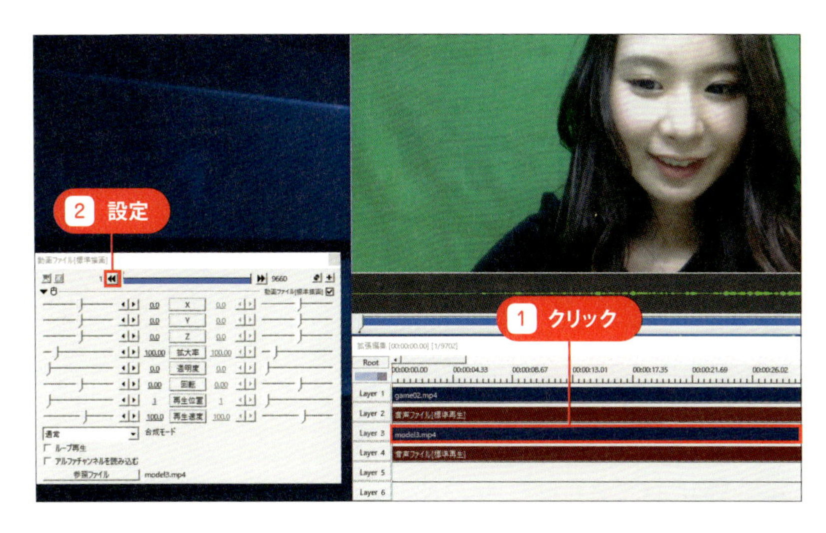

2 クロマキーを登録する

＋をクリックし1、<クロマキー>をクリックします2。

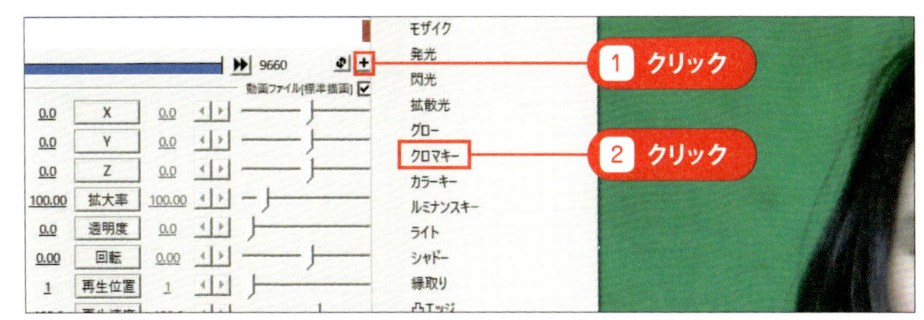

3 透過する色の設定を行う

設定ダイアログにクロマキーが追加されます1。<キー色の取得>をクリックし2、透過したい色をメインウィンドウでクリックします3。

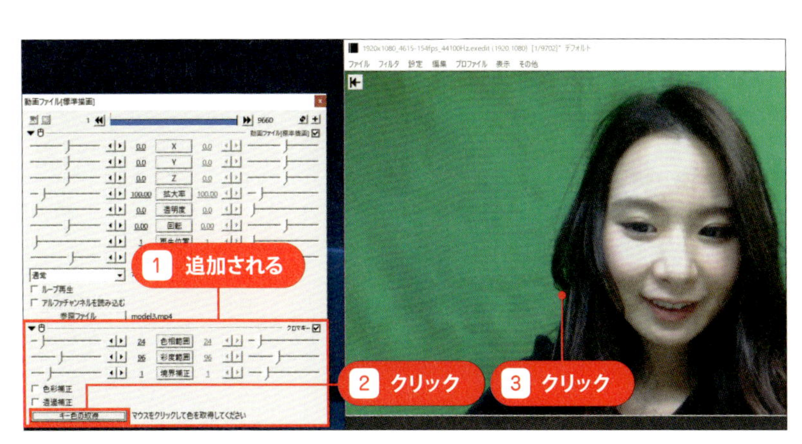

4 指定した色が透過される

指定色が透過され、上のレイヤーにある動画が背景に表示されます。

5 背景を透過した動画の位置調整を行う

背景を透過した動画の設定ダイアログで「拡大率」を調整したり、メインウィンドウ内の動画をドラッグしたりして、背景を透過した動画のサイズや位置の調整を行います。

COLUMN

黒枠が残ったときは?

手順5の画面のように透過後に画面の枠が一部残ったときは、設定ダイアログの+をクリックして、<クリッピング>を追加し、表示したくない部分をクリッピングで取り除いてください。

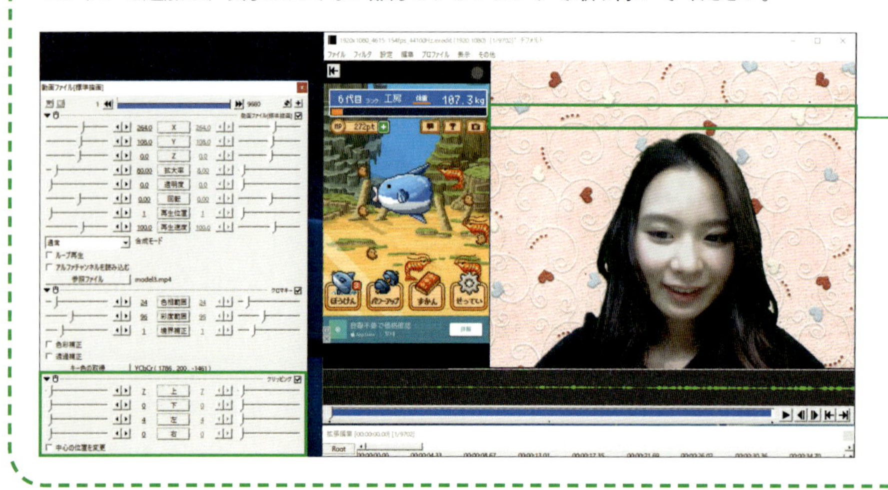

COLUMN

メディアオブジェクトで動画や写真を透過

ここでは、設定ダイアログの「クロマキー」を利用して背景の透過を行っていますが、同じ処理は、メディアオブジェクト内の「クロマキー」でも行えます。メディアオブジェクト内の「クロマキー」は、指定範囲（時間）のみクロマキーの処理を設定できるのに対し、設定ダイアログの「クロマキー」は、対象の動画や写真の再生時間すべてに適用される点が異なります。メディアオブジェクト内の「クロマキー」は、以下の手順で利用できます。

1 メディアオブジェクトのクロマキーを追加する

透過したい動画の下のレイヤーを右クリックし 1 、<メディアオブジェクトの追加>をクリックして 2 、<フィルタ効果の追加>をクリックします 3 。<クロマキー>をクリックします 4 。

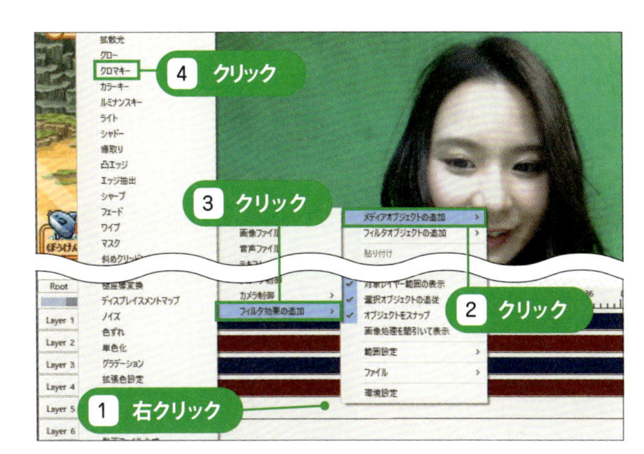

2 メディアオブジェクトのクロマキーの設定を行う

選択したレイヤーに「クロマキー」オブジェクトが追加されるので開始位置や効果の適用時間を設定します。設定ダイアログの<キー色の取得>をクリックし 1 、透過したい色をメインウィンドウでクリックします 2 。

3 指定した色が透過される

指定色が透過され、上のレイヤーにある動画が背景に表示されます。

Section 6 動いている物体の一部を隠す

動画内の特定の物体の全体または一部を図形などで隠したり、ボカしたりしたいときは、中間点を利用します。ここでは、中間点を利用して動画内で動いている物体の一部を隠す方法を解説します。

動いている物体の一部を隠すには？

動いている物体の一部または全体を隠すには、物体の移動を隠すための図形などを対象の動きに追従して移動させていく必要があります。拡張編集 Plugin には、そのための機能として「中間点」が用意されています。動いている物体の一部または全体を隠すときは、その移動に合わせて中間点を作成し、物体の移動を隠すための図形などを移動させていきます。

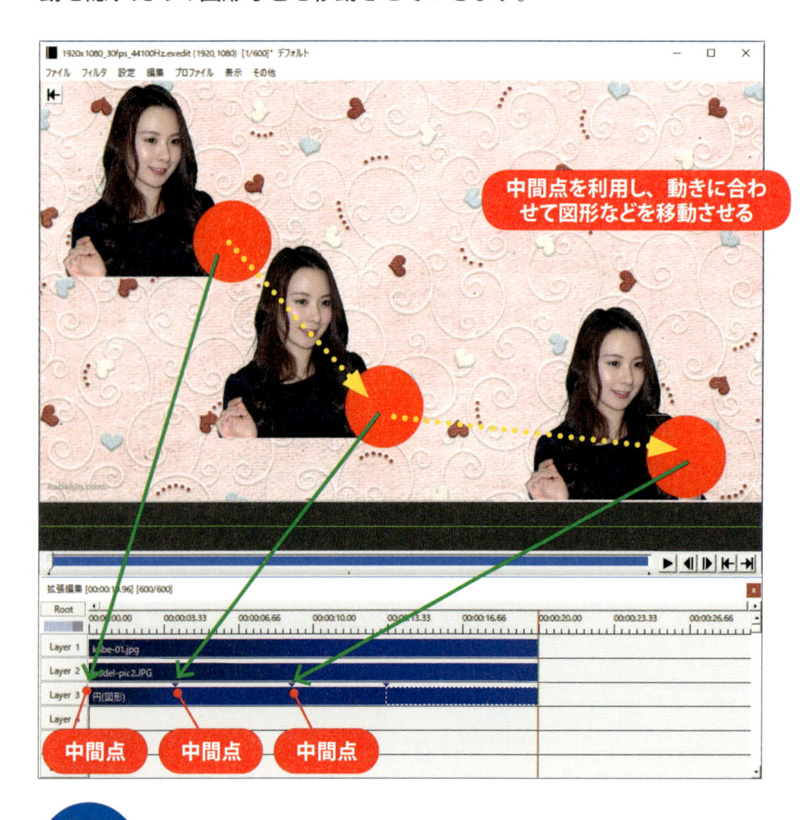

中間点を利用して動いている物体を隠す

ここでは、対象物を丸い図形で隠す方法を例に、動いている物体の一部を隠す方法を解説します。中間点を大量に作成する必要があるため、その作成には、多少時間がかかります。

1 メディアオブジェクトの図形を追加する

物体の一部を隠したい動画をタイムラインに追加しておきます。図形を追加したいレイヤー（ここでは< Layer2 >）を右クリックし1、<メディアオブジェクトの追加>をクリックして2、<図形>をクリックします3。

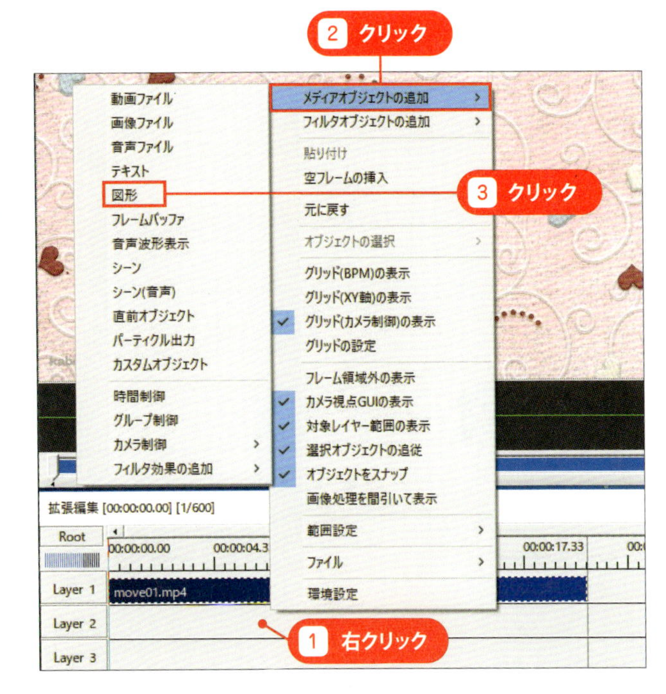

2 図形の開始位置を設定する

「図形」オブジェクトが追加されます。オブジェクトをドラッグして効果を施したい開始位置（ここでは先頭フレーム）まで移動します。

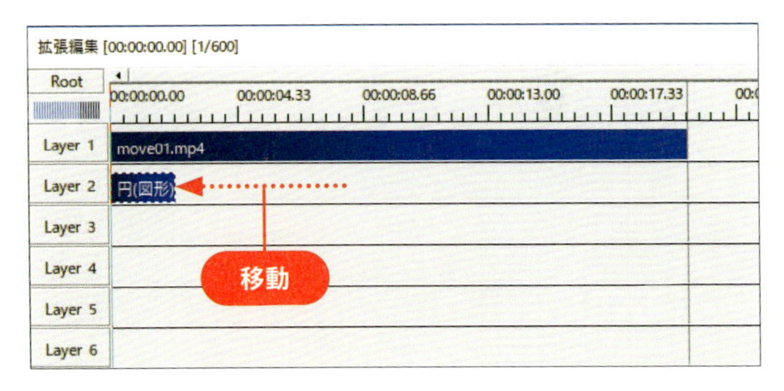

3 図形の終了位置を設定する

オブジェクトの右端をドラッグし、効果の終了位置（ここでは対象動画の終了位置）まで移動します。

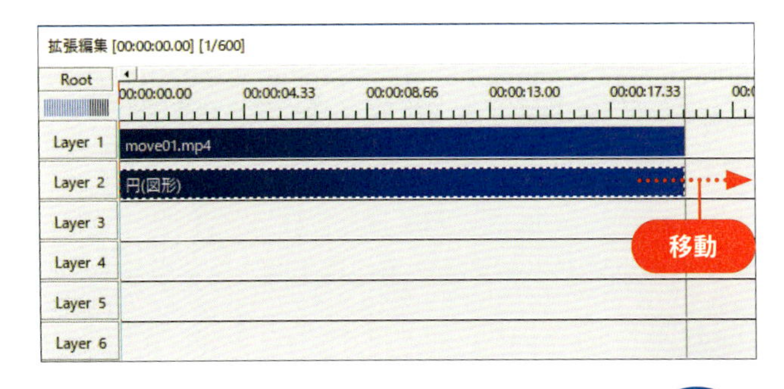

4 図形の種類を設定する

図形の設定ダイアログで、＜図形の種類＞を選ぶ▾をクリックし1、図形の形（ここでは＜星型＞）をクリックします2。

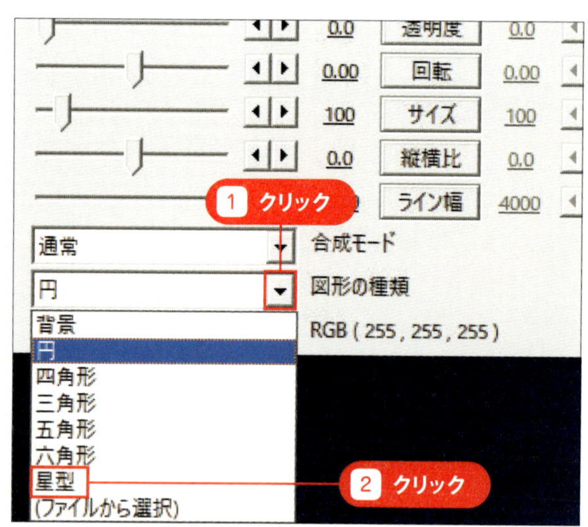

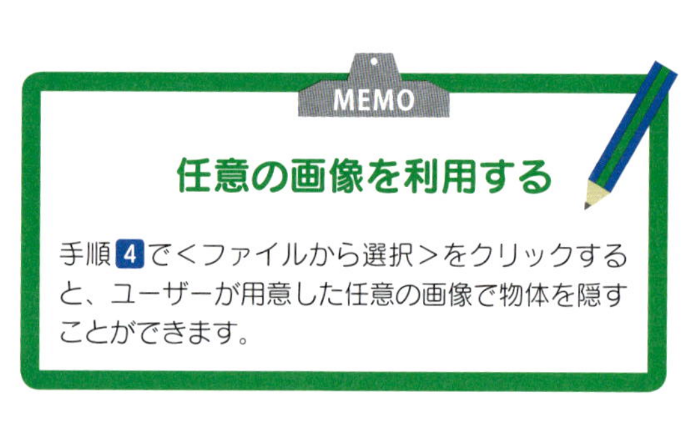

MEMO

任意の画像を利用する

手順4で＜ファイルから選択＞をクリックすると、ユーザーが用意した任意の画像で物体を隠すことができます。

5 図形の色の設定を行う

＜色の設定＞をクリックします。

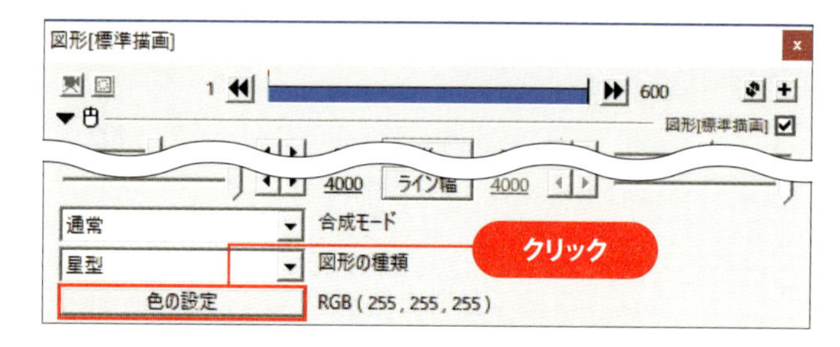

6 図形の色を選択する

「色の選択」画面が表示されます。図形の色（ここでは、＜赤＞）をクリックします。

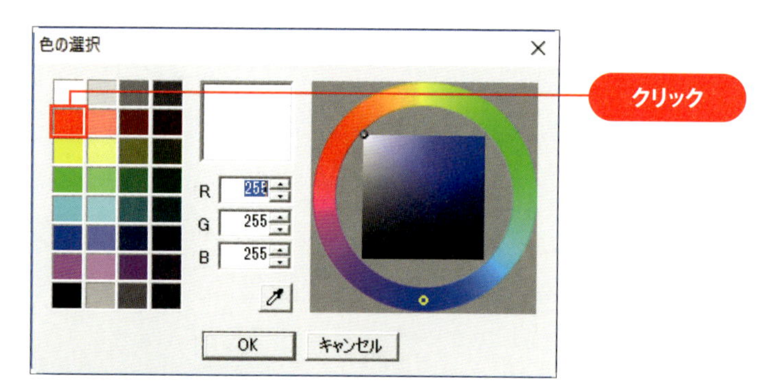

7 図形を開始位置に移動する

図形の色が変更されます。設定ダイアログの⏮をクリックし1、再生ヘッドを開始フレームに合わせます。メインウィンドウに表示されている図形をドラッグして、隠したい対象物の上に移動します2。

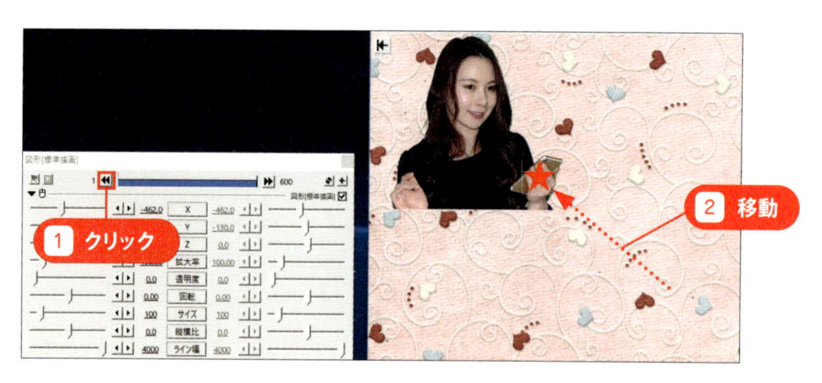

8 図形の大きさを調整する

設定ダイアログの＜サイズ＞左のスライドバーで⌋（つまみ）をドラッグして1、図形のサイズを調整します2。

9 移動方法を設定する

設定ダイアログの＜X＞をクリックし1、＜直線移動＞をクリックします2。

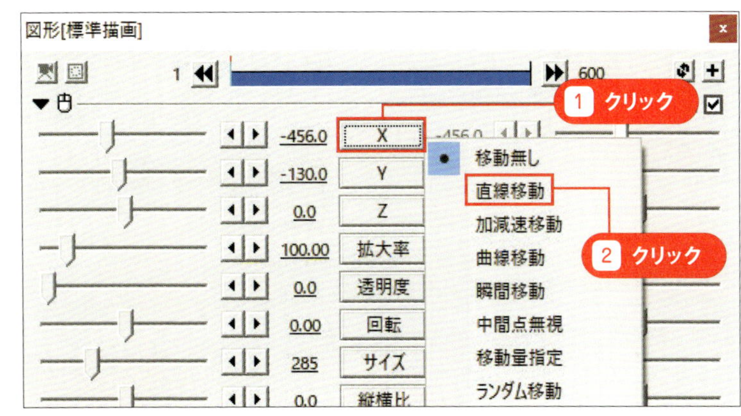

10 タイムラインの時間間隔を調整する

の縦棒をクリックし1、タイムラインに表示される時間の間隔を調整しやすいように短く（より詳細な時間表示に）します2。

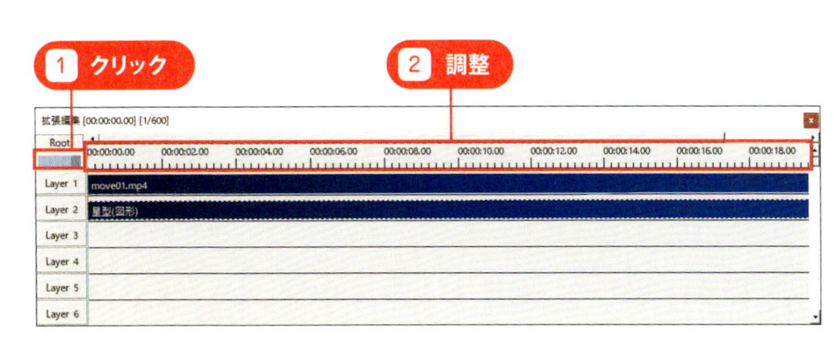

MEMO

タイムラインの時間間隔について

タイムラインの時間間隔は、の薄い青色の部分が増えるほど１メモリあたりの時間が短くなります。物体の移動に追従する図形などを設定するときは、１メモリ当たりの時間を短くすると操作が行いやすくなります。

11 再生位置を動かす

再生ヘッドをゆっくりとドラッグし、図形により隠したい対象物が見えるところまで移動させます1。図形のオブジェクト< Layer2 >上で再生ヘッドの位置を右クリックし2、<中間点を追加>をクリックします3。

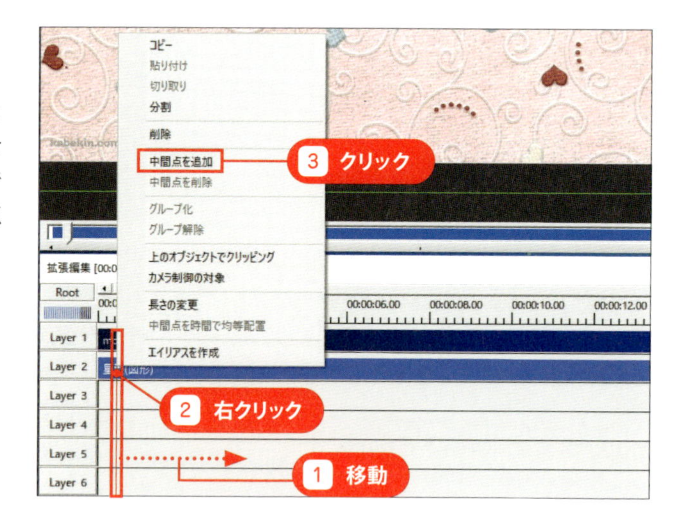

12 図形の位置を動かす

図形のオブジェクト上に中間点が作成されます1。メインウィンドウの図形を対象物が隠れるところまでドラッグして移動します2。

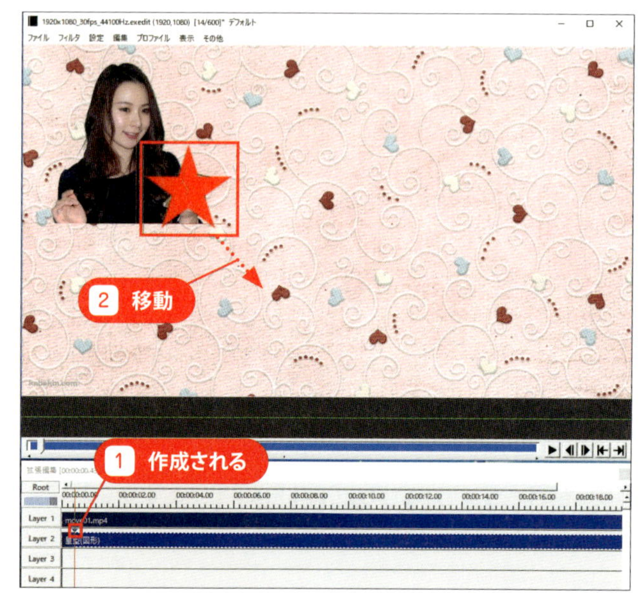

13 次の位置の設定を行う

手順11と手順12の作業を繰り返して行い、図形を対象物の移動に合わせて移動させます。これを終了位置まで繰り返していきます。これで、動いている物体を隠すことができます。

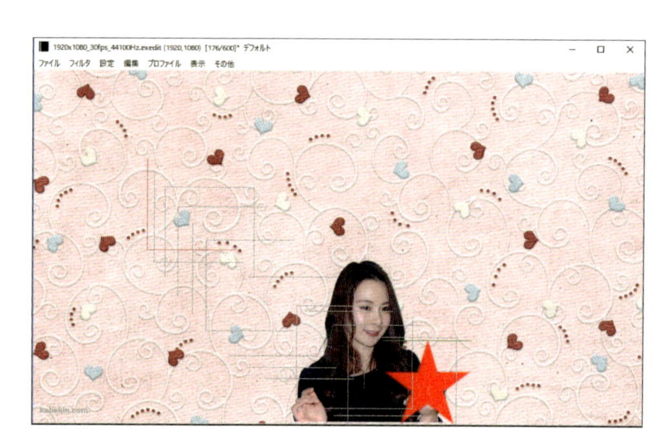

COLUMN

特定部分をモザイクで隠す

ここでは、図形で特定部分を隠していますが、特定部分をモザイクで隠したりぼかすこともできます。特定部分をモザイクで隠したり、ぼかすときは、「部分フィルタ」オブジェクトを利用します。

1 「部分フィルタ」オブジェクトを追加する

オブジェクトを追加したいレイヤー（ここでは＜Layer2＞を右クリックし1、＜フィルタオブジェクトの追加＞をクリックして2、＜部分フィルタ＞をクリックします3。

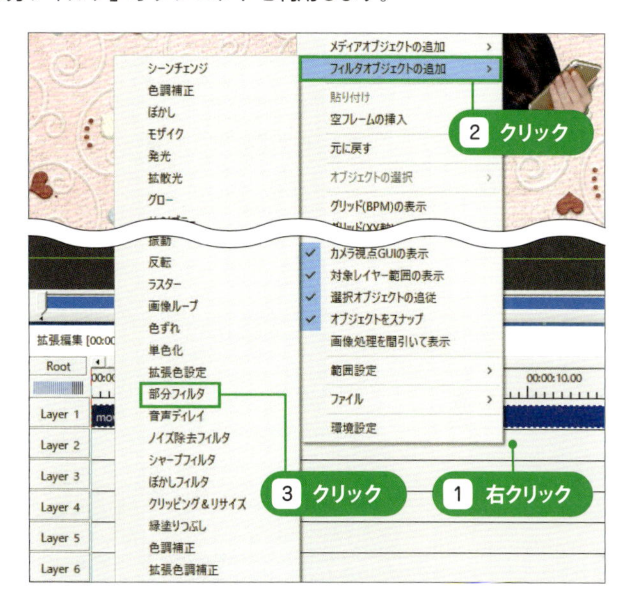

2 モザイクやぼかしを追加する

「部分フィルタ」オブジェクトが追加されます。P.141 の手順2と3を参考に「部分フィルタ」オブジェクトの開始／終了位置を設定します。「部分フィルタ」の設定ダイアログの＋をクリックし、＜モザイク＞または＜ぼかし＞（ここでは＜モザイク＞）をクリックします。

3 特定部分にモザイクまたはぼかしが施される

特定部分にモザイクまたはぼかしが施されます1。フィルタの範囲の形状は、＜マスクの種類＞で設定できます2。範囲の大きさは＜サイズ＞で変更できます3。

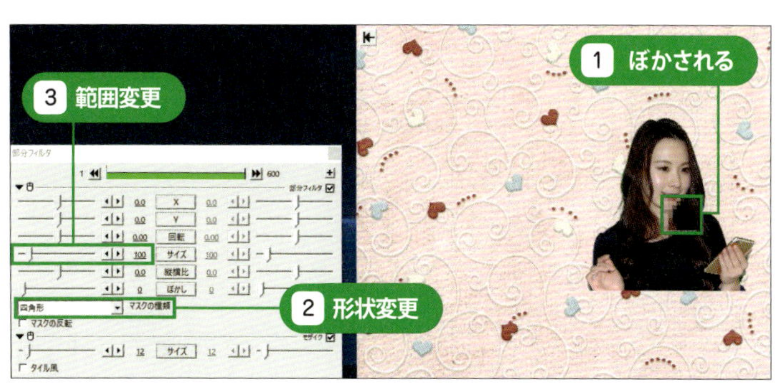

動画の再生速度を変更する

ここでは、動画のスロー再生や倍速再生、逆再生、一時停止再生の手順を解説します。動画の再生方法の変更は、対象動画の設定ダイアログの「再生速度」で行います。

動画を倍速再生／逆再生する

動画の再生速度は、設定ダイアログの「再生速度」で設定します。「100」が基準となる標準速度（1倍速、等速）です。2倍速再生を行いたいときは「200」を入力します。また、逆再生を行いたいときは「-100」などのマイス数値を入力します。

1 再生速度の設定を開始する

速度の変更を行いたい動画をクリックし1、設定ダイアログの再生速度の左側の数字をクリックします2。

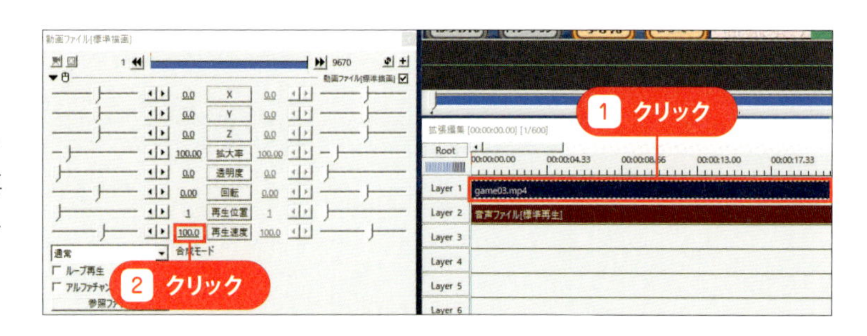

2 再生速度を設定する

再生速度（ここでは2倍速の< 200 >）を入力します。

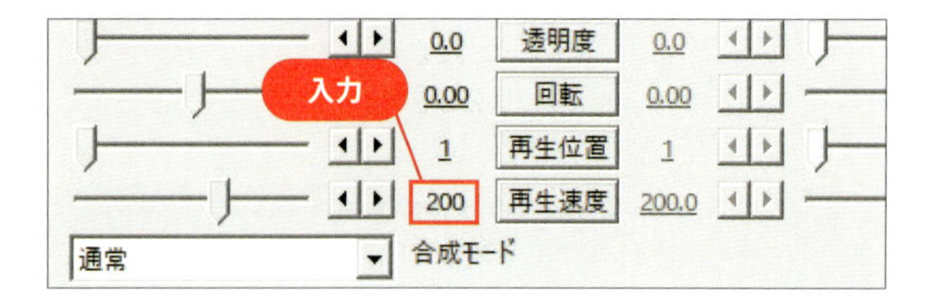

MEMO

スロー再生を行う

スロー再生を行いたときは、「100」よりも小さい数値を入力します。たとえば、「50」と入力すると、0.5倍速で再生を行います。また、「-50」と入力すると、0.5倍速で逆再生を行います。

一時停止再生を行う

動画を特定箇所で一時停止してそのまま再生を続けたいときは、その地点で動画の分割を行って、一時停止部分のコピーを利用するか、中間点を作成します。また、「再生速度」に「0」を入力すると動画の再生が一時停止します。

1 一時停止したい地点で分割する

再生ヘッドを一時停止したい地点まで移動させます1。動画の映像部分のレイヤーで再生ヘッドの位置に合わせ右クリックし2、<分割>をクリックします3。

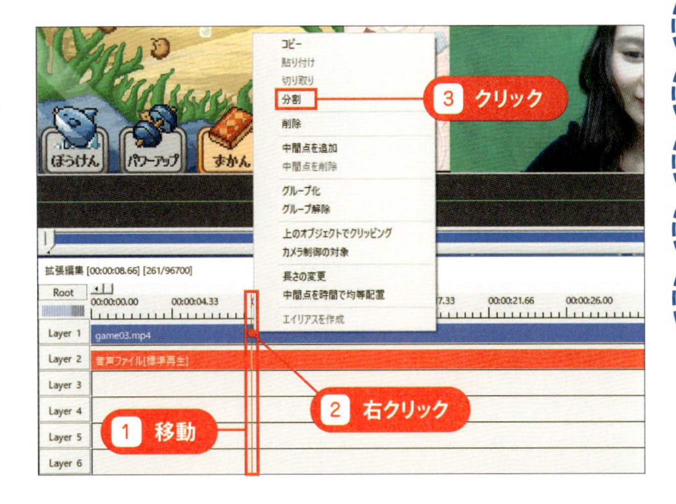

2 分割した部分をコピーする

分割された動画を右クリックし1、<コピー>をクリックします2。

3 コピーした部分を下のレイヤーに貼り付ける

真下のレイヤー（ここでは< Layer3 >の再生ヘッドの上で右クリックし1、<貼り付け>をクリックします2。

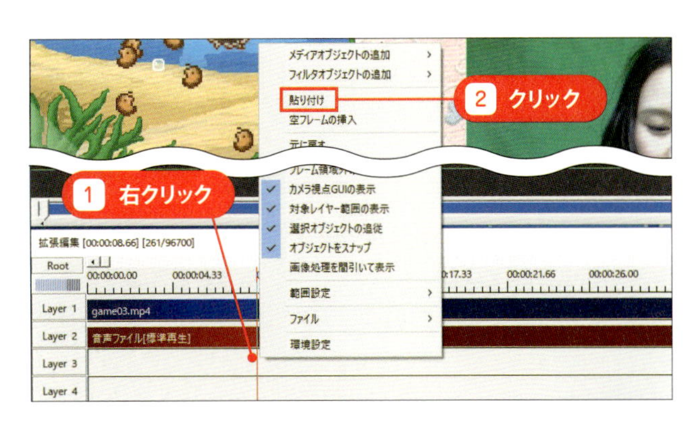

4 再生時間を設定する

選択したレイヤーに動画のコピーが追加されます。コピーされた動画を右クリックし1、<長さの変更>をクリックします2。

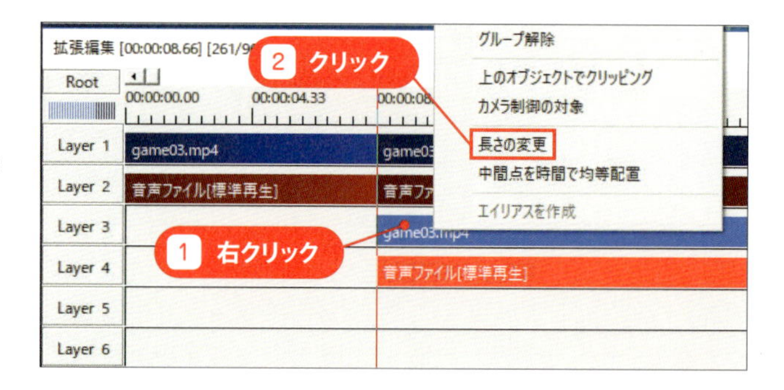

5 再生時間を入力する

「長さの変更（全体）」画面が表示されます。<秒数指定>に再生時間（ここでは<3秒>）を入力するか1、<フレーム数指定>でフレーム数を入力し、<OK>をクリックします2。

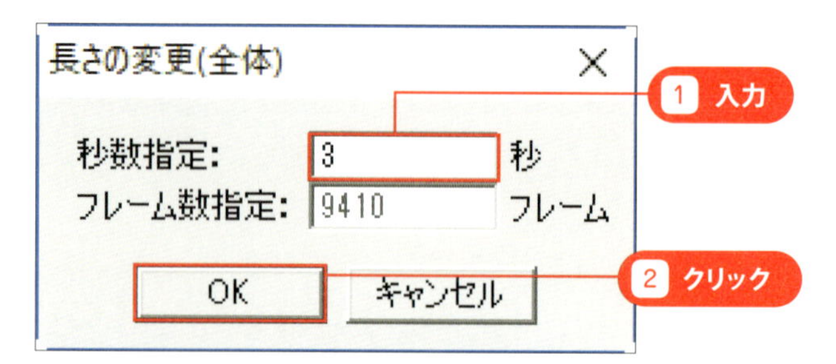

6 一時停止の設定を行う

設定ダイアログの<再生速度>をクリックし1、<瞬間移動>をクリックします2。再生速度の左の数字をクリックして<0>を入力します3。

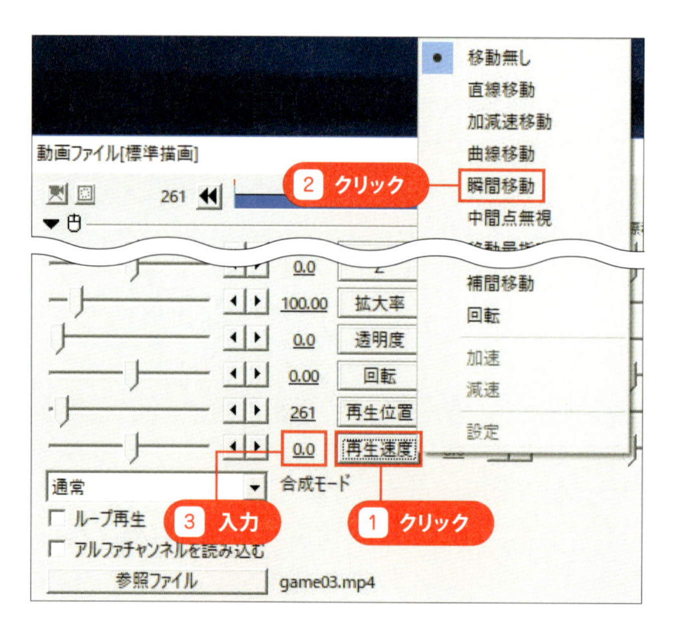

7 動画を移動する

上のレイヤーの動画をドラッグして後ろに移動し1、その間にコピーした下のレイヤーの動画をドラッグして移動します2。これで一時停止する動画の完成です。

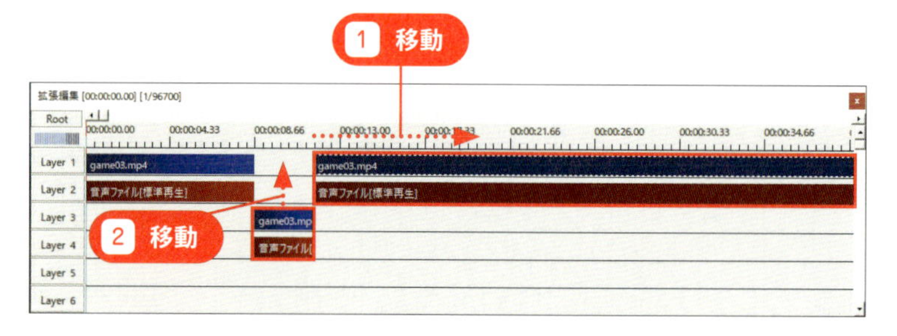

第7章

AviUtlの保存、ファイル出力のテクニック

作業中の状態を保存する

AviUtl は、編集作業中の状態を保存しておく方法として、プロジェクトファイルの保存とオブジェクトファイルの保存があります。ここでは、両者の違いと使い方を解説します。

プロジェクトファイルとオブジェクトファイルの違い

プロジェクトファイルとオブジェクトファイルは、いずれも編集結果や作業中の状態を保存しておく機能です。プロジェクトファイルは、現在の編集作業中のすべての状態をファイルとして保存します。一方、オブジェクトファイルは、拡張編集 Plugin でのみ利用できる保存方法で、編集中のタイムラインの情報を保存します。両者には、それぞれ以下のようなメリットと注意点があります。

▶それぞれの特徴

	プロジェクトファイル	オブジェクトファイル
拡張子	.auo	.exo
特徴	・拡張編集 Plugin のシーンの編集情報を含めて、すべての編集情報が保存される。 ・AviUtl のメインウィンドウのフィルター設定なども保存できる。 ・完成した作品として情報を保存する場合に向いた形式。	・拡張編集 Plugin の表示中のタイムラインの情報のみを保存する。 ・ほかの動画でパーツとして再利用できる。 ・繰り返し利用する動画の保存に向いた形式。
注意点	保存後に動画や音声の保存先フォルダー名を変更したり、ファイル名を変更したりすると読み込めなくなる。	

プロジェクトファイルを保存する／開く

プロジェクトファイルを保存する

1 「プロジェクトを保存」画面を表示する

メインウィンドウの「ファイル」をクリックし1、<編集プロジェクトの保存>をクリックします2。

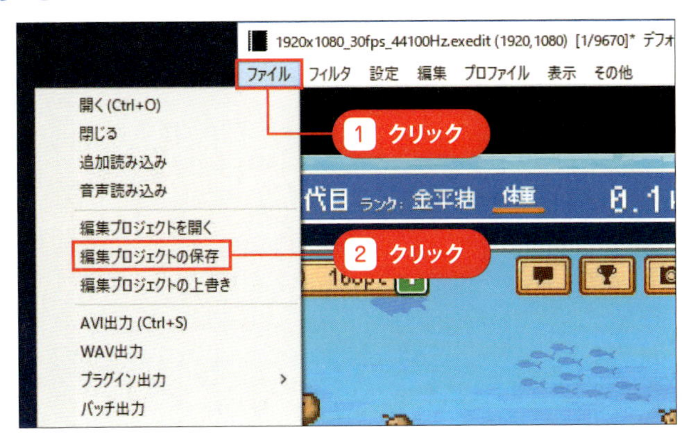

2 編集プロジェクトを保存する

「プロジェクトを保存」画面が表示されます。保存先フォルダーを選択し1、ファイル名を入力して2、<保存>をクリックすると3、編集中の情報がプロジェクトファイルに保存されます。

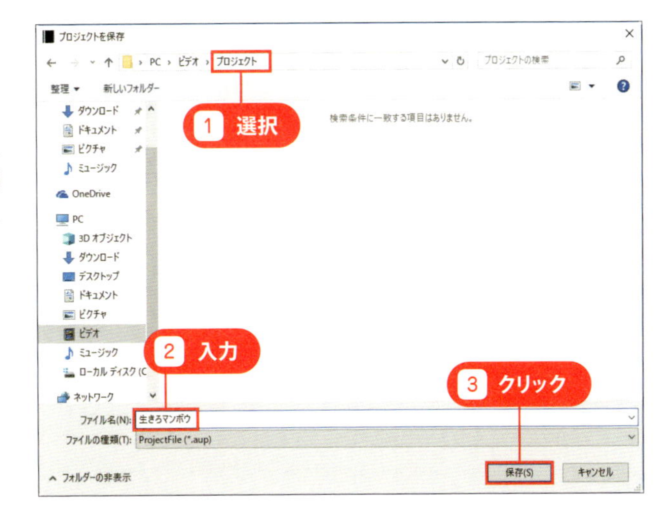

プロジェクトファイルを開く

1 「プロジェクトを開く」画面を表示する

メインウィンドウの「ファイル」をクリックし1、<編集プロジェクトを開く>をクリックします2。

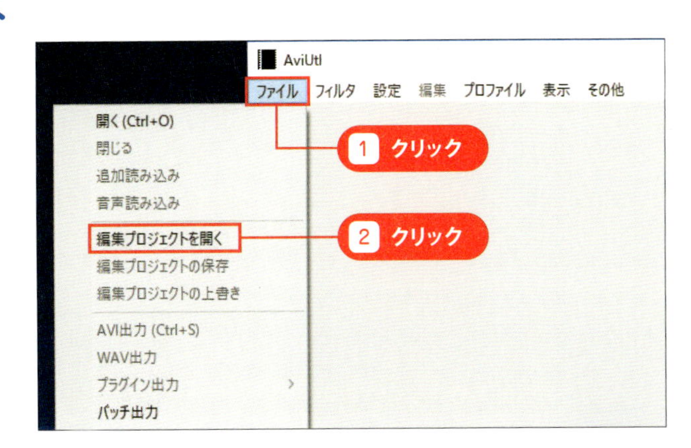

2 編集プロジェクトを開く

「プロジェクトを開く」画面が表示されます。プロジェクトが保存されたフォルダーを選択し1、開きたいプロジェクトファイルをクリックして2、<開く>をクリックします3。

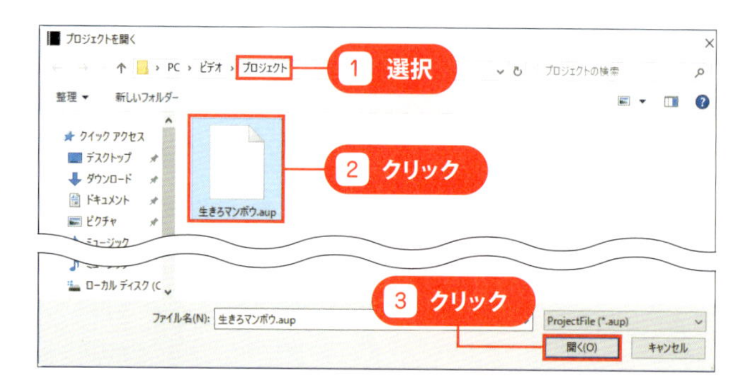

3 プロジェクトファイルの内容が表示される

プロジェクトファイルの内容が復元され、編集可能な状態になります。

オブジェクトファイルを保存する／追加する

▶オブジェクトファイルを保存する

1 オブジェクトファイルのエクスポートを行う

タイムラインの何も登録されていない場所を右クリックし1、<ファイル>をクリックして2、<オブジェクトファイルのエクスポート>をクリックします3。

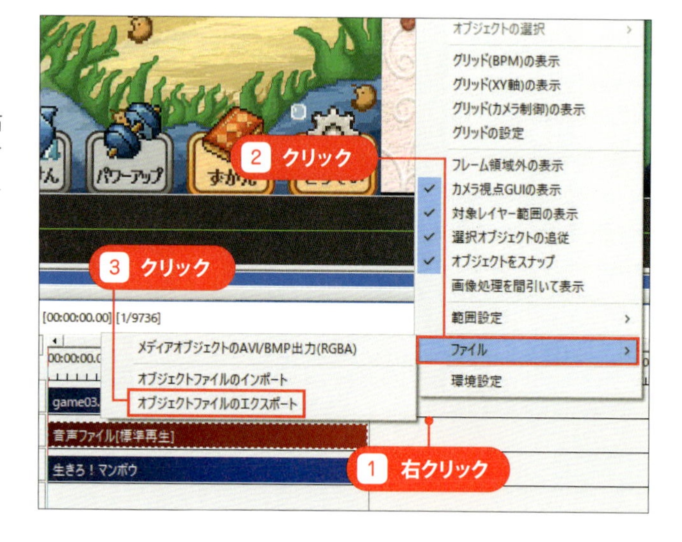

2 オブジェクトファイルを保存する

「名前を付けて保存」画面が表示されます。保存先フォルダーを選択し1、ファイル名を入力して2、<保存>をクリックすると3、編集中のタイムラインの情報がオブジェクトファイルに保存されます。

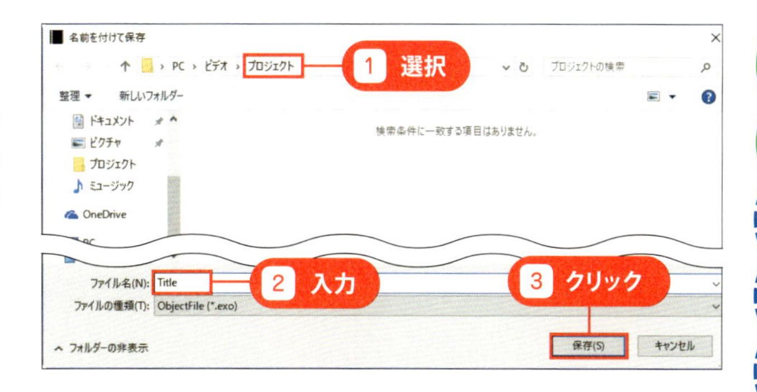

▷オブジェクトファイルを追加する

1 オブジェクトファイルを追加する

エクスプローラーを開き、目的のオブジェクトファイル(ここでは<Title.exo>)をタイムラインにドラッグ&ドロップします。

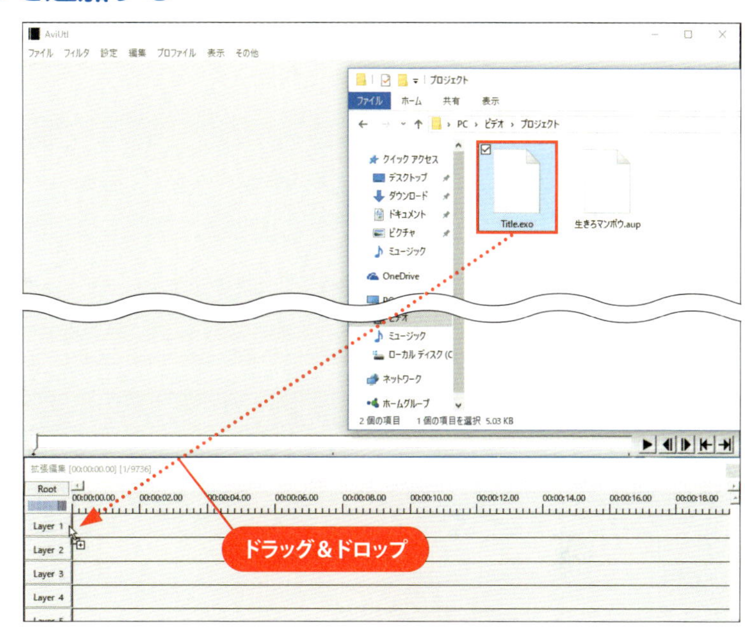

2 オブジェクトファイルが追加される

オブジェクトファイルがタイムラインに追加されます。

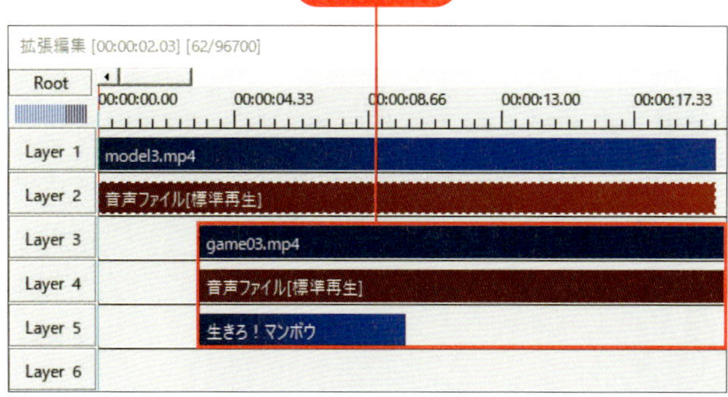

そのほかの追加方法

オブジェクトファイルの追加は、タイムラインを右クリックし、<ファイル>→<オブジェクトファイルのインポート>とクリックすることでも行えます。

Section 2

自動バックアップを行う

拡張編集 Pluginには、プロジェクトファイルの自動バックアップ機能が用意されています。この機能を利用すると、AviUtlが異常終了したときに、編集中の内容を失わずにすみます。

自動バックアップの設定を確認する

1 「環境設定」画面を開く

タイムラインで右クリックし1、<環境設定>をクリックします2。

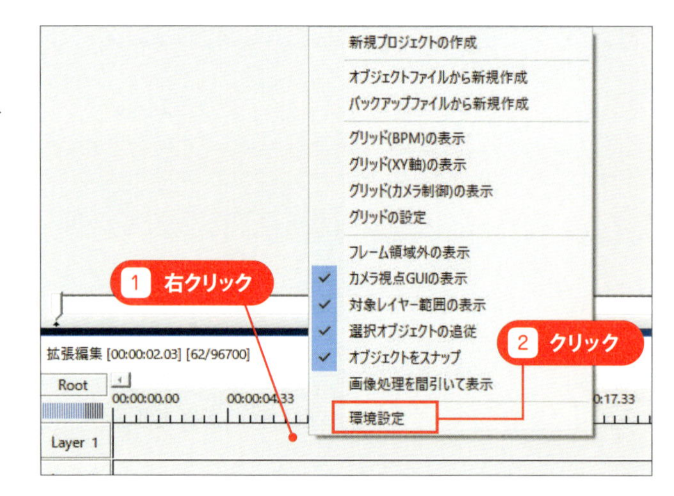

2 自動バックアップの設定を確認する

拡張編集 Pluginの「環境設定」画面が表示されます。<自動バックアップを有効>が☑に設定されていることを確認します。

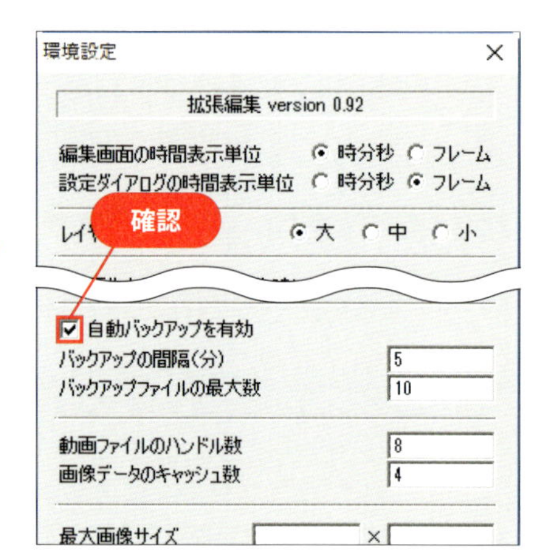

MEMO

バックアップ間隔を変更する

バックアップ間隔は、初期設定では、5分間隔に設定されています。バックアップ間隔を変更したいときは、「バックアップの間隔」に時間を入力し、<OK>をクリックします。

自動バックアップからプロジェクトを復元する

1 バックアップの復元を開始する

タイムラインで右クリックし1、<バックアップファイルから新規作成>をクリックします2。

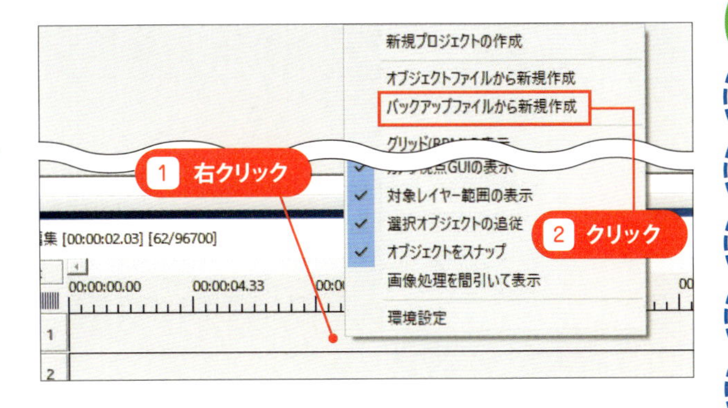

2 復元したいバックアップを選択する

復元したいバックアップファイルをクリックし1、<開く>をクリックします2。

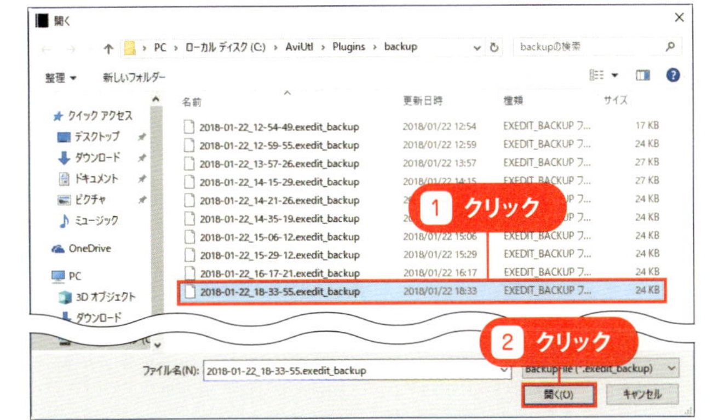

3 プロジェクトが復元される

バックアップファイルからプロジェクトが復元されます。

MEMO

バックアップファイルの保存先について

バックアップファイルの保存先は、拡張編集 Plugin をインストールしたフォルダー内に「Backup」というフォルダーが作成され、そこに保存されます。

Section 3

エイリアスを作成する

エイリアスを利用すると、選択したオブジェクトの中間点などを含めた情報やエフェクトの設定などを別名保存しておき、別の動画の作成に利用できます。ここでは、エイリアスの使い方を解説します。

エイリアスを作成する

エイリアスの作成方法には、タイムラインのオブジェクトを右クリックして行う方法とオブジェクトの設定ダイアログから行う方法があります。タイムラインからエイリアスを作成する場合は、中間点を含めたそのオブジェクトに関するすべての情報が保存されます。設定ダイアログからエイリアスを作成すると、中間点を除く情報が保存されます。

1 エイリアスの作成を開始する

エイリアスを作成したいオブジェクトを右クリックし1、<エイリアスを作成>をクリックします2。

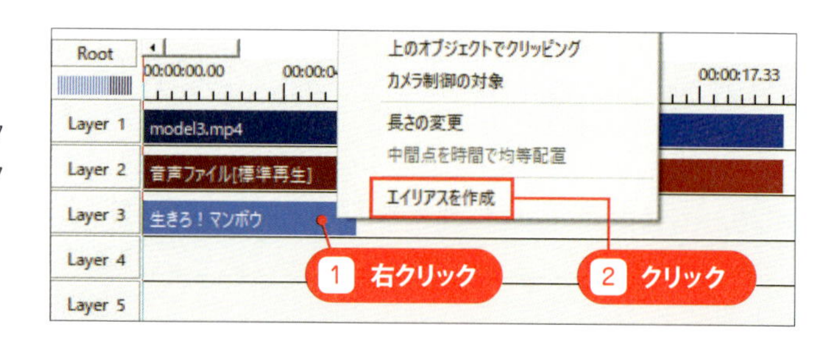

2 エイリアスの保存を行う

「エイリアスの作成」画面が表示されます。<エイリアス名>を入力し1、エイリアスを保存するフォルダー名を<格納フォルダ>に入力します2。< OK >をクリックすると、エイリアスが保存されます。

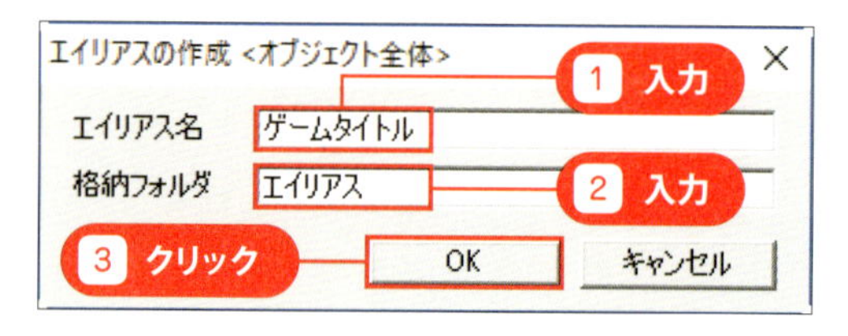

MEMO

エイリアスの保存先フォルダー

エイリアスの保存先は、拡張編集 Plugin をインストールしたフォルダー内に手順2の2で入力した名称のフォルダーが作成され、そこに保存されます。

エイリアスを利用する

1 エイリアスの追加を開始する

エイリアスを追加したいレイヤー（ここでは、＜Layer3＞）を右クリックし1、＜メディアオブジェクトの追加＞をクリックします2。エイリアスを保存したフォルダー名（ここでは＜エイリアス＞）をクリックし3、追加したいエイリアスをクリックします4。

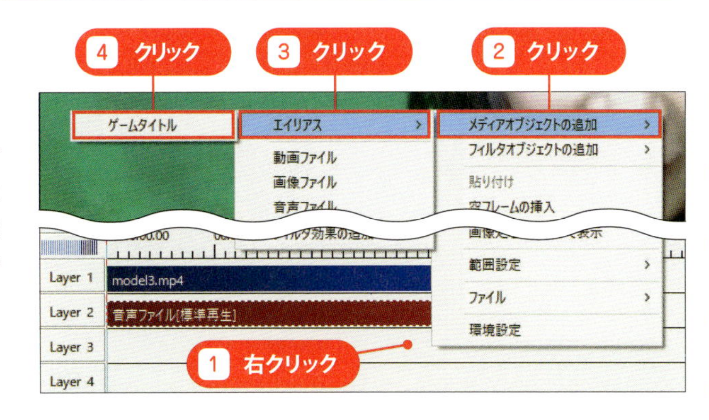

2 エイリアスが追加される

エイリアスがタイムラインに追加されます。

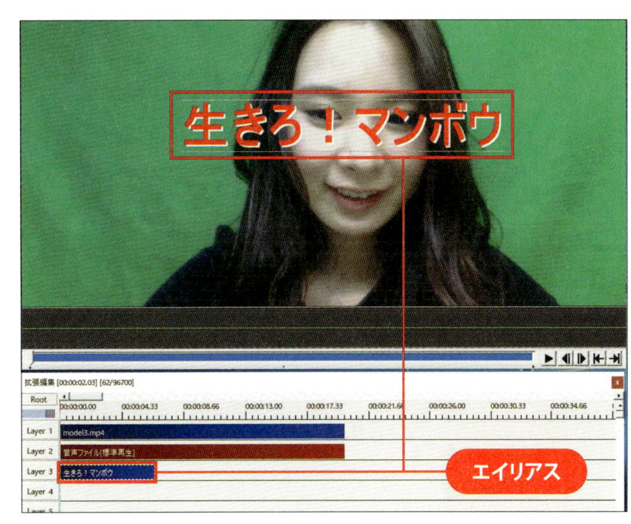

COLUMN

設定ダイアログからエイリアスを保存する

設定ダイアログからエイリアスを保存したいときは、設定ダイアログの何もないところを右クリックし1、＜設定の保存＞をクリックして2、＜現在の設定でエイリアスを作成する＞をクリックします3。P.156の手順2の「エイリアスの作成」画面が表示されるので、＜エイリアス名＞とエイリアスを保存するフォルダー名を入力し、＜OK＞をクリックします。

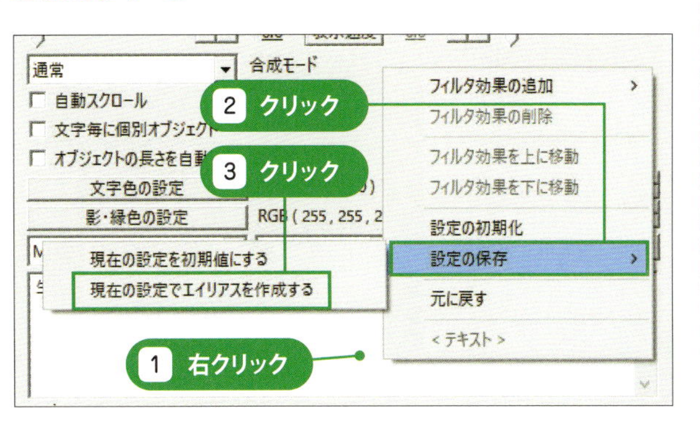

Section 4

YouTube向けの動画を出力する

AviUtl で編集した動画を、動画投稿サイト「YouTube」向けに出力するには、出力プラグイン（x264guiEx）を利用します。ここでは、YouTube 向けの動画を出力する方法を解説します。

YouTube 向けの動画について

出力プラグイン(x264guiEx)には、かんたんに目的の形式の動画を出力できるように複数の「プロファイル」が用意されています。プロファイルとは、目的ごとに最適と思われる設定を事前に定義している設定情報です。YouTube 向けの動画を出力（保存）したいときは、プロファイルから＜ youtube ＞を選択して出力します。通常は、プロファイルを選択するだけで問題はありませんが、より高画質で出力したいといったときは、プロファイルを選択後に、P.162 の手順を参考に高画質化の設定を行ってください。

1 保存画面を表示する

＜ファイル＞をクリックし1、＜プラグイン出力＞をクリックして2、＜拡張 x264 出力 (GUI) Ex ＞をクリックします3。

2 出力する動画の形式の設定画面を表示する

＜ビデオ圧縮＞をクリックします。

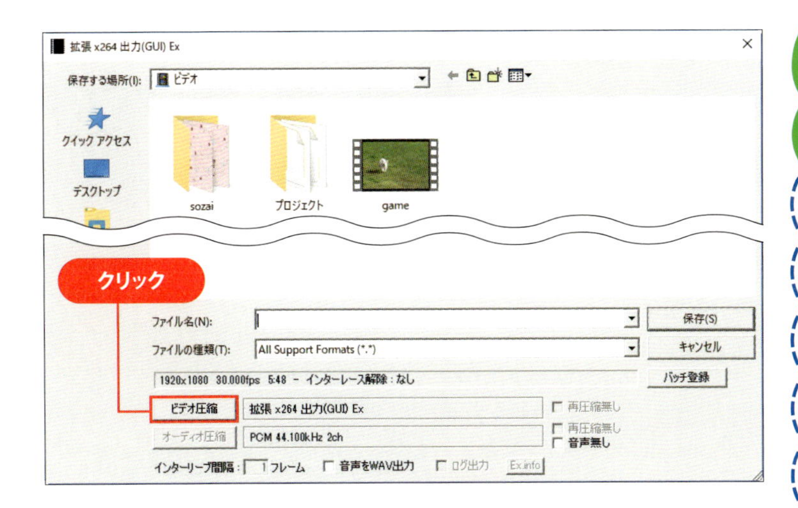

3 動画の出力形式を選択する

「拡張 x264 出力 (GUI)Ex」の設定画面が表示されます。＜プロファイル＞をクリックし1、＜ youtube ＞をクリックして2、＜ OK ＞をクリックします3。

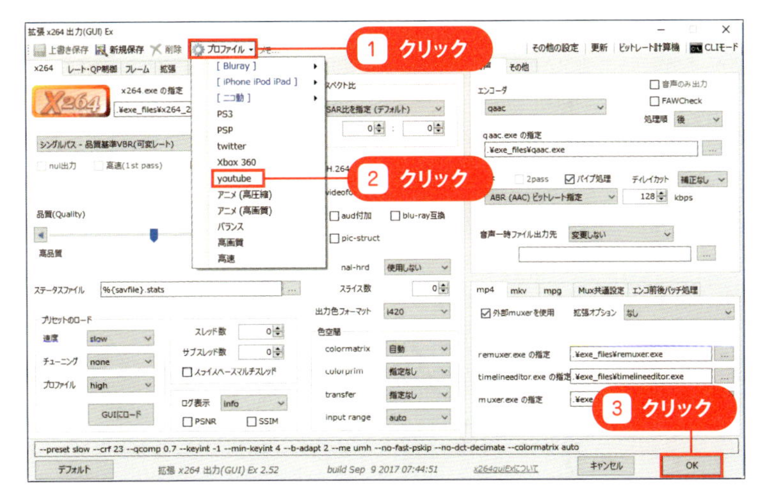

4 動画の出力を開始する

動画の保存先を選択し1、ファイル名を入力して2、＜保存＞をクリックすると3、＜プラグイン出力＞の画面が表示され、動画のファイルへの出力がはじまります。動画の出力中は、進行状況が画面に表示されます。動画の出力が完了したら、×をクリックして画面を閉じます。

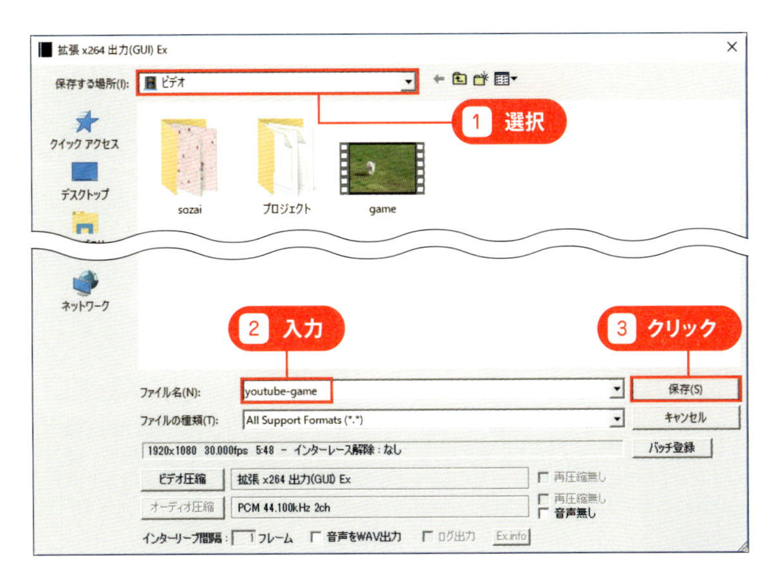

Section 5

選択したフレームを出力する

メインウィンドウに読み込んだ動画や拡張編集 Plugin で編集中の動画は、選択範囲のフレームのみをファイルに出力できます。ここでは、選択したフレームをファイルに出力する方法を解説します。

選択したフレームを出力する

動画の特定部分のみ出力したいときは、最初に出力したいフレームの範囲を設定します。次に、出力プラグイン（x264guiEx）を利用して出力します。出力したいフレームの範囲設定は、メインウィンドウで行えます。詳細な範囲設定の手順については、P.44 を参照してください。

1 出力範囲を設定する

P.44の手順を参考にメインウィンドウで出力したいフレームの範囲を設定します。

MEMO

範囲設定時の注意点

メインウィンドウに追加した動画の範囲設定を行うときは、選択範囲の開始位置がキーフレームになるように設定してください。キーフレームでない場合、うまく出力できない場合があります。なお、拡張編集 Plugin に追加した動画の場合は、キーフレームを意識する必要はありません。

2 ファイルの保存画面を表示する

<ファイル>をクリックし1、<プラグイン出力>をクリックして2、<拡張x264出力(GUI)Ex>をクリックします3。

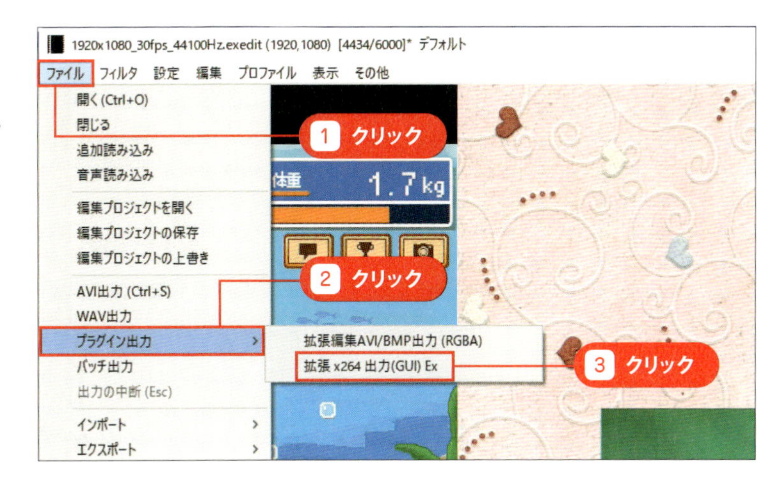

3 フレームの出力を行う

<ビデオ圧縮>をクリックして、P.159の手順を参考にファイルの出力形式の設定を行います1。ファイル名を入力して2、<保存>をクリックします3。

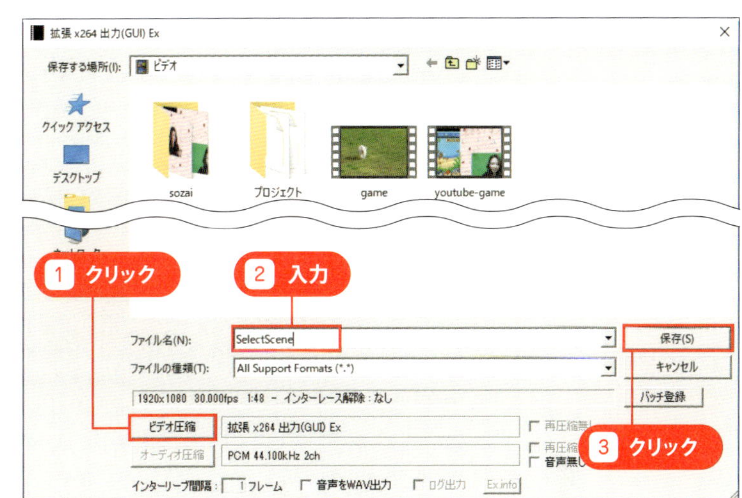

COLUMN

タイムラインをドラッグして範囲を指定する

選択範囲の設定は、P.44の手順でメインウィンドウで行えるほか、タイムラインの時間軸で再生ヘッドをShiftキーを押しながらドラッグすることでも行えます。また、選択範囲は、青いバーで表示されます。

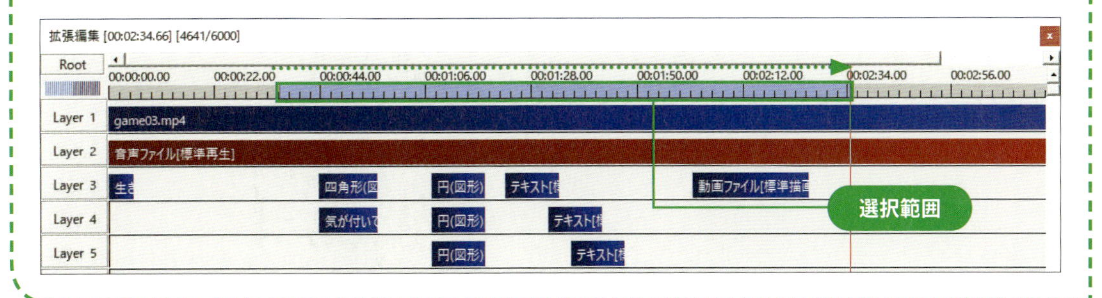

動画をできるだけ高画質で出力する

AviUtl で編集した動画をできるだけ高画質で出力したいときは、出力プラグインの詳細設定を行います。ここでは、動画を高画質で出力するための方法を解説します。

動画を高画質で出力するための設定とは？

出力プラグイン（x264guiEx）の設定画面には、さまざまなオプションが用意されています。動画を出力する場合、通常はプロファイルを選択するだけでよく、設定を変更する必要はありませんが、一部の設定を変更することで、何も設定を変更しないときよりも高画質な動画を出力できます。出力プラグインの設定画面では、動画の映像部分に関わる設定は画面左側で行い、音声に関する設定は画面右側で行います。画質や音質に関わる設定項目は、映像の出力方法に関する設定、プリセットのロードに関する設定、音声のビットレートに関する設定の 3 つがあります。動画を高画質で出力したいときは、出力プラグインの設定画面を表示し、プロファイルを選択したあとに、これらの項目の設定を変更します。

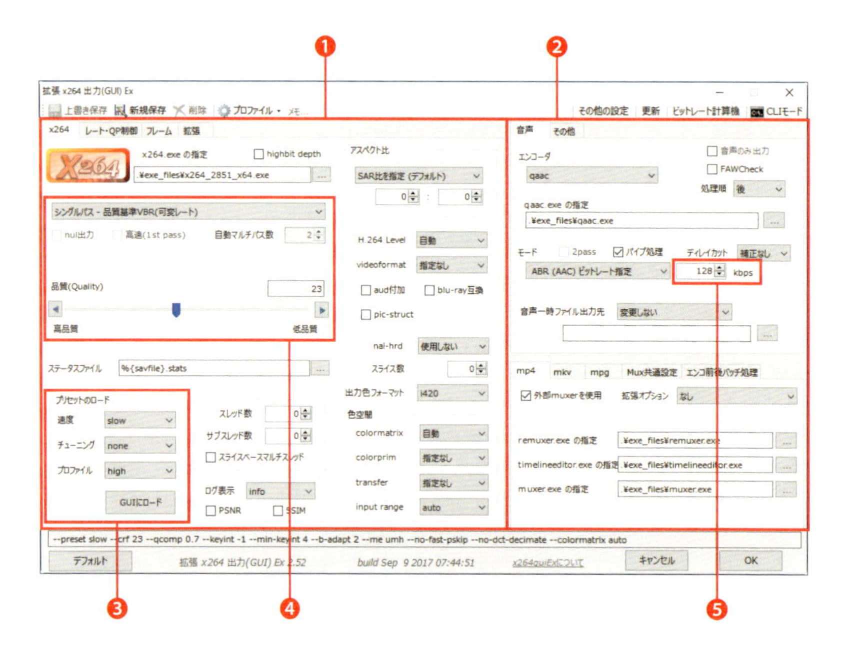

❶	動画の映像部分に関する設定項目
❷	動画の音声部分に関する設定項目
❸	プリセットのロードに関する設定
❹	映像の出力方法に関する設定
❺	音声のビットレートに関する設定

動画の出力方法に関する設定について

動画の出力は、どのような方法で行うかが重要になります。出力プラグイン（x264guiEx）の設定画面では、出力方法を7種類の中から選択できますが、お勧めなのは、「シングルパス - 品質基準VBR（可変レート）」と「自動マルチパス」の2種類です。「シングルパス - 品質基準VBR（可変レート）」は、出力後のファイルサイズに制限がなく手軽に出力したい場合にお勧めです。「自動マルチパス」は、出力後のファイルサイズを意識しながら高画質で出力したいときにお勧めです。ただし、出力には、「シングルパス - 品質基準VBR（可変レート）」の2倍以上の時間が必要になります。

▷「シングルパス-品質基準VBR（可変レート）」の設定について

「シングルパス - 品質基準VBR（可変レート）」の設定は、品質のスライドバーでを高品質に近づけるほど、出力後のファイルサイズが大きくなりますが、高画質になります。逆に低品質に近づけるほど、出力後のファイルサイズは小さくなりますが、低画質になります。

▷「自動マルチパス」の設定について

「自動マルチパス」を選択すると、「上限ファイルサイズ」「上限ファイルビットレート」「下限ファイルビットレート」「目標ビットレート」を設定できます。ファイルサイズに制限がない場合は、チェックボックスを□にして、目標ビットレートを大きくすればするだけ高画質になります。ファイルサイズに制限がある場合は、☑にして、目標ビットレートを目的のファイルサイズに収まるように設定します。<ビットレート計算機>をクリックすると1、「簡易ビットレート計算機」が表示されるので、動画の長さやサイズを入力して2、目標ビットレートを確認してください3。

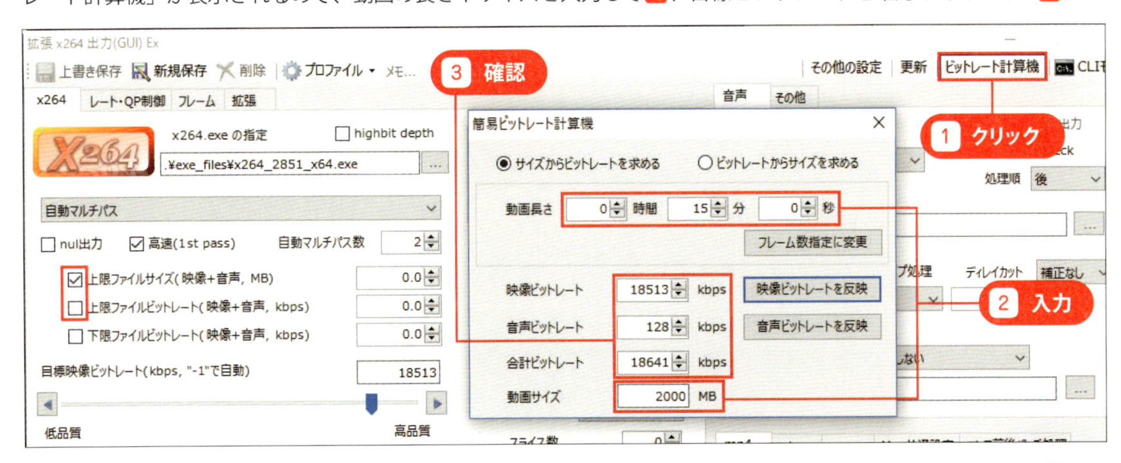

プリセットのロードに関する設定

プリセットのロードに関する設定では、速度や動画のジャンルに応じたチューニングが行えます。「速度」は動画の出力速度の設定です。遅く設定するほど、出力に時間を要しますが高画質になります。逆に速くするほど短時間で出力できますが低画質になります。通常は、< Fast >で問題はありませんが、高画質で出力したいときは、< Slow >または< Slower >を選択するのがお勧めです。また、「チューニング」では、film（実写）やanimation（アニメ）、stillimage（写真）などの動画のジャンルを選択できます。通常は、< none >で問題はありませんが、ゲームなどの実況動画の場合は< animation >、スライドショーを作成する場合は< stillimage >を選択するのがお勧めです。

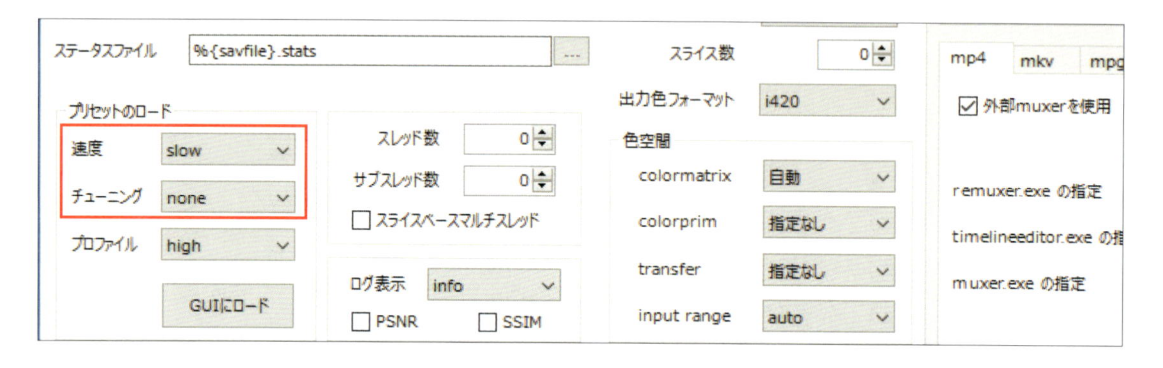

音声のビットレートに関する設定

音声のビットレートに関する設定では、音質の設定を行えます。この設定は数字を大きくするほど高音質になり、小さくするほど音質が悪くなります。通常は、< 128 > kbpsの設定で問題はありませんが、高音質にしたいときは、< 256 > kbpsまたは< 384 > kbpsを設定するのがお勧めです。

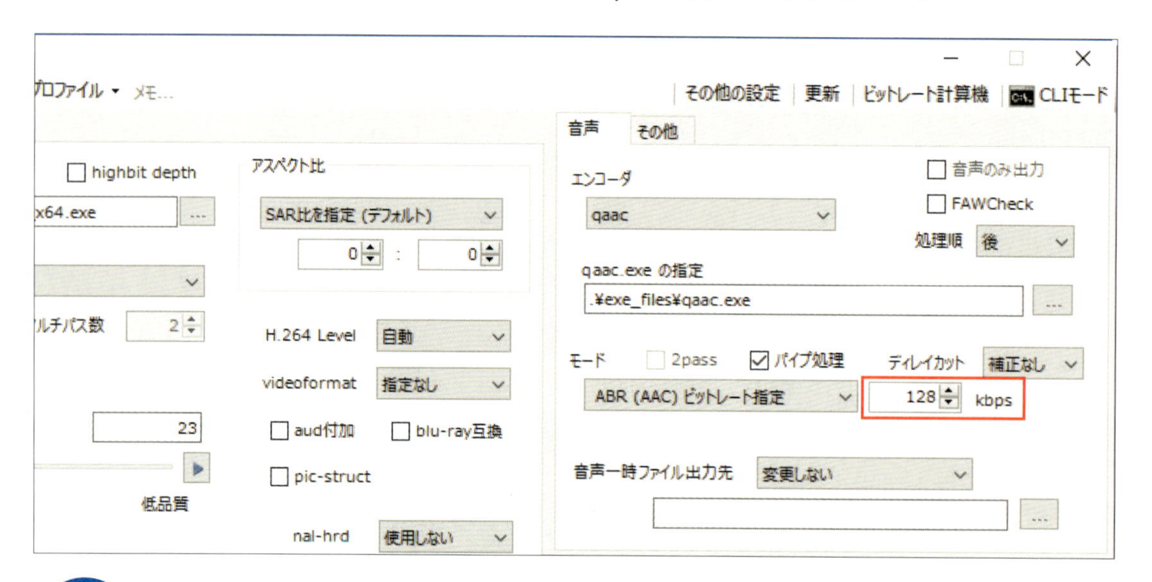

第8章

ゲーム実況動画を作成する

ゲームの実況動画を作成するには?

ゲームの実況動画を作成するには、ゲーム画面をパソコンで録画するための機材やソフトが必須となるほか、必要に応じてマイクや自撮り用のカメラなどを用意します。

ゲームの実況動画の作成方法について

ゲームの実況動画を作成する上でもっともかんたんな方法は、ゲームの実況動画に必要な要素をすべて備えた動画を用意することです。たとえば、ゲームの実況動画の場合、最低限必要なのは、ゲームのプレイ動画とプレイ中の動画の解説を行う音声です。この 2 つの要素を含んだ動画は、ゲームのプレイ動画と実況音声を別々に作成し、AviUtl（などの動画編集ソフト）で 1 つの動画にまとめることで作成できます。しかし、これらの要素をすべて含んだ 1 つの動画をはじめから用意しておけば、編集作業は格段に楽になります。本章では、ゲームのプレイ動画と実況音声、自撮り動画の 3 つの要素をはじめから含んだ動画を作成し、その動画からゲームの実況動画を作成する方法を解説しています。

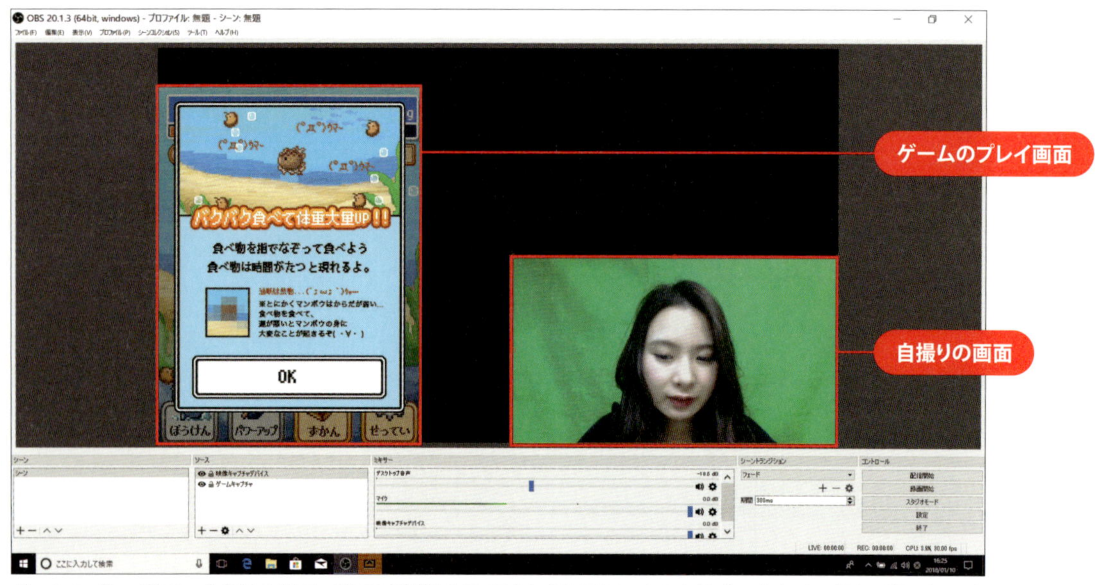

ゲームのプレイ動画、自撮りの動画、動画の解説を行う音声などを画面のような構成でまとめて保存（録画）できる録画・ライブストリーミング配信アプリ「OBS Studio」。

ゲームの実況動画作成に必要な機材

ゲーム実況動画の作成に欠かせないのが、プレイ動画や自撮りの動画、ゲーム実況の音声です。これらを作成するためにゲーム画面を録画する機材や自撮り用のカメラ、実況を録音するためのマイクなどの機材が必要になります。また、これらの機材を利用してパソコンに動画を保存（録画）したり、音声を保存（録音）したりするソフトなども必要になります。

スマホ用のゲームのプレイ動画作成用の機材

スマホ用のゲームのプレイ動画を作成するには、「ミラーリングソフト」が必要です。ミラーリングとは、スマホで表示中の画面と同じ画面を別の機器に表示することです。この機能を提供するソフトを「ミラーリングソフト」と呼びます。ほかの機器（ここではパソコン）に表示されるスマホの画面の情報は、Wi-Fiを利用して送られます。ミラーリングソフトには、iPhone／iPadなどのiOS機器とAndroidのスマホ／タブレットの両方に対応した製品と、どちらか一方のみに対応した製品があります。本書では、iOSとAndroidの両方に対応した有料（2300円）のミラーリングソフト「AirServer」を利用していますが、ほかにも有名な製品として「Reflector3（有料、$14.99）」もあります。ミラーリングソフトは、有料の製品が一般的ですが、通常、7日～14日間程度の試用期間が設けられています。製品を試してみて、気に入ったものを購入するとよいでしょう。

iPhoneの画面を「AirServer」でパソコンにミラーリングしている画面。AirServerは、「https://www.airserver.com/」で入手できます。

Androidの画面を「Reflector 3でパソコンにミラーリングしている画面。Reflector 3は、「http://www.airsquirrels.com/reflector/」で入手できます。

▶家庭用ゲーム機のプレイ動画作成用の機材

家庭用ゲーム機のプレイ動画を作成するには、家庭用ゲーム機のプレイ画面をパソコンに表示するための専用機器が必要です。この機器は、「HDMI キャプチャー」と呼ばれています。通常、家庭用ゲーム機は、モニターを備えていないため、ゲームを行うときは、TV にゲームの映像を表示してプレイします。HDMI キャプチャーは、TV に変わって映像の受信機となる機能を搭載し、受信した映像をパソコンに表示するだけでなく、録画（保存）する機能を備えています。HDMI キャプチャーには、箱型製品とパソコンに内蔵して利用する製品があります。前者の製品は、パススルー端子と呼ばれる TV 接続用の端子を備えた製品が主流で、このタイプの製品なら、TV にゲーム画面を表示しながら同時にパソコンにも同じ画面を表示できます。また、後者のパソコン内蔵型の製品は、TV 接続用のパススルー端子を備えていない製品が主流です。このタイプの製品で TV にも同時に表示したいときは、HDMI 分配器や HDMI スプリッターと呼ばれる機器を利用して TV と HDMI キャプチャーの両方にゲーム機の映像が表示されるようにします。

SKNET が販売する箱型の HDMI キャプチャー「MonsterX U3.0R」。TV 接続用のパススルー端子も備えています。

SKNET が販売するパソコン内蔵型の HDMI キャプチャー「MonsterXX2」。TV 接続用のパススルー端子を備えていない点には注意してください。

グリーンハウスが発売する HDMI スプリッター「GH-HSPA2-BK」。入力 1 端子、出力 2 端子を備えており、ゲーム機の映像を 2 台の機器で同時に表示できます。

▷自撮り用の機材

自分自身の動画を表示しながらゲームの実況を行いときは、自撮り用のカメラが必要です。パソコンにWebカメラが搭載されているときは、それを利用できますが、Webカメラを備えていない場合は、別途用意する必要があります。

Logicoolが販売するWebカメラ「HD Pro Webcam C920r」。パソコンのモニター上部に設置して利用できます。

▷音声録音用のマイク

ゲームの実況を録音したいときは、パソコンにマイクが接続されている必要があります。パソコンがマイクを備えていないときやパソコン搭載のマイクが使いにくいときは、USB接続のマイクを購入するのがお勧めです。なお、マイクは、指向性のあるマイクを購入してください。無指向のマイクは、さまざまな方向の音を拾ってしまうため、ゲーム音をスピーカーから鳴らすと、その音まで録音されてしまい音質が悪くなります。

ソニーが販売するパソコン向けの指向性マイク「ECM-PCV80U」。指向性があるので、周囲の音を拾いにくく、ゲームの実況に向いています。

Section 2

ミラーリングソフトをインストールする

スマホ用のゲームのプレイ動画をパソコンに保存（録画）するには、ミラーリングソフトをインストールします。ここでは、iOS ／ Android の両方に対応した「AirServer」のインストール方法を解説します。

AirServer をインストールする

1 AirServer のホームページを表示する

パソコンで Web ブラウザーを起動して、AirServer のダウンロードページ（https://www.airserver.com/）を開き、＜ PRODUCTS ＞の上にマウスポインターを移動してメニューが表示されたら 1、＜ AirServer Universal for PC ＞をクリックします 2。

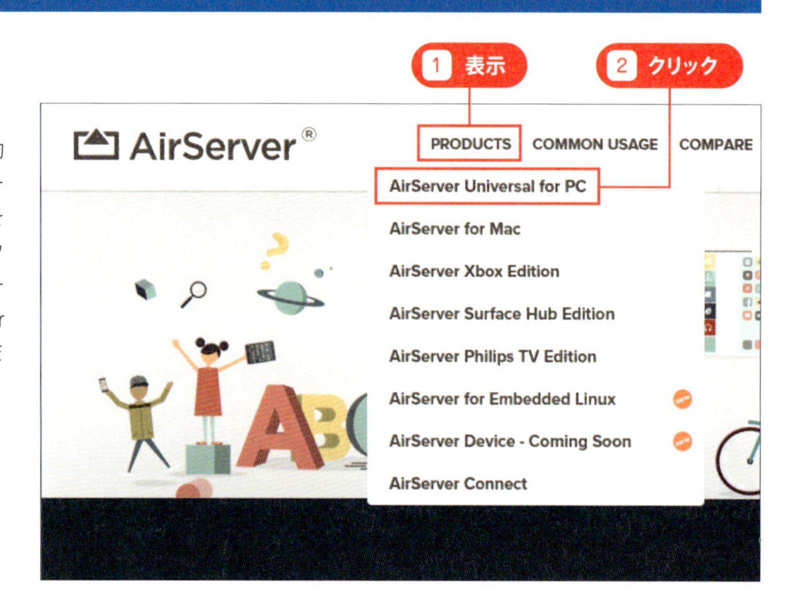

2 ダウンロードページを開く

＜ DOWNLOAD ＞をクリックします。

Say Hello to AirPlay + Google Miracast

AirServer is the most advanced screen mirroring software receiver for Mac and PC.
receive AirPlay, Google Cast and Miracast streams, similar to an Apple TV or a Chro

TRY OR BUY
DOWNLOAD
クリック

3 ダウンロードを開始する

ダウンロードページが表示されます。「Download for PC」の項目が画面に表示されていないときはスクロールして1、ダウンロードしたい形式（ここでは＜DOWNLOAD 64-bit＞）をクリックし2、＜実行＞をクリックします3。

MEMO

ダウンロードする形式について

利用しているWindowsが、64bit版の場合は＜DOWNLOAD 64-bit＞を、32bit版の場合は＜DOWNLOAD 32-bit＞をクリックしてください。

4 AirServerのインストーラーが起動する

AirServerのインストーラーが起動します。＜Next＞をクリックします。

5 次に進む

＜Next＞をクリックします。

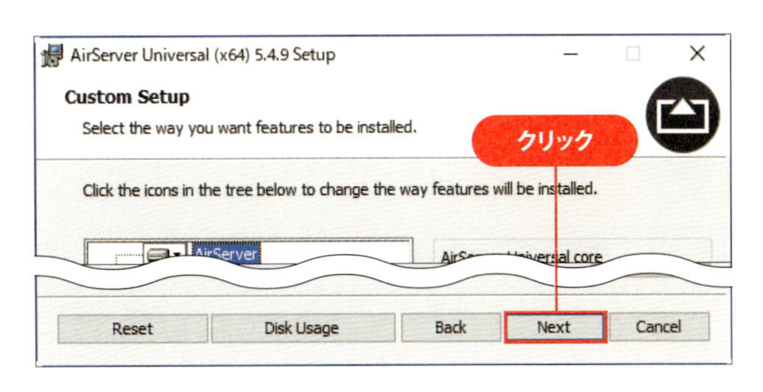

6 使用許諾契約書に同意する

「使用許諾契約書」の画面が表示されます。＜I accept...＞のチェックボックス□をクリックして☑にして1、＜Next＞をクリックします2。

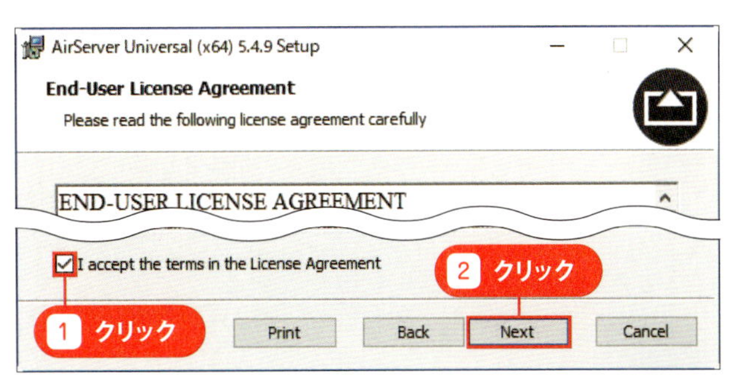

7 体験版を設定する

< I want to try... >を選択（ラジオボタン○をクリックして◉に）し1、< Next >をクリックします2。

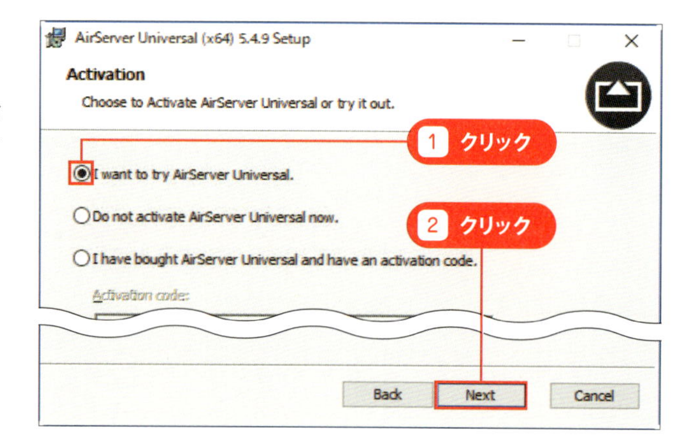

8 インストール先フォルダーを確認する

インストール先フォルダーを確認し1、よければ< Next >をクリックします2。

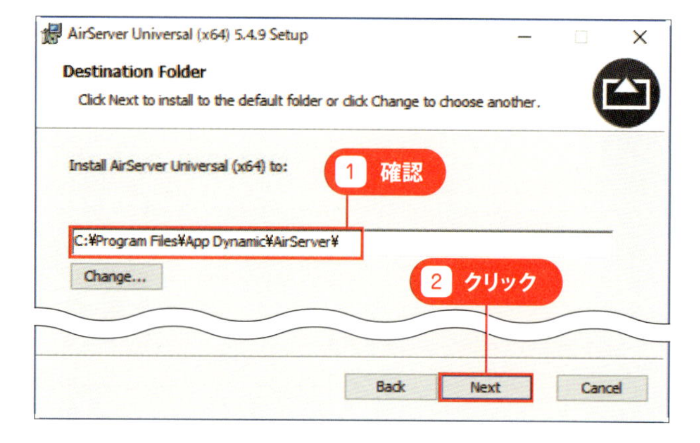

9 次に進む

< No. >が選択されていることを確認し、< Next >をクリックします。

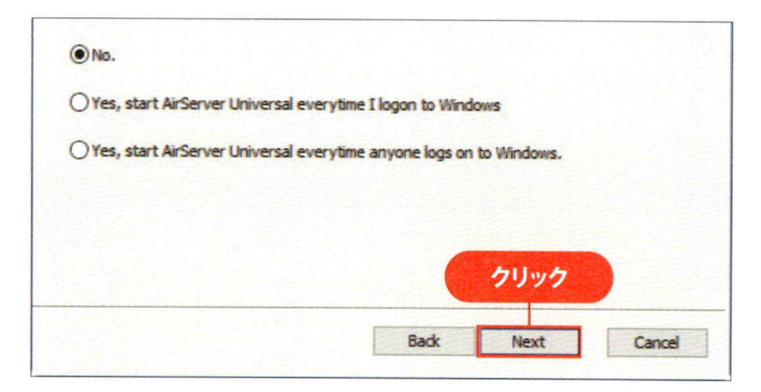

10 インストールを開始する

< Install >をクリックします。

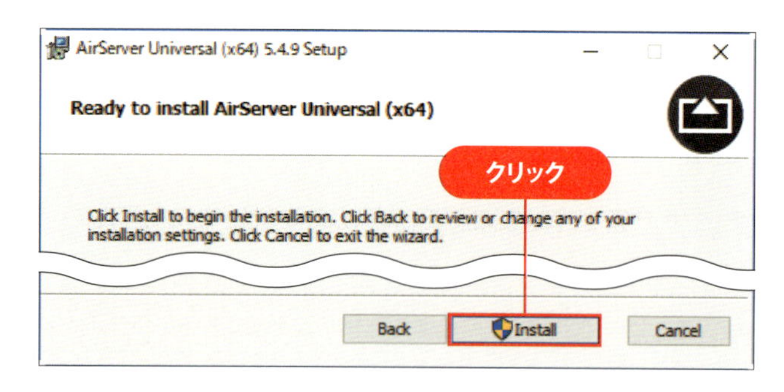

11 ユーザーアカウント制御画面が表示される

ユーザーアカウント制御画面が表示されるので<はい>をクリックすると、インストールが実行されます。

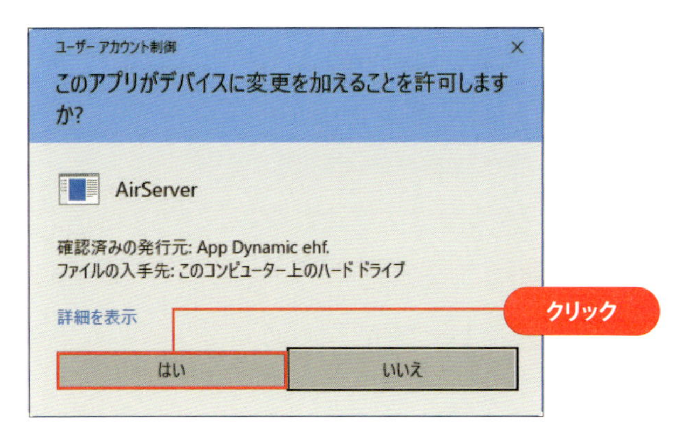

12 インストールが完了する

インストールが完了したら< Finish >をクリックします。

13 体験版の試用を開始する

< Try >をクリックします。

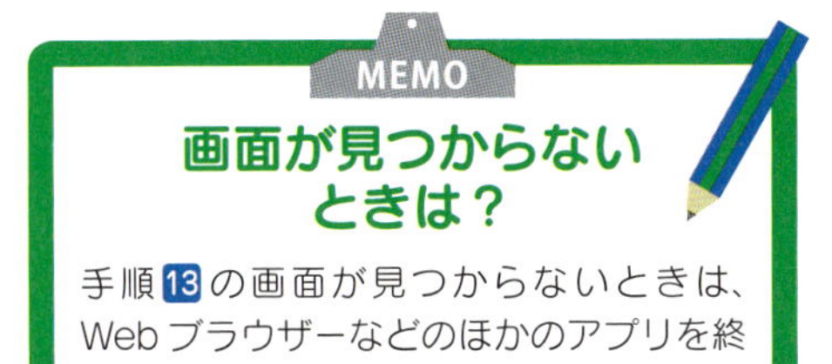

MEMO

画面が見つからないときは？

手順13の画面が見つからないときは、Webブラウザーなどのほかのアプリを終了するか最小化してください。

14 AirServer が起動する

<完了>をクリックすると1、AirServerが起動したこと知らせる通知が表示されます2。

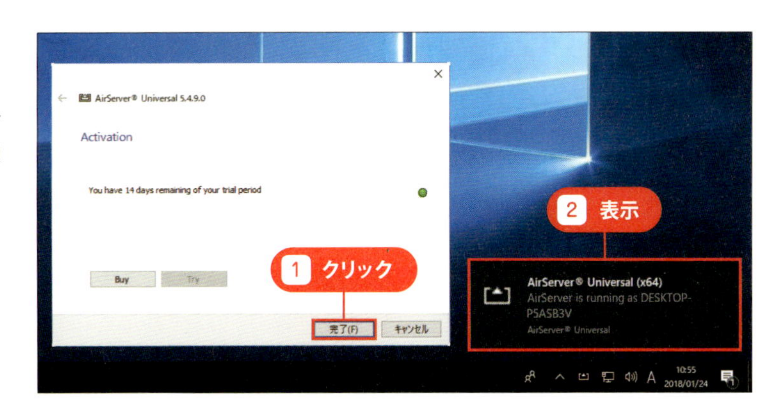

iPhone／iPadの画面をパソコンに表示する

1 コントロールセンターを表示する

iPhone／iPadを自宅のWi-Fiに接続しておきます。iPhone Xの場合は、画面の右上隅から下にスワイプしてコントロールセンターを表示します。それ以外のiPhoneの場合は画面の下から上にスワイプしてコントロールセンターを表示します。続いて、<画面ミラーリング>をタップします。

2 ミラーリング先を選択する

ミラーリング先のパソコン（ここでは< DESKTOP-P5ASB3V >）をタップします。

> **MEMO**
>
> **ミラーリング先が表示されないときは？**
>
> ミラーリング先が表示されないときは、iPhone／iPadがWi-Fiに接続していないか、パソコンのAirServerが起動していません。AirServerを起動するときは、⊞をクリックして<スタート>画面を表示し、< AirServer Universal（x64）>→< AirServer Universal（x64）>とクリックしてください。

3 パソコン側にiPhone／iPadの画面が表示される

パソコンにiPhone／iPadの画面が表示されます。画面の黒い部分をクリックすると、黒い部分が非表示になります。

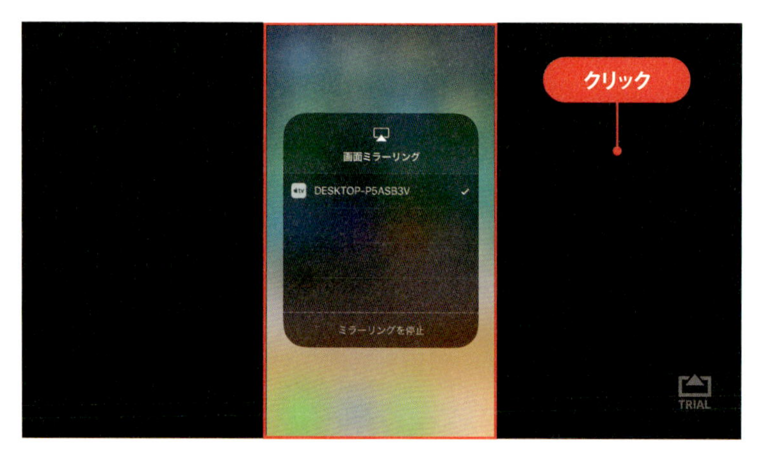

Android スマホ／タブレットの画面をパソコンに表示する

1 設定画面を表示する

Android スマホ／タブレットを自宅の Wi-Fi に接続しておきます。をタップし1、＜設定＞をタップします2。

2 キャストを表示する

＜接続済みの端末＞をタップし1、＜キャスト＞をタップします2。

3 ミラーリング先を選択する

ミラーリング先のパソコン（ここでは＜ DESKTOP-P5ASB3V ＞）をタップすると1、ディスプレイに Android の画面が表示されます2。

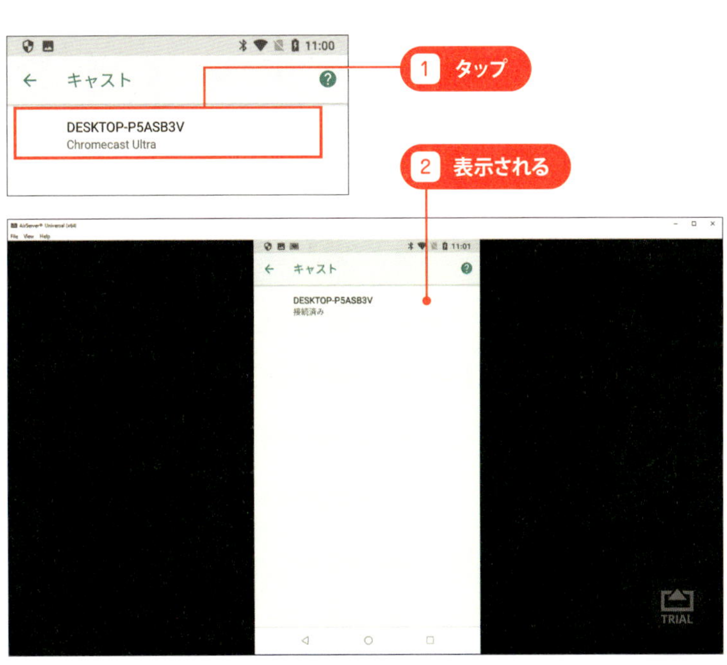

MEMO

黒い部分は非表示にできない

iPhone では、画面の両側にある黒い部分を非表示にできましたが、Android スマホ／タブレットでは黒い部分を非表示にすることはできません。

Section 3

録画ソフトをインストールする

ここでは、ゲームの実況動画の録画に適したソフト「OBS Studio」のインストール方法を解説します。OBS Studio で録画を行えば、ゲームの実況動画の作成が手軽に行えます。

OBS Studioとは？

OBS Studio は、本来、ライブ配信を行うために開発された無料のソフトです。ゲームの録画（保存）機能も備えており、OBS Studio を利用すると、ゲームのプレイ動画と自撮りした本人動画を画面内に並べて配置し、その状態のまま録画できます。また、実況用のマイクの音もゲームの音と一緒に録音できるので、本人実況を含んだ動画の録画も手軽に行えます。OBS Studio で録画した動画を利用すれば、不要な部分を削除したり、タイトルを入れたりするだけでゲームの実況動画を手軽に作成できます。OBS Studio は、以下の手順でインストールできます。

1 OBS Studio のホームページを表示する

Web ブラウザーを起動して、OBS Studio のホームページ（https://obsproject.com/）を開き、＜ Windows 7+ ＞をクリックし 1 、＜実行＞をクリックします 2 。

2 ユーザーアカウント制御画面が表示される

「ユーザーアカウント制御」画面が表示されるので＜はい＞をクリックします。

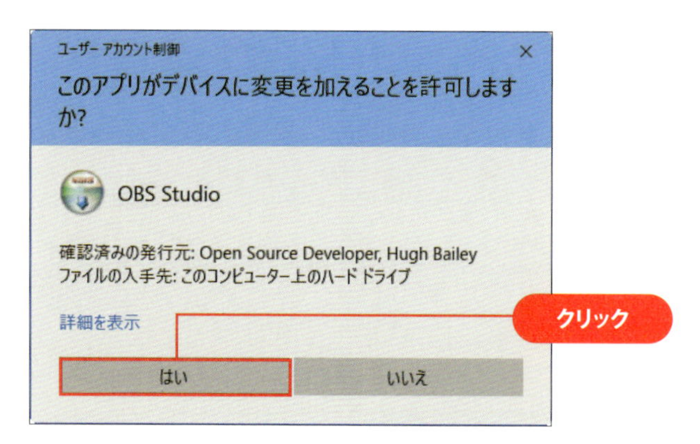

3 インストーラーが起動する

インストーラーが起動します。＜Next＞をクリックします。

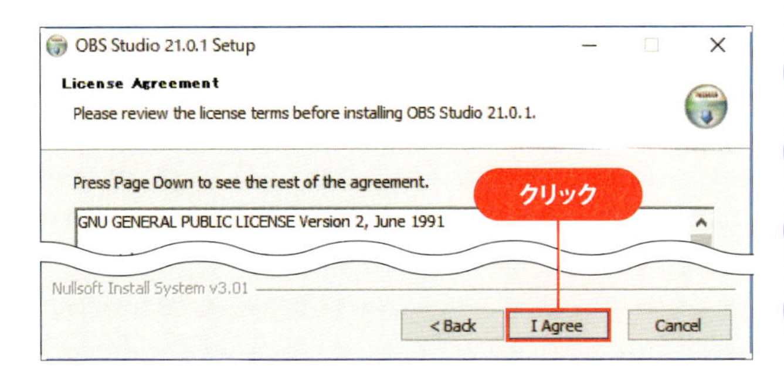

4 使用許諾契約書に同意する

使用許諾契約書が表示されます。＜I Agree＞をクリックします。

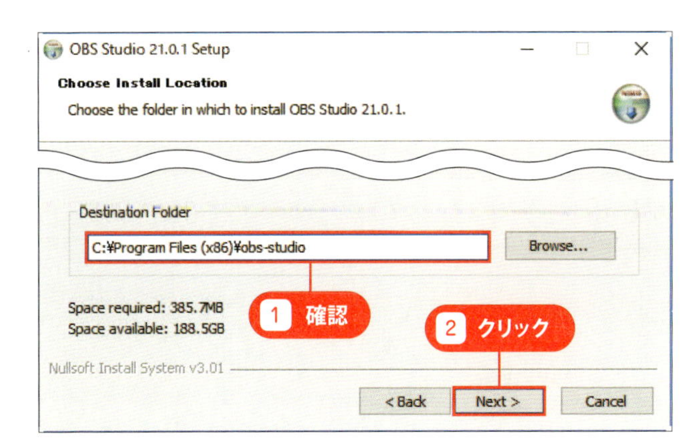

5 インストール先フォルダーを確認する

インストール先フォルダーを確認し1、よければ＜Next＞をクリックします2。

COLUMN

手順3のあとに警告画面が表示されたときは?

手順3のあとに、以下のような警告画面が表示されたときは、OBS Studioを利用するために必要なソフトがインストールされていません。P.179の手順を参考に必要なソフトのインストールを行ってください。

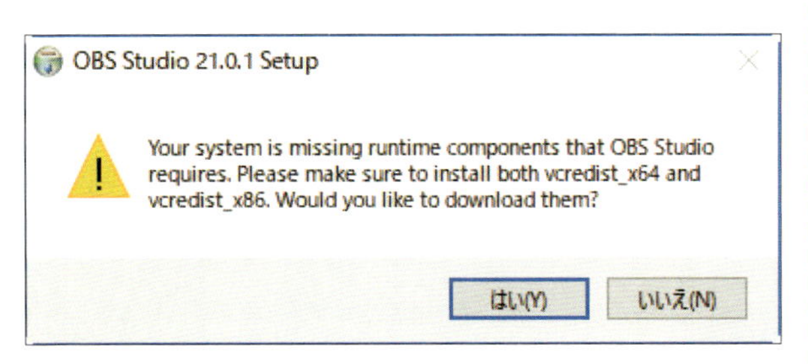

6 インストールを開始する

< Install >をクリックすると、インストールが実行されます。

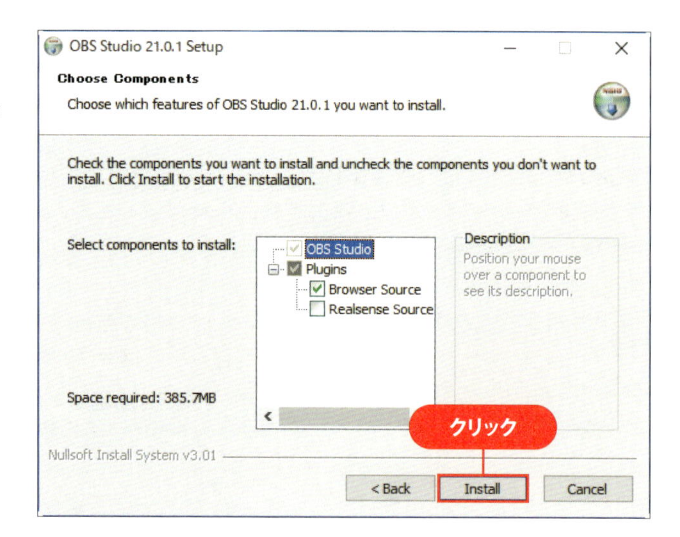

7 インストールが完了する

インストールが完了したら< Finish >をクリックします。

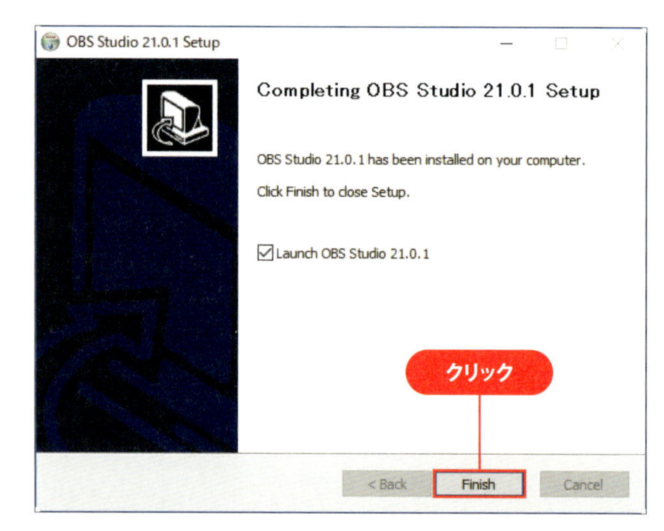

8 使用許諾契約画面が表示される

OBS Stutio が起動し、「使用許諾契約」画面が表示されます。< OK >をクリックします。

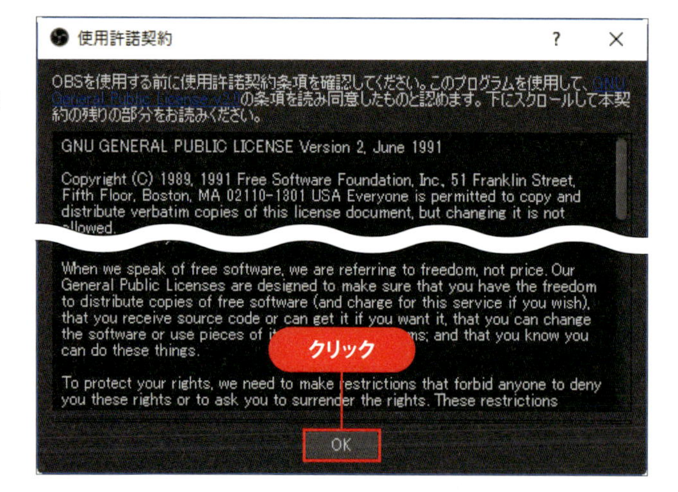

COLUMN

OBS Studioの動作に必要なソフトについて

OBS Studioを利用するには、64bit／32bit版の「Visual Studio 2013 Runtime」をインストールする必要があります。OBS Studioのインストール時に警告画面が表示されたときは、これらのソフトがインストールされていません。この画面が表示されたときは、以下の手順でこれらのソフトをインストールしてからOBS Studioのインストールを最初からやり直してください。なお、64bit版のWindowsを利用しているときは、64bit版と32bit版の両方の「Visual Studio 2013 Runtime」をインストールする必要があります。32bit版のWindowsを利用しているときは、32bit版の「Visual Studio 2013 Runtime」のみをインストールしてください。

1 ダウンロードページを表示する

P.176の手順に従ってOBS Studioのインストールを行い、手順3のあとにこの警告画面が表示されたときは、<はい>をクリックします。

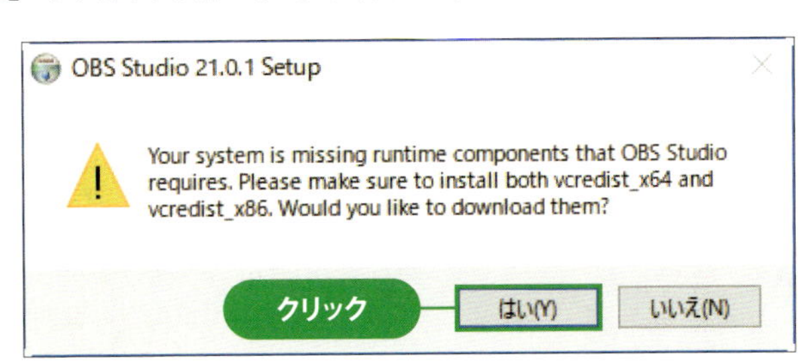

2 インストーラーを起動する

「Visual Studio 2013 Runtime」のダウンロードページが表示されます。インストールしたいソフト（ここでは、<Visual Studio 2013 Runtime[64bit] − vcredist_x64.exe>）をクリックし1、<実行>をクリックします2。

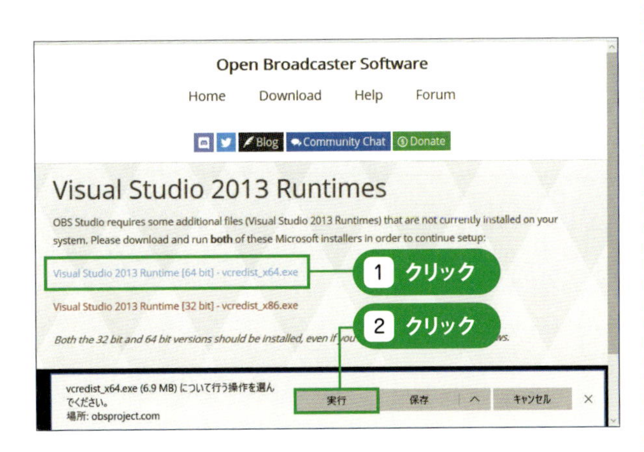

3 インストールする

インストーラーが起動します。□をクリックして☑にし1、<Install>をクリックして2、画面の指示に従ってソフトをインストールします。

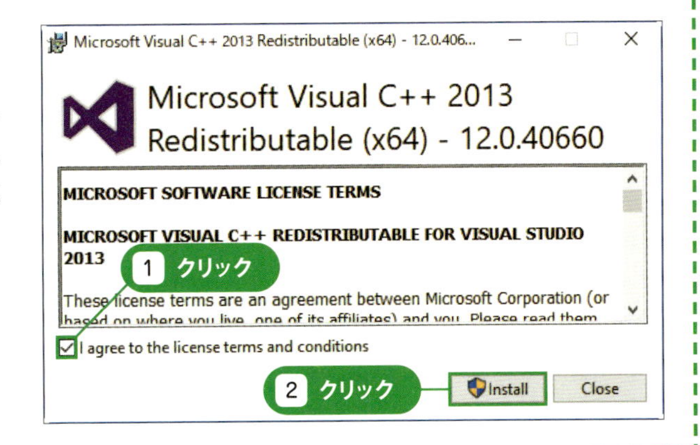

OBS Studioの設定を行う

ここでは、OBS Studio にスマホのゲーム画面と自撮りのカメラの映像を配置する方法や、ゲームの実況動画の素材（編集元動画）となる動画の録画設定などについて解説します。

スマホの画面を登録する

1 ソースにゲームキャプチャを追加する

P.174 の手順でスマホの画面をパソコンに表示しておきます。デスクトップの＜ OBS Studio ＞アイコンをダブルクリックして OBS Studio を起動します。＋をクリックし1、＜ゲームキャプチャ＞をクリックします2。

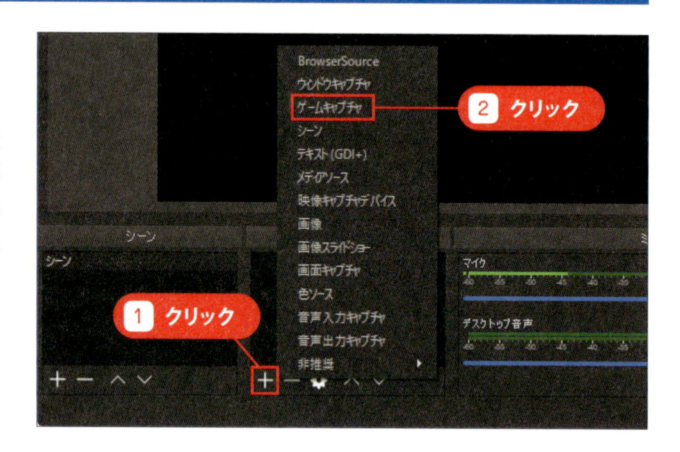

2 ソースの新規作成を行う

「ソースを作成／選択」画面が表示されます。＜ OK ＞をクリックします。

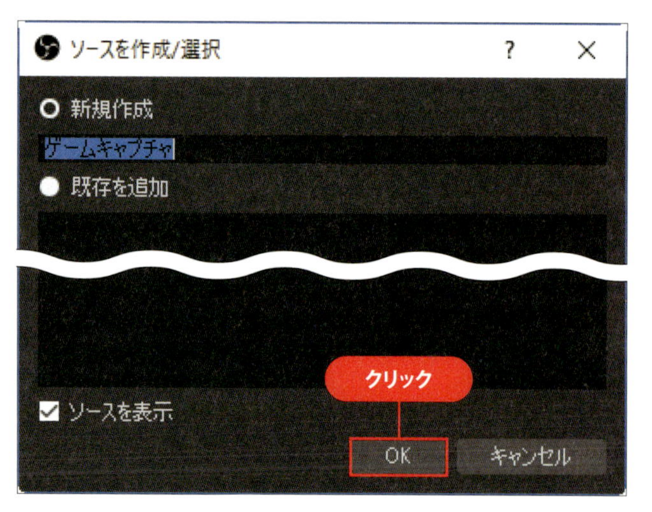

MEMO

はじめて起動したとき

OBS Studio をはじめて起動したときは、「自動構成ウィザード」が表示されます。自動構成ウィザードが起動したときは＜いいえ＞をクリックし、次の画面で＜ OK ＞をクリックします。

3 モードを選択する

「ゲームキャプチャのプロパティ」画面が表示されます。モード右端の選択ボタン をクリックし1、<特定のウィンドウをキャプチャ>をクリックします2。

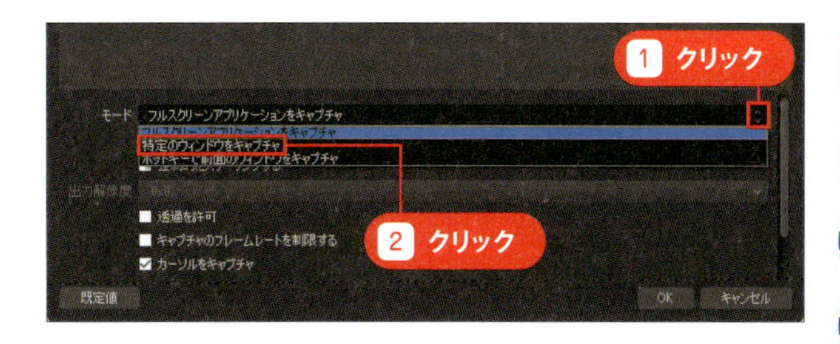

4 表示するウィンドウを選択する

ウィンドウ右端の選択ボタン をクリックし1、<[AirServer.exe]:AirServer Universal(x64)>をクリックすると2、スマホ（ここでは「iPhone」）の画面が表示されます3。<OK>をクリックします4。

5 スマホの画面が追加される

ソースに「ゲームキャプチャ」が追加され1、スマホ（ここでは「iPhone」）の画面が表示されます2。カーソルを画面の四隅にもっていき をドラッグすると、画面サイズを調整できます3。スマホの画面内をドラッグして移動すると、スマホの画面を好きな場所に移動できます4。

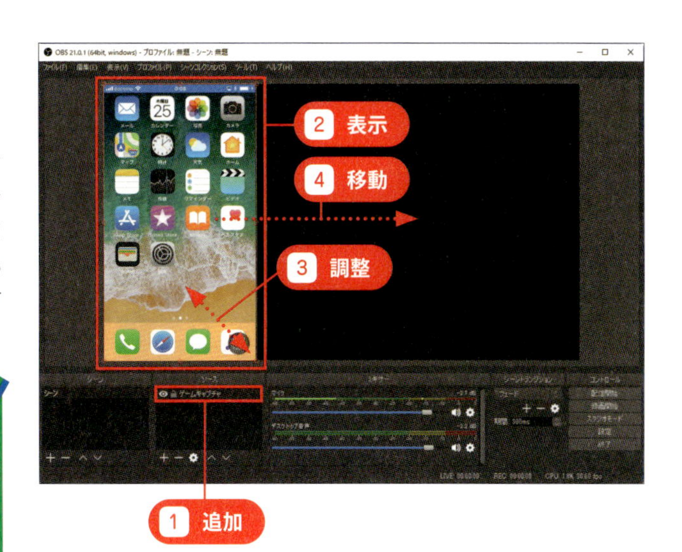

MEMO

上手く表示されないときは？

ゲームの画面がうまく表示されないときは、上記の手順3と4の設定を再度行ってみてください。

自撮りの画面を追加する

1 ソースに映像キャプチャデバイスを追加する

+をクリックし1、<映像キャプチャデバイス>をクリックします2。

2 ソースの新規作成を行う

「ソースを作成／選択」画面が表示されます。<OK>をクリックします。

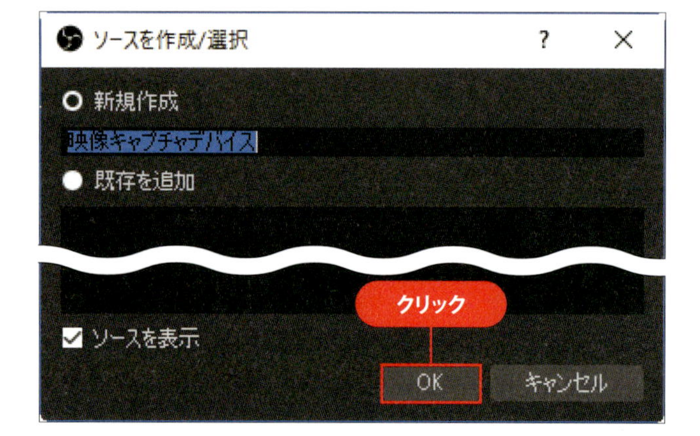

3 Webカメラの映像が表示される

「映像キャプチャデバイスのプロパティ」画面が表示されます。カメラからの（自分の）映像が表示されます1。<OK>をクリックします2。

4 Web カメラの映像が追加される

ソースに「映像キャプチャデバイス」が追加され1、Web カメラの映像が画面にも追加されます2。Web カメラの映像をドラッグして表示位置の調整します3。映像の四隅の をドラッグするとサイズを調整できます4。

COLUMN

背景を追加する

OBS Studio の画面に背景画像を追加したいときは、＋をクリックし<画像>をクリックします。「ソースを作成／選択」画面が表示されるので、＜ OK ＞をクリックすると、「画像のプロパティ」画面が表示されます。「画像のプロパティ」画面で<参照>をクリックし、背景に使用したい画像を選択して、＜ OK ＞をクリックすると、背景画像が追加されます。なお、OBS Studio では、下に位置するソースほど下のレイヤーに置かれます。このため、背景画像を追加したときは、ソースの一番下に画像が配置されるようにしてください。

録画時の画質や解像度の設定を行う

1 設定画面を表示する

<設定>をクリックします。

2 出力解像度の設定を行う

設定画面が表示されます。<映像>をクリックし1、出力解像度の右端の選択ボタンをクリックして2、出力解像度（ここでは<1920×1080>）をクリックします3。

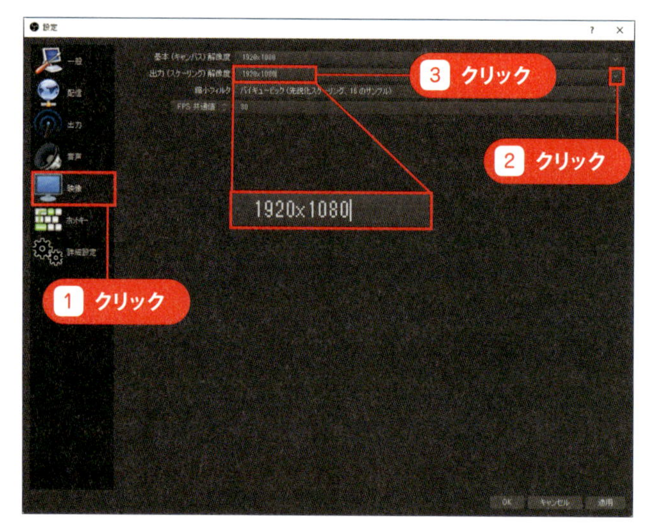

MEMO

出力解像度の設定について

OBS Studioでは、録画時の動画の解像度の設定を出力解像度で行います。標準では、出力解像度がライブ配信用の「1280×720」に設定されています。

3 録画品質の設定を行う

<出力>をクリックし1、録画品質の右端の選択ボタンをクリックして2、録画品質（ここでは、<高品質、ファイルサイズ中>）をクリックします3。

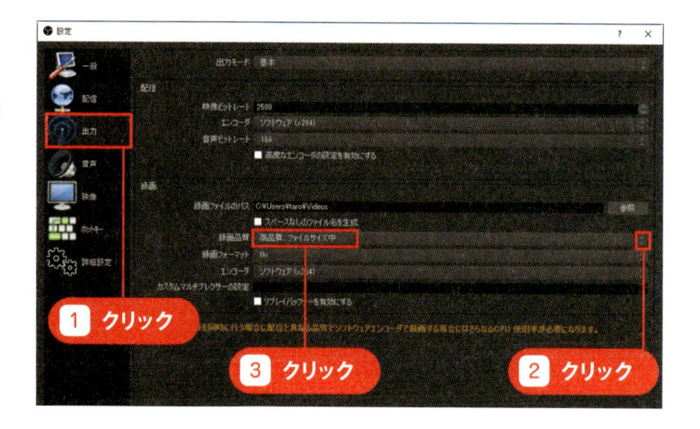

4 録画フォーマットとエンコーダを設定する

録画フォーマットの右端の選択ボタン■をクリックして1、録画フォーマット（ここでは、＜mp4＞）をクリックします2。エンコーダの右端の選択ボタン■をクリックして3、エンコーダ（ここでは、＜ハードウェア（QSV）＞）をクリックします4。＜OK＞をクリックします5。

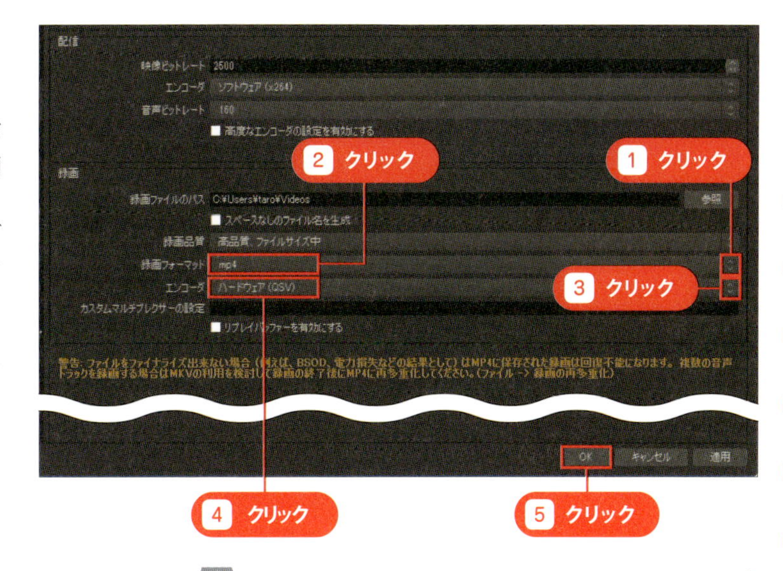

MEMO

エンコーダの設定について

エンコーダには、ハードウェアとソフトウェアがあります。ハードウェアが利用できる場合は、CPUの負荷率が少ないハードウェアを選択するのがお勧めです。

COLUMN

音声の設定について

プレイ中のゲーム音は、ミキサーの「デスクトップ音声」で設定し、音量は、スマホの音量調節で行います。デスクトップ音声のレベルメーターが動かないときは、スマホの音量が「0」に設定されていないかを確認してください。また、スマホの音量が「0」以外でレベルメーターが動かないときは、デスクトプ音声の設定ボタン⚙をクリックし、＜プロパティ＞をクリックして「デスクトップ音声のプロパティ」画面を表示します。次に、デバイスの右端の選択ボタン■をクリックして、リストが現在利用しているもの以外を選び、レベルメーターが動くものを探してください。

Section 5

スマホゲームの実況動画を作成する

ここでは、OBS Studio でゲーム実況動画の素材（編集元動画）となる動画を録画し、その動画を AviUtl を用いて実際のゲーム実況動画に仕上げる方法を解説します。

ゲームの実況動画作成の流れ

OBS Studio を使うと、ゲームのプレイ動画と実況者の自撮り動画、実況音声などを含んだ動画を作成できるため、AviUtl を用いて行う作業は、不要な部分をカットしたり、文字を入れたりするだけの比較的かんたんな作業でゲームの実況動画を仕上げることができます。

▶OBS Studioを使ったゲームの実況動画作成の流れ

1 OBS Studio で編集元となる素材の録画

2 AviUtl で録画した動画の仕上げの編集と出力

①OBS Studioで素材の録画

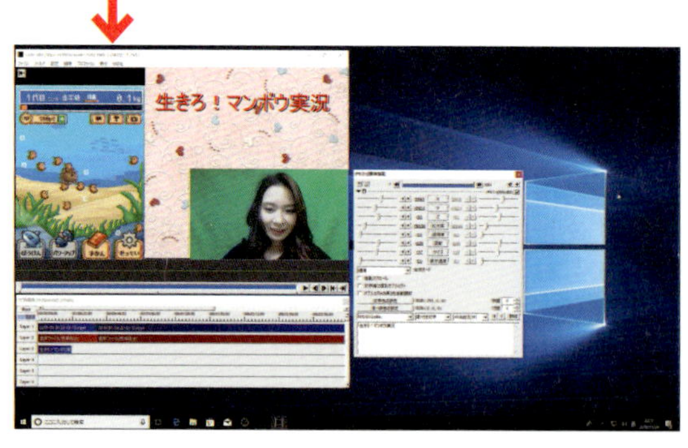

②AviUtlで素材の仕上げの編集

動画を録画する

ゲームの実況動画作成の最初のステップが、編集元となる動画の録画です。OBS Studio を使って、編集元となるゲームの実況動画を録画します。

1 録画の準備を行う

OBS Studio を起動し、P.182 以降の手順を参考に背景やゲーム画面、自撮り用画面などを配置し1、音声が問題なく録音できる状態にあるかを確認します2。

2 録画を開始する

<録画開始>をクリックして、動画の録画を開始します。

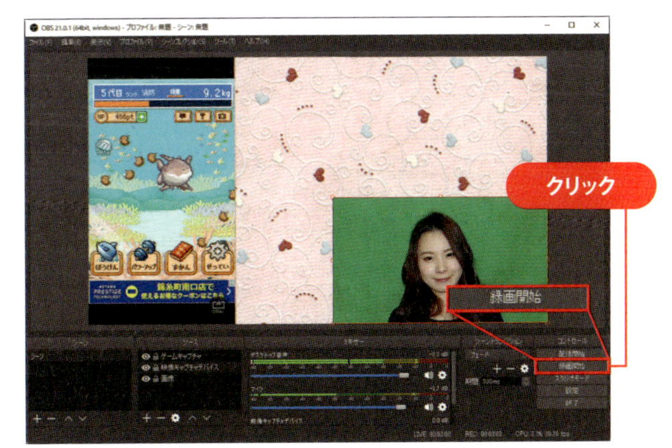

3 録画を終了する

録画を終えるときは<録画終了>をクリックします。

録画した動画を編集／出力する

編集元となるゲームの実況動画を録画したら、録画した動画を AviUtl に追加して、仕上げの作業を行っていきます。OBS Studio で録画した動画は、通常、撮影年月日がファイル名になり、「ビデオ」フォルダーに保存されています。

1 動画を AviUtl に追加する

P.58 の手順を参考に拡張編集 Plugin のタイムラインに録画した動画ファイル（ここでは＜ 2018-01-24-22-03-13 ＞）をドラッグ＆ドロップで追加します。

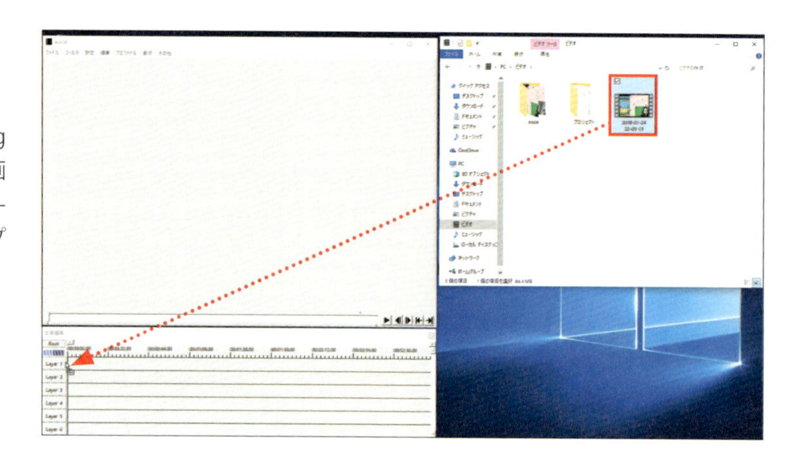

2 不要な部分を削除する

P.62 の手順を参考に不要な部分を削除します。

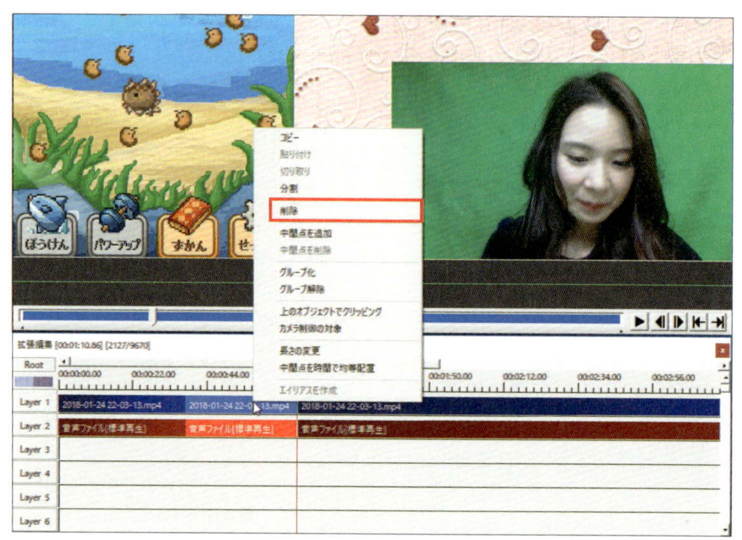

3 動画の切り替え処理を施す

P.68 の手順を参考に、動画と動画の間に切り替え処理を施します。

4 文字を追加する

P.108 の手順を参考に文字を追加します。

5 プレビューで確認する

メインウィンドウの▶（再生ボタン）をクリックして、プレビューで動画の仕上がりを確認します。

6 動画を出力する

P.80 の手順を参考に、編集した動画を出力します。

INDEX

記号・アルファベット

あ行

か行

さ行

た行

な行

は行

ま行

ら行

お問い合わせについて

本書に関するご質問については、本書に記載されている内容に関するもののみとさせていただきます。本書の内容と関係のないご質問につきましては、一切お答えできませんので、あらかじめご了承ください。また、電話でのご質問は受け付けておりませんので、小社ウェブにて本書籍の問い合わせフォームから、もしくは書面、FAXにて下記までお送りください。

なお、お送りいただいたご質問には、できる限り迅速に対応させていただきますが、場合によってはお答えするまでに時間がかかることがあります。あらかじめご了承くださいますよう、お願いいたします。

お問い合わせ先

〒162-0846　東京都新宿区市谷左内町21-13
株式会社技術評論社　書籍編集部
「AviUtl 動画編集 実践ガイドブック」質問係
URL：http://gihyo.jp/book/　　FAX：03-3513-6167

AviUtl 動画編集 実践ガイドブック

2018年4月1日　初版　第1刷発行

著　　者　オンサイト
発 行 者　片岡 巌
発 行 所　株式会社 技術評論社
東京都新宿区市谷左内町21-13
電話　03-3513-6150　販売促進部
03-3513-6160　書籍編集部

製本・印刷　港北出版印刷株式会社

製作協力　株式会社 SELECT BUTTON（生きろ！マンボウ！）
モ デ ル　Ayana（株式会社 W Entertainment）

装丁デザイン　志岐デザイン事務所（熱田肇）
編集／DTP　オンサイト
担　　当　伊東健太郎

定価はカバーに表示してあります。

造本には細心の注意を払っておりますが、万一、乱丁（ページの乱れ）や落丁（ページの抜け）がございましたら、小社販売促進部までお送りください。送料小社負担にてお取替えいたします。

ISBN978-4-7741-9625-1 C3055

Printed in Japan